2024-25年合格目標
大卒程度 公務員試験

⑧ 自然科学Ⅱ
（生物・地学）

はしがき

1 「最新の過去問」を掲載

2023年に実施された公務員の本試験問題をいち早く掲載しています。公務員試験は年々変化しています。今年の過去問で最新の試験傾向を把握しましょう。

2 段階的な学習ができる

公務員試験を攻略するには，さまざまな科目を勉強することが必要です。したがって，勉強の効率性は非常に重要です。『公務員試験 本気で合格！過去問解きまくり！』では，それぞれの科目で勉強すべき項目をセクションとして示し，必ずマスターすべき必修問題を掲載しています。このため，何を勉強するのかをしっかり意識し，必修問題から実践問題（基本レベル→応用レベル）とステップアップすることができます。問題ごとに試験種ごとの頻出度がついているので，自分にあった効率的な勉強が可能です。

3 満足のボリューム（充実の問題数）

本試験問題が解けるようになるには良質の過去問を繰り返し解くことが必要です。『公務員試験 本気で合格！過去問解きまくり！』は，なかなか入手できない地方上級の再現問題を収録しています。類似の過去問を繰り返し解くことで知識の定着と解法パターンの習得を図れます。

4 メリハリをつけた効果的な学習

公務員試験の攻略は過去問に始まり過去問に終わるといわれていますが，実際に過去問の学習を進めてみると戸惑うことも多いはずです。『公務員試験 本気で合格！過去問解きまくり！』では，最重要の知識を絞り込んで学習ができるインプット（講義ページ），効率的な学習の指針となる出題傾向分析，受験のツボをマスターする10の秘訣など，メリハリをつけて必要事項をマスターするための工夫が満載です。

※本書は，2023年10月時点の情報に基づいて作成しています。

みなさんが本書を徹底的に活用し，合格を勝ち取っていただけたら，わたくしたちにとってもそれに勝る喜びはありません。

2023年11月吉日

株式会社　東京リーガルマインド
LEC総合研究所　公務員試験部

巻頭特集 国家公務員(人事院・裁判所)の基礎能力試験が変わります！

人事院や裁判所をはじめ，国家公務員試験で課される基礎能力試験が2024（令和6）年度から大きく変更されます。変更内容は出題数・試験時間・出題内容と多岐にわたっています。2024（令和6）年度受験生は要注意です！

1. 基礎能力試験の問題数・時間・出題内容の変更

2023（令和5）年度以前		2024（令和6）年度以降
〈総合職・院卒者試験〉		
30題／2時間20分 ［知能分野24題］ 　文章理解⑧ 　判断・数的推理（資料解釈を含む）⑯ ［知識分野6題］ 　自然・人文・社会（時事を含む）⑥	⇒	30題／2時間20分 ［知能分野24題］ 　文章理解⑩ 　判断・数的推理（資料解釈を含む）⑭ ［知識分野6題］ 　自然・人文・社会に関する時事，情報⑥
〈総合職・大卒程度試験〉		
40題／3時間 ［知能分野27題］ 　文章理解⑪ 　判断・数的推理（資料解釈を含む）⑯ ［知識分野13題］ 　自然・人文・社会（時事を含む）⑬	⇒	30題／2時間20分 ［知能分野24題］ 　文章理解⑩ 　判断・数的推理（資料解釈を含む）⑭ ［知識分野6題］ 　自然・人文・社会に関する時事，情報⑥
〈一般職/専門職・大卒程度試験〉		
40題／2時間20分 ［知能分野27題］ 　文章理解⑪ 　判断推理⑧ 　数的推理⑤ 　資料解釈③ ［知識分野13題］ 　自然・人文・社会（時事を含む）⑬	⇒	30題／1時間50分 ［知能分野24題］ 　文章理解⑩ 　判断推理⑦ 　数的推理④ 　資料解釈③ ［知識分野6題］ 　自然・人文・社会に関する時事，情報⑥
〈裁判所職員総合職（院卒）〉		
30題／2時間25分 ［知能分野27題］ ［知識分野3題］	⇒	30題／2時間20分 ［知能分野24題］ ［知識分野6題］
〈裁判所職員総合職（大卒）・一般職（大卒）〉		
40題／3時間 ［知能分野27題］ ［知識分野13題］	⇒	30題／2時間20分 ［知能分野24題］ ［知識分野6題］

2023年8月28日現在の情報です。

<変更点>

- ［共通化］：原則として大卒と院卒で出題の差異がなくなります。
- ［問題数削減・時間短縮］：基本的に出題数が30題となります（総合職教養区分除く）。それに伴い，試験時間が短縮されます。
- ［比率の変更］：出題数が削減された職種では，知能分野より知識分野での削減数が多いことから，知能分野の比率が大きくなります（知能分野の出題比率は67.5％→80％へ）
- ［出題内容の変更①］：単に知識を問うような出題を避けて時事問題を中心とする出題となります。従来，時事問題は，それのみを問う問題が独立して出題されていましたが，今後は，知識分野と時事問題が融合した出題になると考えられます。
- ［出題内容の変更②］：人事院の場合，「情報」分野の問題が出題されます。

2. 時事問題を中心とした知識

「単に知識を問うような出題を避けて時事問題を中心とする出題」とはどんな問題なのでしょうか。

人事院は，例題を公表して出題イメージを示しています。

人事院公表例題

【No. 】世界の動向に関する記述として最も妥当なのはどれか。

1. 英国では，2019年にEUからの離脱の是非を問う国民投票と総選挙が同時に行われ，それらの結果，EU離脱に慎重であった労働党の首相が辞任することとなった。EUは1990年代前半に発効したリスボン条約により，名称がそれまでのECから変更され，その後，トルコやウクライナなど一部の中東諸国や東欧諸国も2015年までの間に加盟した。　　　　　　　　　　　　——　社会科学の知識で解ける部分

2. 中国は，同国の人権問題を厳しく批判した西側諸国に対し，2018年に追加関税措置を始めただけでなく，レアアースの輸出を禁止した。中国のレアアース生産量は世界で最も多く，例えば，レアアースの一つであるリチウムは自然界では単体で存在し，リチウムイオン電池は，充電できない一次電池として腕時計やリモコン用電池に用いられている。　　　　　　　　　——　自然科学（化学）の知識で解ける部分

3. ブラジルは，自国開催のオリンピック直後に国債が債務不履行に陥り，2019年に年率10万％以上のインフレ率を記録するハイパーインフレに見舞われた。また，同年には，アマゾンの熱帯雨林で大規模な森林火災が発生した。アマゾンの熱帯雨林は，パンパと呼ばれ，多種多様な動植物が生息している。　——　人文科学（地理）の知識で解ける部分

4. イランの大統領選で保守穏健派のハメネイ師が2021年に当選すると，米国のバイデン大統領は，同年末にイランを訪問し，対イラン経済制裁の解除を約束した。イランや隣国のイラクなどを流れる，ティグリス・ユーフラテス両川流域の沖積平野は，メソポタミア文明発祥の地とされ，そこでは，太陽暦が発達し，象形文字が発明された。　　　　　　　　——　人文科学（世界史）の知識で解ける部分

5. （略）

この例題では，マーカーを塗った部分は，従来の社会科学・自然科学・人文科学からの出題と完全にリンクします。そして，このマーカーの部分にはそれぞれ誤りが含まれています。

　この人事院の試験制度変更発表後に行われた，2023（令和5）年度本試験でも，翌年以降の変更を見越したような出題がなされています。

2023（令和5）年度国家総合職試験問題

【No. 30】自然災害や防災などに関する記述として最も妥当なのはどれか。

1. 日本列島は，プレートの沈み込み帯に位置し，この沈み込み帯はホットスポットと呼ばれ，活火山が多く分布している。太平洋プレートとフィリピン海プレートの境界に位置する南海トラフには奄美群島の火山があり，その一つの西之島の火山では，2021年に軽石の噴出を伴う大噴火が起こり，太平洋沿岸に大量の軽石が漂着して漁船の運航などに悪影響を及ぼした。

2. 太平洋で発生する熱帯低気圧のうち，気圧が990 hPa未満になったものを台風という。台風の接近に伴い，気象庁が大雨警報を出すことがあり，この場合，災害対策基本法に基づき，都道府県知事は鉄道会社に対して，計画運休の実施を指示することとなっている。2022年に台風は日本に5回上陸し，その度に計画運休などで鉄道の運行が一時休止した。

3. 線状降水帯は，次々と発生する高積雲（羊雲）が連なって集中豪雨が同じ場所でみられる現象で，梅雨前線の停滞に伴って発生する梅雨末期特有の気象現象である。2021年7月，静岡県に線状降水帯が形成されて発生した「熱海土石流」では，避難所に指定された建物が大規模な崖崩れにより崩壊するなどして，避難所の指定の在り方が問題となった。

4. 巨大地震は，海洋プレート内で起こる場合が多い。地震波のエネルギーはマグニチュード（M）で示され，マグニチュードが1大きくなるとそのエネルギーは4倍大きくなる。2022年にM8.0を超える地震は我が国周辺では発生しなかったものの，同年1月に南太平洋のトンガで発生したM8.0を超える地震により，太平洋沿岸などに10 m以上の津波が押し寄せた。

5. （略）

> 自然科学（地学）の知識で解ける部分

　この出題でも，マーカーを塗った部分には，それぞれ誤りが含まれています。そのうえ，すべて自然科学（地学）の知識で判別することができます。
　マーカーを塗っていない箇所は，時事的な話題の部分ですが，この部分にも誤りが含まれています。

　これらから言えることは，まず，時事の部分の判断で正答を導けるということ。そして，時事の部分について正誤の判断がつかなくても，さらに社会・人文・自然科学の知識でも正解肢を判断できるということです。つまり，2つのアプローチで対応できるわけです。

3. 知識問題の効果的な学習方法

① **社会科学**

社会科学は多くの専門科目（法律学・経済学・政治学・行政学・国際関係・社会学等）の基礎の位置づけとなる守備範囲の広い科目です。もともと「社会事情」として社会科学の知識と最新トピックが融合した出題はよく見られました。そのため，基本的に勉強の方法や範囲に変更はなく，今回の試験内容の見直しの影響はあまりないといえるでしょう。時事の学習の際は，前提となる社会科学の知識にいったん戻ることで深い理解が得られるでしょう。

② **人文科学**

ある出来事について出題される場合，出来事が起こった場所や歴史的な経緯について，地理や日本史，世界史の知識が問われることが考えられます。時事を人文科学の面から学習するにあたっては，その国・地域の理解の肝となる箇所を押さえることが重要です。ニュースに触れた際に，その出来事が起こった国や地域の地理的条件，その国を代表する歴史的なトピック，周辺地域との関係や摩擦，出来事に至るまでの経緯といった要素を意識することが大事です。

③ **自然科学**

自然科学は，身の回りの科学的なニュースと融合しやすいため，出題分野が偏りやすくなります。たとえば，近年の頻出テーマである環境問題，自然災害，DXや，宇宙開発，産業上の新技術，新素材といった題材では，主に化学や生物，地学と親和性があります。自然科学の知識が身の回りや生活とどう関わりあっているのか，また，科学的なニュースに触れたときには，自分の持つ自然科学の知識を使って説明できるかを意識しながら学習することを心がけていきましょう。

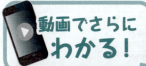

2024年，国家公務員試験が変わります！！
〜変更のポイントと対策法をすっきり解説！〜

2024年から変わる「国家公務員採用試験」。どこがどう変わるのか，どんな対策をすればよいのか，LEC講師がわかりやすく解説します。

動画は
こちらから
アクセス！

二次元コードを読み込めない方はこちら↓
lec.jp/koumuin/kakomon24_25/
※動画の視聴開始日・終了日は，専用サイトにてご案内します。
※ご視聴の際の通信料は，お客様負担となります。

岡田 淳一郎　LEC専任講師

本書の効果的活用法

STEP1 出題傾向をみてみよう

各章の冒頭には、取り扱うセクションテーマについて、過去9年間の出題傾向を示す一覧表と、各採用試験でどのように出題されたかを分析したコメントを掲載しました。志望先ではどのテーマを優先して勉強すべきかがわかります。

❶出題傾向一覧

章で取り扱うセクションテーマについて、過去9年間の出題実績を数字や★で一覧表にしています。出題実績も9年間を3年ごとに区切り、出題頻度の流れが見えるようにしています。志望先に★が多い場合は重点的に学習しましょう。

❷各採用試験での出題傾向分析

出題傾向一覧表をもとにした各採用試験での出題傾向分析と、分析に応じた学習方法をアドバイスします。

❸学習と対策

セクションテーマの出題傾向などから、どのような対策をする必要があるのかを紹介しています。

●公務員試験の名称表記について

本書では公務員試験の職種について、下記のとおり表記しています。

地上	地方公務員上級（※1）
東京都	東京都職員
特別区	東京都特別区職員
国税	国税専門官
財務	財務専門官
労基	労働基準監督官
裁判所職員	裁判所職員（事務官）／家庭裁判所調査官補（※2）
裁事	裁判所事務官（※2）
家裁	家庭裁判所調査官補
国家総合職	国家公務員総合職
国Ⅰ	国家公務員Ⅰ種（※3）
国家一般職	国家公務員一般職
国Ⅱ	国家公務員Ⅱ種（※3）
国立大学法人	国立大学法人等職員

（※1）道府県、政令指定都市、政令指定都市以外の市役所などの職員
（※2）2012年度以降、裁判所事務官（2012～2015年度は裁判所職員）・家庭裁判所調査官補は、教養科目に共通の問題を使用
（※3）2011年度まで実施されていた試験区分

STEP2 「必修」問題に挑戦してみよう

「必修」問題はセクションテーマを代表する問題です。まずはこの問題に取り組み，そのセクションで学ぶ内容のイメージをつかみましょう。問題文の周辺には，そのテーマで学ぶべき内容や覚えるべき要点を簡潔にまとめていますので参考にしてください。

本書の問題文と解答・解説は見開きになっています。効率よく学習できます。

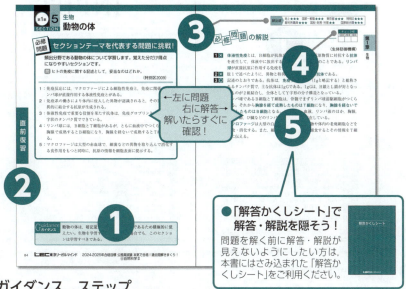

❶ ガイダンス，ステップ

「ガイダンス」は必修問題を解くヒント，ひいてはテーマ全体のヒントです。
「ステップ」は必修問題において，そのテーマを理解するために必要な知識を整理したものです。

❷ 直前復習

必修問題と，後述の実践問題のうち，LEC専任講師が特に重要な問題を厳選しました。試験の直前に改めて復習しておきたい問題を表しています。

❸ 頻出度

各採用試験において，この問題がどのくらい出題頻度が高いか＝重要度が高いかを★の数で表しています。志望先に応じて学習の優先度を付ける目安となります。

❹ チェック欄

繰り返し学習するのに役立つ，書き込み式のチェックボックスです。学習日時を書き込んで復習の期間を計る，正解したかを○×で書き込んで自身の弱点分野をわかりやすくするなどの使い方ができます。

❺ 解答・解説

問題の解答と解説が掲載されています。選択肢を判断する問題では，肢1つずつに正誤と詳しく丁寧な解説を載せてあります。また，重要な語句や記述は太字や色文字などで強調していますので注目してください。

STEP3 テーマの知識を整理しよう

必修問題の直後に、セクションテーマの重要な知識や要点をまとめた「インプット」を設けています。この「インプット」で、自身の知識を確認し、解法のテクニックを習得してください。

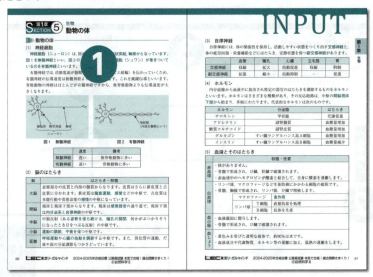

❶「インプット」本文

セクションテーマの重要な知識や要点を、文章や図解などで整理しています。重要な語句や記述は太字や色文字などで強調していますので、逃さず押さえておきましょう。

STEP4 「実践」問題を解いて実力アップ！

「インプット」で知識の整理を済ませたら，本格的に過去問に取り組みましょう。「実践」問題ではセクションで過去に出題されたさまざまな問題を，基本レベルから応用レベルまで収録しています。

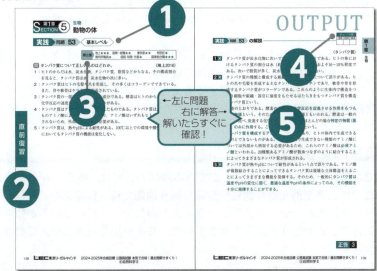

❶ 難易度
収録された問題について，その難易度を「基本レベル」「応用レベル」で表しています。
1周目は「基本レベル」を中心に取り組んでください。2周目からは，志望先の採用試験について頻出度が高い「応用レベル」の問題にもチャレンジしてみましょう。

❷ 直前復習，❸ 頻出度，❹ チェック欄，❺ 解答・解説
※各項目の内容は，STEP2をご参照ください。

STEP5 「章末CHECK」で確認しよう

章末には，この章で学んだ内容を一問一答形式の問題で用意しました。
知識を一気に確認・復習しましょう。

LEC専任講師が，『過去問解きまくり！』を使った
「オススメ学習法」をアドバイス！⇒

講師のオススメ学習法

❓ どこから手をつければいいのか?

まず各章の最初にある「出題傾向の分析と対策」を見て，その章の中で出題数が多いセクションがどこなのかを確認してください。

そのセクションは捨ててしまうと致命傷になりかねません。必ず取り組むようにしてください。逆に出題数の少ないセクションは優先順位を下げてもよいでしょう。

各セクションにおいては，①最初に必修問題に挑戦し，そのセクションで学ぶ内容のイメージをつけてください。②次に必修問題の次ページから始まる知識確認によって，そのセクションで学習する考え方や公式を学びます。③そして，いよいよ実践問題に挑戦です。実際に出題された問題を解いてみましょう。

🕐 演習のすすめかた

試験で自然科学の解答に割くことができる時間の目安は，多くても1問あたり2分程度です。典型的な計算問題や知識を問う問題では，問題文を読み終わった時点で解法や答えがわかっているという状況が理想です。知っているか知らないかで，正答できるかどうかが決まりますので，基本事項を正確に覚えておきましょう。

❶ 1周目（何が問われているのかを確認する）

計算問題においては必要な公式および公式へのあてはめかたを確認し，知識問題においてはどのように問題で問われるかを確認し，どの知識を覚えておけば選択肢の正誤を判断できるのかを確認していきましょう。曖昧な知識や知らない知識は必ず確認し，周辺知識も含めて理解するようにしてください。

❷ 2周目（知識が定着できているのかを確認する）

問題集をひととおり終えて2周目に入ったときは，公式や知識が定着しているかどうかを確認しながら解いてください。この段階では1周目で学習したことが理解できているかをチェックするとともに，インプットも確認してください。

❸ 3周目以降や直前期（基本問題を確実に正答できるかを確認する）

学習した分野について，正確な知識が確実に身についているか，基本問題を中心に演習しましょう。

一般的な学習のすすめかた（目標正答率60%〜80%）

　自然科学Ⅱでは，生物と地学の中で出題数の多い分野を中心に学習をすすめます。地学が1問に対して，生物が2問出題される試験もあることから，生物を優先的に学習するのがよいでしょう。

　ただし，国家総合職，国税・財務・労基の生物，地学や国家一般職の地学など，試験によって近年出題の少ない科目もありますので，必ず出題傾向を確認してから学習を開始してください。

　生物では，動物の体からの出題数が多く，次いで遺伝・DNA，生態系からの出題数が多いです。地学では宇宙からの出題数が多く，他の地球の内部構造や岩石と地層，気象現象からの出題数はほとんど同じです。地球の内部構造から地震，岩石と地層から火山と化石，気象現象では日本の気象を押さえておきましょう。

　これらの分野の，知識を問う基本問題は確実に正答ができるようにしておきたいところです。

　上記以外の分野からも出題されていますので，高校などで学習をした科目については，基本問題を押さえておきましょう。

短期間で学習する場合のすすめかた（目標正答率50〜60%）

　試験までの日数が少なく，短期間で最低限必要な学習をする場合です。

　学習効果が高い問題に絞って演習をすることにより，最短で合格に必要な得点をとることを目指します。問題ページ左に「直前復習」のマークがついた各セクションの必修問題と，以下の「講師が選ぶ『直前復習』50問」に掲載されている問題を解いてください。

直前復習

必修問題11問 ＋ 講師が選ぶ「直前復習」50問

実践1	実践36	実践63	実践98	実践127
実践5	実践37	実践67	実践99	実践128
実践9	実践39	実践73	実践103	実践130
実践12	実践42	実践75	実践107	実践140
実践18	実践45	実践76	実践108	実践144
実践23	実践46	実践84	実践114	実践146
実践25	実践49	実践87	実践116	実践149
実践28	実践53	実践91	実践117	実践152
実践32	実践56	実践94	実践118	実践156
実践34	実践61	実践95	実践124	実践158

CONTENTS 目次

- はしがき
- 本書の効果的活用法
- 講師のオススメ学習法
- 自然科学をマスターする10の秘訣

第1章 生物 ……………………………………………… 1

SECTION①	細胞 問題1〜6 …………………………………… 4
SECTION②	生殖・発生 問題7〜10 …………………………… 24
SECTION③	遺伝・DNA 問題11〜22 …………………………… 36
SECTION④	代謝 問題23〜29 ………………………………… 66
SECTION⑤	動物の体 問題30〜59 …………………………… 84
SECTION⑥	植物の体 問題60〜66 …………………………… 154
SECTION⑦	生態系 問題67〜82 ……………………………… 172

第2章 地学 ……………………………………………… 221

SECTION①	地球の内部構造 問題83〜92 …………………… 224
SECTION②	岩石と地層 問題93〜113 ………………………… 248
SECTION③	気象現象 問題114〜137 ………………………… 302
SECTION④	宇宙 問題138〜165 ……………………………… 364

■ INDEX ………………………………………………… 438

自然科学をマスターする10の秘訣

① 自然は生きた教材。何でも関心をもとう！［共通］

② 物事にはすべて意味がある。「なぜ？」「どうして？」という気持ちをもとう！［共通］

③ 本試験問題は生きた教材。繰り返し解こう！［共通］

④ 誤りの選択肢を正しく直せて本物の実力だ！［共通］

⑤ 自然科学は1つ。共通項目はまとめて覚えよう！［共通］

⑥ 全体から部分へ。あまり細かいことにこだわるな！［生物］

⑦ 生物の特徴は多様性。常に具体例を忘れずに！［生物］

⑧ 表，図を活用して，ビジュアル的に学習しよう！［生物］

⑨ 日々の生活が教材だ！　現実にあてはめて考えよう！［生物］

⑩ グラフ，図を読み取れるようにしよう！［地学］

第1章

生物

SECTION

① 細胞
② 生殖・発生
③ 遺伝・DNA
④ 代謝
⑤ 動物の体
⑥ 植物の体
⑦ 生態系

第1章 生物

出題傾向の分析と対策

試験名 / セクション	地上			国家一般職 (旧国Ⅱ)			東京都			特別区			裁判所職員			国税・財務・労基			国家総合職 (旧国Ⅰ)		
年度	15-17	18-20	21-23	15-17	18-20	21-23	15-17	18-20	21-23	15-17	18-20	21-23	15-17	18-20	21-23	15-17	18-20	21-23	15-17	18-20	21-23
出題数	6	6	6	3	3	4	5	3	3	6	6	6	3	3	4	2	3	2	2	2	5
細胞		★	★							★		★				★	★				
生殖・発生			★					★		★★	★										★
遺伝・DNA				★★	★	★	★	★		★	★	★	★	★						★	★
代謝	★	★			★		★	★						★							
動物の体	★×4	★★★ / ★★★	★★★ / ★★★		★	★	★×4	★★	★	★★★	★	★	★★★	★	★	★	★	★	★	★	★
植物の体					★						★										
生態系	★	★	★			★				★			★								★

(注) 1つの問題において複数の分野が出題されることがあるため，星の数の合計と出題数とが一致しないことがあります。

　生物は，計算問題が少なく，知識問題が多いため暗記で対応できる科目である。計算が苦手な受験生でも，十分に対応が可能である。

　一方，他の自然科学と比較すると出題範囲が広いため，出題が多い分野を効率的に学習することが求められる。

　「動物の体」，「遺伝・DNA」からの出題が比較的多く見られるため，時間がなければこれらの範囲だけ学習してもよいだろう。特に「動物の体」は，暗記だけで解ける問題が多いため対策をしやすい。

※人事院・裁判所より，2024年以降の試験内容変更が発表されています（2023年8月現在）。各自必ず試験実施機関の情報をご確認ください。

地方上級

　例年2問出題される。1問が典型的な知識問題で，もう1問は他の試験種ではあまり出題されない分野からの問題という傾向が見られる。「動物の体」，「生態系」からの出題が多い。

国家一般職（旧国家Ⅱ種）

例年1問出題される。他の試験種ではあまり問われない，学者の名前が出題されるなど，幅広い分野からの出題が見られる。また，時事的な内容について出題されることがあるため，新聞などのニュースにも注意を払っておこう。

2007年までは難解な問題を出題する傾向があったが，それ以降は基礎的な問題の出題が多くなっている。

東京都

2023年は一般方式の行政系で1問，技術系で2問出題された。難易度には波がある。あまり傾向はないが，「動物の体」，「遺伝・ＤＮＡ」からの出題が若干多い。

特別区

例年2問出題される。「動物の体」，「生態系」からの出題が多い。「細胞」，「遺伝・ＤＮＡ」，「植物の体」からの出題も見られる。難易度はそれほど高くないため，基本的な知識をきちんと学習しておこう。

裁判所職員

例年1問出題されている。穴埋め形式が続いてきたが，2016年〜2022年は正誤の組合せが問われたため，正確な知識が必要である。「動物の体」からの出題が多いが，「遺伝・ＤＮＡ」からの出題も増えてきている。難易度の変動は大きい。

国税専門官・財務専門官・労働基準監督官

2012年，2016年〜2022年は1問出題されたが，2013年〜2015年，2023年は出題されていない。傾向は，国家一般職（旧国家Ⅱ種）と近いものがあるが，より基本的な問題を出題する傾向がある。学習効果の高い問題が多いため，国税・財務・労基の受験を考えていない人でも学習しておくとよいだろう。

国家総合職（旧国家Ⅰ種）

2012年，2013年，2015年，2016年，2018年，2019年，2021年，2023年は1問出題されたが，2014年，2017年，2020年，2022年は出題されていない。「動物の体」からの出題が多いが，内容は多岐にわたっており対策は簡単ではない。ただし，基礎的な問題が出題されることもあるため，そういった問題を取りこぼさないようにしよう。

Advice　アドバイス　学習と対策

生物は，地道な暗記で対応できる科目ではあるが，範囲がとても広いため，その対策は簡単ではない。試験種によっては出題される分野が決まっていることもあるため，「あまり出題されない分野には時間をかけず，頻出分野だけ学習し得点の可能性を高める」というように効率よく学習したい。

また，分野間のつながりが強く，最初に学習する「細胞」はその後の学習の土台となっている。あまり出題されない試験種もあるが，科目全体の理解度を高めるためにも「細胞」の分野はぜひ学習してほしい。

時事的な内容が出題されることも考えられるため，新聞やテレビのニュースには関心をもっておこう。

第1章 SECTION 1 生物 細胞

必修問題 セクションテーマを代表する問題に挑戦！

細胞についての知識は，生物の学習の土台となります。何度でも学習しましょう。

問 細胞の構造に関する記述として，妥当なのはどれか。

(特別区2011)

1：細胞は，細胞膜に包まれて周囲から独立したまとまりをつくり，細胞膜は，物質を細胞内に取り込んだり逆に排出したりして細胞内部の環境を保っている。

2：動物の細胞では，細胞壁と呼ばれるかたい層があり，細胞壁は，セルロースなどを主成分とした繊維性の物質からできている。

3：ゴルジ体は，粒状又は棒状の形をしており，酸素を消費しながら有機物を分解してエネルギーを取り出す呼吸を行っている。

4：中心体は，成熟した植物細胞では大きく発達することが多く，液胞膜で包まれ，中は細胞液で満たされている。

5：細菌やラン藻などの真核生物には，ミトコンドリアや葉緑体のような細胞小器官は存在しない。

直前復習

Guidance ガイダンス

今後学習するＤＮＡ，光合成，呼吸などの頻出分野で，細胞の知識が必要になってくる。そのため，このセクションは生物全体を学習するうえで欠かせない。

4　LEC東京リーガルマインド　2024-2025年合格目標 公務員試験 本気で合格！過去問解きまくり！⑧自然科学Ⅱ

頻出度	地上★	国家一般職★★	東京都★	特別区★★
	裁判所職員★	国税・財務・労基★		国家総合職★

必修問題の解説

〈細胞小器官〉

1 ○ 記述のとおりである。細胞膜の主成分は，リン脂質とタンパク質で，リン脂質の二重の層にタンパク質が埋め込まれてできている。そのはたらきは，細胞と外界を仕切る境界の役目を果たすとともに，細胞内外の物質の出入りを調節している。この調節する性質を**選択的透過性**という。

2 × **細胞壁**とよばれる硬い層でできているのは，動物細胞ではなく**植物細胞**である。細胞壁の主成分は，セルロース（炭水化物の一種）で，リグニンによって木化する。細胞壁どうしはペクチン質で接着している。

3 × **ゴルジ体**は，扁平な袋が重なった形で，まわりに小胞が接着している。かつては動物細胞に特有な構造と考えられていたが，植物細胞にも見つかっている。そのはたらきは，分泌物質の合成と貯蔵である。
なお，本肢は**ミトコンドリア**のはたらきに関する記述である。

4 × **中心体**は，動物細胞特有の小器官で，細長い棒状の中心粒が2個互いに直角に位置し，核の近くにある。細胞分裂の際，紡錘体と星状体形成の中心となる。

5 × **真核生物**とは，**真核細胞**からなる生物のことである。真核細胞とは，核が膜に包まれた細胞のことであり，細菌やラン藻類以外の生物は，真核細胞をもつ真核生物である。細菌やラン藻類は，染色体が膜に包まれていない**原核細胞**をもつ**原核生物**である。

正答 1

Step ステップ

ミトコンドリアや葉緑体については，その形状もいえるようにしておくとよいだろう。

生物
細胞

1 細胞小器官

細胞は，大まかに原形質と後形質に分けることができます。さらに，原形質は核と細胞質に分けられます。後形質は，原形質のはたらきによって形成される構造物です。

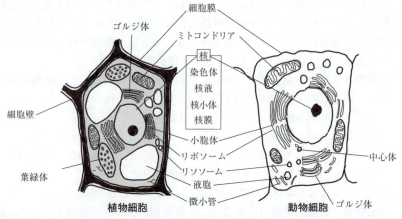

植物細胞　　　　　動物細胞

		細胞小器官	主な機能
原形質	核	核膜	二重膜。細胞質との通路
		染色体	DNAとタンパク質の複合体
		核小体	RNAとリボソームタンパク質を含有する
	細胞質	細胞膜	選択的透過性により，物質の出入りを調節する
		ミトコンドリア	細胞呼吸の場。ATPをつくり出す
		リボソーム	タンパク質合成の場。小胞体に付着している
		小胞体	物質の移動通路
		ゴルジ体	分泌物質の貯蔵，分泌の場
		中心体	細胞分裂時に分裂装置の起点となる
		リソソーム	物質の分解の場
		色素体	葉緑体は光合成の場となっている
		細胞質基質	細胞内を満たす液体
後形質		液胞	糖や無機塩類が含まれる
		細胞壁	細胞を保護，支持する
		細胞内含有物	細胞内に含まれる貯蔵物質など

INPUT

2 植物細胞と動物細胞の違い

　動物は、食物を摂取することで有機物を得るため、光合成をする必要がありません。そのため、動物細胞に光合成を行う葉緑体は存在していません。また、不要物を貯蔵しておく液胞も、動物は不要物を尿などで排出できるから発達していないのですが、排出を行えない植物では液胞が発達しています。

	葉緑体	細胞壁	液胞	中心体	ゴルジ体
動物細胞	ない	ない	未発達	ある	発達
植物細胞	ある	ある	発達	ない	未発達

3 体細胞分裂

　体細胞分裂は、間期と分裂期に分けられます。間期で染色体の数が倍になり、分裂期で細胞が分裂します。

　分裂期は、染色体の変化形態により、②前期、③中期、④後期、⑤終期に分けられます。

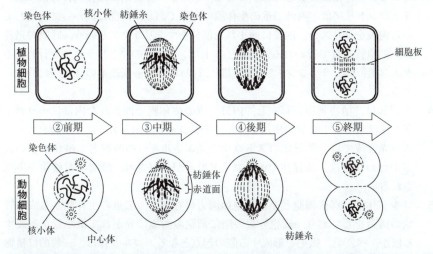

①間期	②前期	③中期	④後期	⑤終期
DNA量が、倍加します。	核内の染色糸が、染色体となり、核膜は消失します。	染色体が、細胞の中央（赤道面）に集まり、細胞の中心体から伸びてきた紡錘糸がこれと接続し、紡錘体が完成します。	染色体は紡錘糸に引かれて、両極へ移動します。	移動した染色体は、それぞれ核膜に包まれます。動物細胞では、中央部分が外からくびれて、植物細胞では、細胞板という仕切りができて、2つの細胞となります。

第1章 SECTION 1 生物 細胞

実践 問題 1 基本レベル

頻出度　地上★　国家一般職★★　東京都★　特別区★★
　　　　裁判所職員★　国税・財務・労基★★　国家総合職★

問 細胞小器官に関する記述として最も妥当なのはどれか。

(国税・財務・労基2018)

1：細胞膜は，主にリン脂質とタンパク質から成り，リン脂質の疎水性の部分を外側，親水性の部分を内側にしてできた二重層に，タンパク質がモザイク状に分布した構造をしている。細胞膜を挟んで物質の濃度に差があるときに，濃度の高い側から低い側に物質を透過させる性質を選択的透過性という。

2：核は，原核細胞に存在し，細胞の形態や機能を決定する働きをしている。核の内部には染色体や1～数個の核小体があり，最外層は核膜と呼ばれる二重の生体膜である。染色体は，主にDNAとタンパク質から成り，細胞が分裂していないときには凝集して棒状になっているが，分裂期には核内に分散する。

3：ミトコンドリアは，内外二重の生体膜でできており，内部に向かって突出している内膜をクリステ，内膜に囲まれた部分をマトリックスという。呼吸の過程は，細胞質基質で行われる解糖系，ミトコンドリアのマトリックスで行われるクエン酸回路，ミトコンドリアの内膜で行われる電子伝達系の3段階に分けられる。

4：葉緑体は，植物細胞に存在し，内外二重の生体膜で囲まれた内部にチラコイドと呼ばれる扁平な袋状構造を持ち，チラコイドの間をストロマが満たしている。光合成では，葉緑体のストロマで光エネルギーの吸収と二酸化炭素の固定が行われた後，葉緑体のチラコイドで水が分解され，酸素と有機物が生成される。

5：ゴルジ体は，真核細胞と原核細胞の両方に存在し，二重の生体膜から成る管状の構造をしており，細胞分裂の際に細胞の両極に分かれて微小管を形成するほか，べん毛，繊毛を形成する際の起点となる。ゴルジ体は，一般的に植物細胞には見られないが，コケ植物やシダ植物の一部の細胞などで見られる。

OUTPUT

チェック欄		
1回目	2回目	3回目

実践　問題　1　の解説

第1章
生物

〈細胞小器官〉

1 ✕ 　**細胞膜**は，主にリン脂質とタンパク質からなることは正しいが，リン脂質の親水性の部分を外側，疎水性の部分を内側にしてできた二重層をしているため，水の中で膜をつくることができる。リン脂質の二重層に，タンパク質はモザイク状に分布し，膜の上を比較的自由に動くことができるモデルを流動モザイクモデルといい，タンパク質の動きがさまざまな方法で確認されている。

　細胞の内外で物質の濃度に差があるとき，**濃度の高い側から低い側に，拡散などによって物質が輸送されることを受動輸送**といい，エネルギーを必要としない。一方，**濃度の低い側から高い側に物質が輸送されることを能動輸送**といい，エネルギーを必要とする。たとえば，細胞内外の濃度差に逆らって細胞内から細胞外へNa^+を排出し，細胞外から細胞内へK^+を取り込んでいるナトリウムポンプがある。なお，**選択的透過性**は，細胞が特定の物質を透過させる性質をもっていることであり，細胞膜のタンパク質がかかわり，受動輸送と能動輸送のいずれにも見られる特性である。

2 ✕ 　**細胞内に核をもつ細胞は真核細胞**であり，真核細胞で体ができている生物は**真核生物**とよばれる。一方，**細胞内に核をもたない細胞は原核細胞**であり，遺伝物質を含んだ染色体は細胞質中にあり，原核細胞で体ができている生物は**原核生物**とよばれる。真核細胞には，普通1個の核が含まれており，細胞の形態や機能を決定する重要なはたらきをしている。核の内部には酢酸カーミンや酢酸オルセインで赤色に染まる**染色体**がある。染色体のまわりは核液で満たされており，その中に1〜数個の核小体があり，リボソームRNA（rRNA）などが合成されている。核の最外層は核膜とよばれ，内膜と外膜の二重の生体膜である。

　染色体は，遺伝子の本体であるDNAと，それを支えるタンパク質からできており，細胞が分裂していないときには核内に分散し，分裂期には凝集して棒状に変わり，光学顕微鏡でも観察できるようになる。

3 〇 　記述のとおりである。**ミトコンドリア**の内部は，**外膜と内膜で二重に囲まれている**。内膜は内部に突出してひだのようになっており，**クリステ**という。内膜で囲まれた内部を**マトリックス**といい，クリステとマトリックスには，呼吸にかかわるさまざまな酵素が含まれている。

　呼吸の過程は，**解糖系，クエン酸回路，電子伝達系**の3つに大別される。

LEC東京リーガルマインド　　2024-2025年合格目標 公務員試験 本気で合格！過去問解きまくり！
⑧自然科学Ⅱ　　　9

解糖系は，細胞質基質で行われ，グルコースを酸素を必要としない過程で分解し，ピルビン酸を生成し，その過程で1分子のグルコースから2分子のＡＴＰを生産する。クエン酸回路は，ミトコンドリア内のマトリックスで行われ，ピルビン酸をさらに二酸化炭素にまで分解し，その過程で2分子のピルビン酸から2分子のＡＴＰを生産する。電子伝達系は，ミトコンドリア内の内膜で行われ，最終的に，水素イオンと酸素を結合して水を生じ，その過程でグルコース1分子あたり最大34分子のＡＴＰを生産する。

4× 葉緑体は，植物細胞のみに存在し，ミトコンドリアと同様に二重の生体膜でできている。外膜と内膜に包まれた内部にチラコイドとよばれる扁平な袋状構造をもち，種子植物やシダ植物の葉緑体では，チラコイドが積み重なったグラナという構造が見られる。チラコイド以外の部分はストロマとよばれているから，前半は正しい。

光合成の過程は，光エネルギーの吸収，水の分解とＡＴＰの合成，二酸化炭素の固定の3つに大別される。初めに，葉緑体のチラコイドにあるクロロフィルが特定の波長の光を吸収し，活性化クロロフィルとなる。続いて，チラコイドで，水分子が酸素，水素イオン，電子に分解される。電子がさまざまな物質に順番に伝達される電子伝達系の反応でＡＴＰが合成され，ここまでの反応は，光エネルギーを必要とする。最後に，ストロマで，カルビン・ベンソン回路の反応により，二酸化炭素と水素が有機物に取り込まれ，この過程では温度の影響を受ける。

5× 本肢は，中心体に関する記述である。中心体は，真核細胞のみに存在し，生体膜はもたず，1対の中心小体からなる管状の構造をしており，細胞分裂の際に細胞の両極に分かれて微小管を形成するほか，べん毛，繊毛を形成する際の起点となる。中心体は，一般的に植物細胞には見られないが，コケ植物やシダ植物などで精子をつくる細胞には見られる。

なお，ゴルジ体は，真核細胞のみに存在し，一重の生体膜でできており，扁平な袋状構造と，その周囲に散在する球状の小胞からなり，細胞内で合成した物質を分泌する。ゴルジ体は，活発に分泌を行う動物細胞で特に発達しているが，植物細胞では小さくて光学顕微鏡では見えにくい。

【コメント】
細胞小器官，呼吸，光合成に関して，総合的に確認できる良問であるため，しっかりと周辺知識も含めて確認しておきたい。

正答 3

memo

第1章 生物

SECTION 1 生物 細胞

実践 問題 2 基本レベル

頻出度　地上★　国家一般職★★　東京都★　特別区★★
　　　　裁判所職員★　国税・財務・労基★★　国家総合職★

問　真核細胞には，細胞小器官という一定の機能を持つ構造が含まれている。次の記述ア～エは，それぞれ細胞小器官であるミトコンドリア・葉緑体・ゴルジ体・液胞のいずれかについての説明である。これらに関する記述のうち正しいのはどれか。　　　　　　　　　　　　　　　　　（国立大学法人2004）

ア：成長した細胞では体積の大部分を占める。内部に細胞液を蓄えており，細胞内部の圧力を正常に保つはたらきがある。
イ：扁平な袋状の構造が層状に重なった形をしている。合成されたタンパク質に糖などを付け加えたり，内容物を細胞外へ分泌したりするはたらきがある。
ウ：二重膜に包まれており，呼吸を営み，生命活動に必要なエネルギー源であるＡＴＰを生産する。
エ：二重膜に包まれており，内部に扁平な袋状のチラコイドとストロマがある。炭酸同化や窒素同化の場である。

1：アは液胞の説明で，動物細胞にのみ存在する。
2：イはミトコンドリアの説明で，動物細胞にも植物細胞にも存在する。
3：ウはミトコンドリアの説明で，植物細胞にのみ存在する。
4：ウはゴルジ体の説明で，動物細胞にも植物細胞にも存在する。
5：エは葉緑体の説明で，植物細胞にのみ存在する。

OUTPUT

実践 問題 2 の解説

〈細胞小器官〉

1 × アは<u>液胞</u>の説明である。液胞は，液胞膜で囲まれている小体で，内部の細胞液には無機塩類や糖，色素などを含んでいる。また，細胞の吸水や浸透圧の調整にも関係している。動物細胞にも植物細胞にも存在するが，特に植物細胞で発達している。液胞が細胞体積の大部分を占めるのは成熟した植物細胞である。

2 × イは<u>ゴルジ体</u>の説明である。ゴルジ体は，扁平な袋状の構造が層状に重なった形をしている小体で，物質の分泌と貯蔵に関係している。合成されたタンパク質に糖などを付け加えたり，内容物を細胞外へ分泌したりするはたらきがあり，動物細胞にも植物細胞にも存在する。

3 × <u>ミトコンドリア</u>は，動物細胞にも植物細胞にも存在し，二重膜に包まれている球状または棒状の小体で，呼吸のうち解糖系以外の<u>クエン酸回路</u>と<u>電子伝達系</u>の2つの反応が行われ，ＡＴＰを合成する器官である。

4 × ウはミトコンドリアの説明である。

5 ○ 記述のとおりである。<u>葉緑体</u>は，内部に扁平な袋状のチラコイドとストロマがあり，それが二重の膜に包まれている小体である。チラコイドにはクロロフィルが含まれ，光合成を行っている。そこでつくられるＡＴＰとＮＡＤＰＨは<u>炭酸同化</u>や<u>窒素同化</u>に用いられる。これは植物細胞のみに存在する。

正答 5

第1章 SECTION 1 生物 細胞

実践 問題 3 基本レベル

頻出度 地上★　国家一般職★★　東京都★　特別区★★
　　　　裁判所職員★　国税・財務・労基★★　国家総合職★

問 植物細胞の構造と働きに関する次の記述のうち，最も妥当なのはどれか。

（国税・労基2005）

1：核は，一般に一つの細胞に1個存在する球形の構造物で，その内部は核膜によって数個の核小体に分かれている。核小体は核液と二重らせん構造を持つ染色体からなり，ヨウ素液で赤紫色に染まる性質を持つ。

2：液胞は，代謝産物の貯蔵・分解，浸透圧の調節の役割などを果たしており，水に糖類・有機酸などが溶けた細胞液と液胞膜からなる。一般に植物細胞でみられる。

3：中心体は，動物細胞にはみられないが，植物細胞に一般的によくみられる細胞質である。核分裂の前期に両極に分かれた中心体から細い糸状の紡錘糸が伸びて，紡錘体が形成される。

4：葉緑体は呼吸（好気呼吸）を通じて光のエネルギーを有機物に変える器官で，ストロマと呼ばれる折り重なった袋状の部分と，クロロフィルと呼ばれる緑色の基質からなる。

5：細胞壁は，セルロースと呼ばれる脂肪を主成分とした物質からなり，細胞内部の保護や植物体の支持に役立っている。また，細胞壁は，物質の種類によって透過性が異なる選択的透過性の性質を持つ。

OUTPUT

チェック欄		
1回目	2回目	3回目

実践 問題 **3** の解説

第1章 生物

〈細胞小器官〉

1 ✕ 染色体はＤＮＡと，ヒストンというタンパク質から成り立っている棒状の構造である。**二重らせん構造をとっているのはＤＮＡである**。なお，ヨウ素液に反応するのはデンプンであり，デンプンは藍色に染まる。

2 ○ 記述のとおりである。なお，**液胞**は一般的に植物細胞に多く見られるが，動物細胞にもある。植物細胞のほうが動物細胞に比べ発達しており，大きい。

3 ✕ **中心体**は動物細胞，シダ，コケなど一部の下等な植物にしか見られず，一般的な植物細胞には見られない。なお，体細胞分裂の際，紡錘体が形成されるのは前期ではなく中期である。

4 ✕ 葉緑体は光エネルギーを用いて，光合成を行うことにより，**二酸化炭素を有機物（炭水化物）に変える器官**である。葉緑体はチラコイドとよばれる扁平な円盤状の小胞が積み重なり，グラナを形成する。チラコイドの中に，光合成色素であるクロロフィルが含まれている。チラコイド以外の基質部分をストロマといい，二酸化炭素の固定が行われている。

5 ✕ セルロースは脂肪ではなく，炭水化物の一種である。なお，**選択的透過性**をもつのは細胞膜であり，**細胞壁は全透性**である。

正答 **2**

LEC東京リーガルマインド　2024-2025年合格目標 公務員試験 本気で合格！過去問解きまくり！
⑧自然科学Ⅱ

15

第1章 SECTION 1 生物 細胞

実践 問題 4 基本レベル

頻出度	地上★	国家一般職★	東京都★	特別区★
	裁判所職員★	国税・財務・労基★		国家総合職★

問 細胞への物質の出入りに関する記述として、妥当なのはどれか。

(東京都2007)

1：細胞膜とセロハン膜は同じ性質をもち、セロハン膜で純水とスクロース溶液とを仕切っておくと、セロハン膜は、スクロース溶液に含まれる水の分子だけを選択的透過性によって透過させるため、スクロース溶液の濃度は高まる。

2：溶液に細胞を浸したとき細胞の内と外との水の出入りが見掛け上ない溶液を等張液といい、等張液よりも浸透圧が低い溶液に動物細胞を浸した場合、動物細胞は膨張又は破裂する。

3：細胞膜を通して水分子などの粒子が移動する圧力を膨圧といい、浸透圧と膨圧とを加えた圧力は吸水力に等しく、植物細胞では、吸水力がゼロになったときに原形質分離が起こる。

4：受動輸送とは、細胞膜がエネルギーを使って物質を濃度差に逆らって輸送することをいい、受動輸送が行われている例として、腸壁からの物質の吸収や腎臓における物質の再吸収がある。

5：能動輸送とは、細胞の内と外との濃度差によって物質が移動することをいい、ナメクジに塩を掛けるとナメクジが縮んでいくのは、能動輸送によって、ナメクジの細胞から水が出ていくためである。

OUTPUT

	チェック欄	
1回目	2回目	3回目

実践 問題 **4** の解説 ─────────────────────────────

〈浸透圧〉

1 × 細胞膜とセロハン膜は同じ半透性をもつが，**細胞膜は選択的透過性をもち，セロハン膜はそれをもたない。**

2 ○ 記述のとおりである。なお，赤血球細胞が破裂することを溶血という。

3 × 原形質分離は，等張液よりも浸透圧が高い溶液に植物細胞を浸した場合に起こる。漬物はこの原理を利用している。
植物細胞では，吸水力＝浸透圧－膨圧が成り立つ。

4 × **細胞膜がエネルギーを使って濃度差に逆らって物質を輸送することを能動輸送**という。能動輸送を行う仕組みには，ナトリウムポンプや，グルコースポンプなどがある。

5 × ナメクジに塩をかけると縮んでいくのは，ナメクジの外部の濃度が体内よりも高くなり，水分が外に出ていく受動輸送である。

正答 **2**

第1章

生物

LEC東京リーガルマインド　2024-2025年合格目標 公務員試験 本気で合格！過去問解きまくり！
⑧自然科学Ⅱ

17

第1章 SECTION 1 生物 細胞

実践 問題 5 基本レベル

頻出度 地上★　国家一般職★★　東京都★　特別区★★
　　　　裁判所職員★　国税・財務・労基★★　国家総合職★

問 体細胞分裂に関する次の記述のA～Dに当てはまるものの組合せとして最も妥当なのはどれか。　　　　　　　　　　　　　　　　（国税・労基2007）

「体細胞分裂の過程は、核分裂及び細胞質分裂が行われる分裂期と、分裂が行われていない間期とに分けられる。

さらに、分裂期は、染色体の状態などから、前期・中期・後期・終期の四つの段階に分けられる。

図は、体細胞分裂のある段階を表したものであり、その特徴から　A　の体細胞分裂における分裂期の　B　の状態を表していることが分かる。　B　では、染色体が細胞の中央部（赤道面）に並び、　C　が完成する。

この後、染色体は両極に分かれていく。このとき、それぞれの極の染色体の数は元の細胞と　D　。」

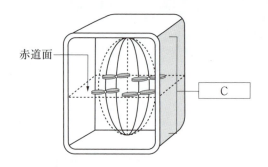

	A	B	C	D
1 :	動物	中期	紡錘体	異なる
2 :	動物	後期	中心体	同じになる
3 :	植物	中期	紡錘体	同じになる
4 :	植物	後期	中心体	同じになる
5 :	植物	後期	中心体	異なる

OUTPUT

チェック欄		
1回目	2回目	3回目

実践 問題 **5** の解説 ―――――――――

第1章 生物

〈体細胞分裂〉

A **植物** 図の細胞の周囲には厚い細胞壁が存在する。また，中心体が存在しない。したがって，この細胞は植物細胞とわかる。

B **中期** 体細胞分裂の各段階は以下のようになっている。
・間期：ＤＮＡの複製，代謝が盛んに行われる。
・前期：核膜，核小体が消失し，染色体，紡錘体が出現する。
・中期：染色体が，赤道面上に並ぶ。
・後期：染色体が二分し，両極に移動する。
・終期：細胞板が形成され細胞質分離が行われる。核膜，核小体が再び出現する（動物細胞では，細胞膜がくびれて細胞質分離が行われる）。

C **紡錘体** 空欄Bの解説参照。

D **同じになる** **体細胞分裂**においては，あらかじめ間期に染色体が複製されているため，分裂後の染色体の数は元の細胞と同じになる。一方，**減数分裂**においては，1個の細胞から4個の娘細胞がつくられ，その染色体数は半量となる。

よって，正解は肢3である。

正答 3

LEC東京リーガルマインド　2024-2025年合格目標 公務員試験 本気で合格！過去問解きまくり！
⑧自然科学Ⅱ

19

第1章 SECTION 1 生物 細胞

実践 問題 6 応用レベル

頻出度	地上★	国家一般職★★	東京都★	特別区★★
	裁判所職員★	国税・財務・労基★★		国家総合職★

問 細胞の構造に関する記述として最も妥当なのはどれか。

(国税・財務・労基2022)

1：核膜に包まれた核は，全ての生物に存在する細胞小器官であり，酸素を用いて有機物を分解するときに生じるエネルギーからATPを合成する働きを担う。核の内部には染色体と液胞があり，液胞は脂質で満たされている。

2：ミトコンドリアは，核膜と直接つながっており，グリコーゲンやグルカゴンを合成する働きを担う。ミトコンドリア内部のひだ状の構造はクリステと呼ばれ，クリステの内部にはクエン酸回路に関わる酵素が存在している。

3：葉緑体は，光エネルギーを利用してATPを合成し，そのATPのエネルギーを利用して有機物を合成する働きを担う。葉緑体は，内外二重の膜からできており，その内部にはチラコイドと呼ばれる平らな袋状の構造がある。

4：ゴルジ体は，生体膜でできた小胞で，各種の分解酵素を含む。リソソームからつくられ，細胞内で生じた不要な物質を分解する働きを担う。また，筋原繊維を覆っているゴルジ体には，カルシウムを蓄え放出する役割もある。

5：細胞膜は，リン脂質でできた一重の膜であり，その中に糖質がモザイク状に埋め込まれている。水分子やアミノ酸のような極性のある物質は，一重の膜の部分を通過できるが，酸素や二酸化炭素は，ここを通過できないため，糖質の部分から細胞内外に輸送される。

OUTPUT

チェック欄		
1回目	2回目	3回目

実践 問題 **6** の解説

〈細胞の構造〉

1 × 真核細胞は核をもつが，シアノバクテリア，細菌類のような**原核細胞は核をもたない**。酸素を用いて有機物を二酸化炭素と水に分解し，このとき**放出されるエネルギーを用いて，ＡＤＰとリン酸からＡＴＰを合成する呼吸は，真核生物では主にミトコンドリアで行われる**。原核生物はミトコンドリアをもたず，酸素を使って呼吸を行う好気性細菌がある。核の内部には染色体があり，染色体のまわりは核液で満たされており，その中に１〜数個の核小体がある。**液胞は成長した植物細胞で発達しており，核ではなく**細胞質にあり，細胞の代謝産物や老廃物などを含む細胞液で満たされている。

2 × **血糖濃度が上昇したとき，すい臓ランゲルハンス島Ｂ細胞から分泌されるインスリンによりグルコースからグリコーゲンが合成され，血糖濃度が低下する**。一方，**血糖濃度が低下したとき，すい臓ランゲルハンス島Ａ細胞から分泌されるグルカゴン**などによりグリコーゲンを分解し，グルコースを生成し，**血糖濃度が上昇する**。

ミトコンドリアは，核膜と直接つながっていない。**ミトコンドリアは外膜**と内膜の二重膜で包まれており，内膜の一部はひだ状の突起となり**クリステ**とよばれる構造をつくる。内膜の内側の基質部分は**マトリックス**とよばれ，クエン酸回路にかかわる酵素が存在している。なお，**呼吸は３つの過程からなり，まず細胞質基質で行われる解糖系，次にミトコンドリアのマトリックスで行われるクエン酸回路，最後にミトコンドリアの内膜で行われる電子伝達系があり，ＡＴＰの多くは，電子伝達系で合成される**。

3 ○ 記述のとおりである。**葉緑体は植物細胞に存在し**，クロロフィルなどの光合成色素を含み，**光合成が行われる場であり，光エネルギーを吸収して，水と二酸化炭素から有機物を合成する**。葉緑体は，外膜と内膜の二重膜に包まれ，内部には**チラコイド**とよばれる**扁平な袋状の構造**があり，チラコイドが層状に積み重なり，グラナという構造をつくっている。また，チラコイドを除く基質部分は**ストロマ**とよばれる。光合成において，光エネルギーを吸収してＡＴＰを合成する反応は**チラコイド**で行われ，ＡＴＰを利用して有機物を合成する反応は**ストロマのカルビン・ベンソン回路**で行われる。

4 × **ゴルジ体は一重の生体膜でできており，細胞内外への物質の輸送を調節し**

第1章 生物

LEC東京リーガルマインド　2024-2025年合格目標 公務員試験 本気で合格！過去問解きまくり！　21
⑧自然科学Ⅱ

ている。細胞内で生じた不要なものは，**ゴルジ体でつくられた分解酵素を含む小胞に入れられ，リソソームが形成**される。**リソソームは一重の生体膜でできた小胞**で，ゴルジ体からつくられる。リソソームには**各種の分解酵素が含まれ**，古い細胞小器官や細胞外から取り込んだ異物を分解するはたらきを担う。また，ゴルジ体は，小胞体を通じて輸送されたタンパク質を濃縮してゴルジ小胞に入れ細胞外へ分泌するはたらきもある。

また，神経の興奮が筋細胞に伝えられると，筋細胞の細胞膜を経由して，その興奮が筋原繊維を覆っている筋小胞体に伝えられ，筋小胞体からCa^{2+}が放出され，筋収縮が起こる。

5 × **細胞膜**は，主にリン脂質とタンパク質からなる。**リン脂質の二重層に，タンパク質がモザイク状に分布し，流動モザイクモデル**とよばれる。リン脂質二重層では，内部に疎水部があり，脂質に溶けやすい物質ほど通過しやすいが，細胞内の生命活動に必要とされる多くの物質は水溶性であって，疎水部を通過することができないため，これらの物質は，細胞膜に存在する膜タンパク質を介して細胞を出入りする。細胞膜を通過する物質では，一般に，分子の大きさが小さいものほど通過しやすい。酸素や二酸化炭素など，非常に小さくて極性のない分子は，膜タンパク質を通過することなく，細胞膜のリン脂質二重層を自由に通過し，高濃度側から低濃度側へ移動する。

【コメント】
　細胞の構造をテーマにした問題であるが，比較的多くの分野に派生しているため，広い視点に立って用語をしっかりと押さえておきたい。

正答 3

memo

第1章 生物

第1章
SECTION **2** 生物
生殖・発生

必修問題 **セクションテーマを代表する問題に挑戦！**

動物の生まれ方について学習します。暗記量の多いセクションですが，がんばって学習しましょう。

問 生殖と発生に関する記述として最も妥当なのはどれか。

(国家一般職2021)

1：生殖の方法には，雌雄の性に無関係な生殖である無性生殖と，配偶子による生殖である有性生殖がある。このうち，親と全く同じ遺伝子をもつ子が生じるのは有性生殖であり，分裂や出芽などの方法がある。

2：動物の発生において，始原生殖細胞は体細胞分裂を経て，卵巣では卵原細胞に分化する。その後，卵原細胞は減数分裂を繰り返して増殖し，一部が一次卵母細胞に成長する。一次卵母細胞は，2回の体細胞分裂を経て卵と二次卵母細胞となる。

3：2組の対立遺伝子が異なる染色体上にある場合を，独立しているという。2組の対立遺伝子Aとa，Bとbが独立している場合，遺伝子型$AaBb$の個体がつくる配偶子の種類とその比率は，$AB：Ab：aB：ab＝1：1：1：1$となる。

4：ニワトリのように卵黄の量が少なく均等に分布している卵は等黄卵と呼ばれ，卵割の初期から不等割となる。一方，カエルのように多量の卵黄が細胞質の中央に集まる心黄卵では，初期は卵の表面のみで卵割が進む。

5：シダ植物の受精において，花粉管から放出された2個の精細胞のうち，1個は卵細胞と受精して受精卵（$3n$）となり，もう1個は中央細胞と融合して胚乳細胞（$2n$）となる。その後，胚乳細胞は果実を形成する。

頻出度	地上★	国家一般職★	東京都★	特別区★
	裁判所職員★	国税·財務·労基★		国家総合職★

チェック欄		
1回目	2回目	3回目

必修問題の解説

第1章 生物

〈生殖・発生〉

1 ✕ 親とまったく同じ遺伝子をもつ子が生じるのは**無性生殖**であり，分裂，出芽，栄養生殖などがある。**有性生殖**は両親からそれぞれ遺伝子を受け継ぐため，遺伝子の多様性が生じる。

2 ✕ 始原生殖細胞は発生の初期から存在し，未分化な精巣や卵巣に移動して，精原細胞や卵原細胞になる。始原生殖細胞が卵巣に移動すると，女性ホルモンの影響で分化し卵原細胞となる。卵原細胞となった後，体細胞分裂によって増殖する。そして，卵原細胞（$2n$）は成長して一次卵母細胞（$2n$）となり，一次卵母細胞は減数分裂第一分裂で二次卵母細胞（n）と第一極体（n）とに分かれ，二次卵母細胞は減数分裂第二分裂で卵（n）と第二極体（n）とに分かれる。

3 ◯ 記述のとおりである。2組の対立遺伝子が独立している場合，互いに影響がないため，$AB : Ab : aB : ab = 1 : 1 : 1 : 1$となる。これに対し，たとえば，遺伝子$A$と$B$，$a$と$b$が同じ染色体上にある場合を**連鎖**しているといい，遺伝子の間で染色体の乗換えが起こるとき，配偶子AbとaBも生じるような遺伝子の組合せが変わることを**組換え**という。

4 ✕ ニワトリの卵もカエルの卵も，卵黄の量が多く一方の極に偏って分布している端黄卵である。卵割は卵黄の多い部分では起こりにくいため，卵の種類によって卵割様式は異なる。ニワトリの卵は卵黄の量が極端に多く，部分割で盤割，カエルの卵は卵黄の量が多く，全割で不等割という卵割様式をとる。なお，肢2の解説にある極体を放出した卵の端を動物極といい，その反対の端を植物極という。

5 ✕ 被子植物の受精に関する記述である。精細胞はnであるから，卵細胞（n）と受精した受精卵は$2n$となる。もう一方の精細胞は中央細胞（$2n$）と融合し，胚乳細胞となるため，胚乳細胞は$3n$である。これを重複受精といい，被子植物だけに見られるものである。

正答 **3**

SECTION ② 生物 生殖・発生

第1章

1 生殖

(1) 無性生殖

配偶子を形成しないで, 性に関係なく新個体を増やす方法を無性生殖といいます。できた新個体は親のコピーであるから, 生殖が容易な反面, 形質が変化しないため環境の変化に適応しにくくなります。

	方法	具体例
分裂	親の体が2つ以上に分裂して増えます。	ゾウリムシ, ミドリムシ
出芽	親の体に芽のようなものができて子になります。	ヒドラ, 酵母菌
胞子生殖	胞子が単独で発芽して子になります。	カビ, コケ
栄養生殖	植物の栄養器官（根, 茎, 葉）から個体ができます。	ジャガイモ, ユリ

(2) 有性生殖

配偶子を形成し, その配偶子どうしの合体により新個体ができる方法を有性生殖といいます。できた新個体は両親のブレンドであり, 生殖に多少困難を伴う反面, 形質変化による環境適応性に優れています。

	方法	具体例
接合	配偶子が合体し, 子ができます。2つの配偶子の形により, 同形配偶子接合, 異形配偶子接合に分かれます。	ヒビミドロ アオサ
受精	卵と精子の合体により子ができます。	多くの動植物 ウニ
単為生殖	卵が受精せずに単独発生して子になります。したがって, 通常 $2n$ の形の染色体になるところが, n の形で生まれることになります。	オスのミツバチ

(3) 無性生殖と有性生殖の特徴

	無性生殖	有性生殖
増殖効率	生殖が容易なため、増殖しやすくなります。	生殖に多少困難を伴うため、増殖しにくくなります。
遺伝子	親のコピーですから、遺伝子は同じです。	両親のブレンドですから、遺伝子は異なります。
環境適応性	代を重ねても形質が変わらないため、環境の変化に弱く、環境適応性は低くなります。	代を重ねるごとに形質の変化があるため、環境の変化に強く、環境適応性は高くなります。

2 器官形成

　受精卵は卵割を繰り返して多数の細胞になりますが、やがてその細胞たちは個々の役割をもつようになります。これを分化といいますが、フォークトはイモリの初期嚢胚を局所生体染色法で染色し、各部分の予定運命を表した予定胚域図をつくりました。

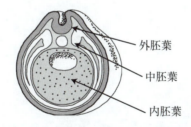

外胚葉	表皮（毛・爪）、神経（脳など）、感覚器官に分化
中胚葉	骨格、筋肉、循環器（心臓、腎臓）系、排出系に分化
内胚葉	消化器（胃、肝臓）系、呼吸器（肺、えら）系に分化

SECTION 2 生殖・発生

実践 問題 7 基本レベル

問 脊つい動物の発生の過程で，外胚葉，中胚葉，内胚葉からそれぞれ分化して形成される器官の組合せとして，妥当なのはどれか。　　（特別区2007）

	外胚葉	中胚葉	内胚葉
1：	脊髄	心臓	肝臓
2：	脊髄	肝臓	心臓
3：	心臓	脊髄	肝臓
4：	心臓	肝臓	脊髄
5：	肝臓	脊髄	心臓

OUTPUT

実践 問題 7 の解説

〈発生〉

　外胚葉は，神経胚期になると，表皮と神経管に分化し，表皮は将来表皮のほか目の水晶体・角膜や爪，毛髪などになる。また，神経管は，脳や脊髄や目の網膜などになる。

　中胚葉は，神経胚期になると，脊索，体節，側板に分化し，脊索は将来退化するが，体節からは骨や筋肉ができ，側板から腎臓・生殖器官が，残りからは心臓，血管，血液などができる。

　内胚葉からは，胃，腸などの消化器官や肝臓，すい臓，肺などができる。

　よって，正解は肢1である。

正答 1

第1章 SECTION 2 生物 生殖・発生

実践 問題 8 基本レベル

問 動物の発生に関するA～Dの記述のうち，妥当なものを選んだ組合せはどれか。
（特別区2021）

A：カエルの卵は，卵黄が植物極側に偏って分布している端黄卵であり，第三卵割は不等割となり，卵割腔は動物極側に偏ってできる。
B：カエルの発生における原腸胚期には，外胚葉，中胚葉，内胚葉の区別ができる。
C：脊椎動物では，外胚葉から分化した神経管は，のちに脳や脊索となる。
D：胚のある領域が接している他の領域に作用して，分化を促す働きを誘導といい，分化を促す胚の領域をアポトーシスという。

1： A B
2： A C
3： B C
4： B D
5： C D

OUTPUT

実践 問題 **8** の解説 ─────────────────

チェック欄		
1回目	2回目	3回目

〈発生〉

A○ 記述のとおりである。カエルは，卵黄が植物極側に多く動物極側に少ない端黄卵である。第一卵割，第二卵割は経割で，第三卵割は緯割を行い，植物極には卵黄が多いため，赤道面よりも動物極側に片寄る不等割となる。なお，ウニの発生では，第三卵割も等割である。

B○ 記述のとおりである。原腸胚期には内部に陥入が起こり，陥入しなかった領域は外胚葉となり，原腸の植物極側の細胞層が内胚葉となり，外胚葉と内胚葉の間に中胚葉ができる。

C× どの胚葉からどの器官が形成されるかは，すべての脊椎動物で共通している。外胚葉は表皮と神経管に分化し，神経管はのちに脳や脊髄，網膜などの感覚器官になる。一方，脊索は中胚葉の一部が分化したものであり，周辺に骨細胞が集まり，脊髄を包み込んで脊椎骨となる。脊索は体を支持するはたらきをするが，やがて退化し，消失する。

D× 前半の記述は正しい。誘導をする胚の領域は，形成体（オーガナイザー）という。なお，アポトーシスとはプログラム化された細胞死であり，ヒトの指の発生過程で，水かきの部分に存在する細胞が死んで5本指が形成されたり，オタマジャクシがカエルになるときに尻尾が消失することなどが挙げられる。これは，細胞の死ではあるが，正常な発生や生体機能の維持には欠かせない重要な仕組みである。

以上より，妥当なものはA，Bとなる。

よって，正解は肢1である。

正答 1

第1章 生物

第1章 SECTION 2 生殖・発生

実践 問題 9 基本レベル

問 生殖に関する記述として、妥当なのはどれか。　（特別区2018）

1：無性生殖は、雌雄の性に関係なく増殖し、新たに生じる個体は親と遺伝的に同一な集団であるクローンとなる。
2：無性生殖には、ヒドラにみられる芽が出るように新たな個体が生じる単相や、根の栄養器官から新たな個体が生じる複相がある。
3：配偶子の合体によって新たな個体が生じる生殖を有性生殖といい、配偶子が合体して生じた細胞をヒストンという。
4：染色体上に占める遺伝子の位置を対合といい、ある対合について、1つの形質に関する複数の異なる遺伝子を遺伝子座という。
5：1対の相同染色体の遺伝子について、同じ状態になっているものをヘテロ接合体といい、異なる状態になっているものをホモ接合体という。

OUTPUT

チェック欄		
1回目	2回目	3回目

実践 問題 **9** の解説

第1章 生物

〈生殖〉

1 ○ 記述のとおりである。**無性生殖**は，**雌雄の関係なく，体がほぼ同じ大きさに分裂したり，体の一部が新たに独立して増殖**する。無性生殖では，新たに生じる個体の遺伝的な形質は親とまったく同じになる。こうした細胞や個体の集団をクローンという。無性生殖は1個体のみで生殖が可能であるため，安定している環境では短時間に多数の子孫を形成できるが，環境の変化に対する適応力は低い。

2 × 無性生殖には，ヒドラに見られる芽が出るように新たな個体が生じる**出芽**，サツマイモに見られる根の栄養器官から新たな個体が生じる**栄養生殖**，ミドリムシに見られる体がほぼ同じ大きさに分かれる**分裂**がある。なお，有性生殖において，減数分裂における母細胞の染色体数$2n$のことが複相であり，配偶子の染色体数nのことが単相である。

3 × **配偶子の合体によって新たな個体が生じる生殖を有性生殖**ということは正しいが，配偶子が合体して生じた細胞は接合子である。なお，真核生物において，DNAはヒストンとよばれるタンパク質に巻きついてヌクレオソームを形成し，それらが重なってクロマチン繊維という構造をとる。

4 × 染色体上に占める遺伝子の位置を遺伝子座といい，同じ生物種ではその位置は共通しており，1つの形質に対応する遺伝子は，特定の遺伝子座を占める。ある遺伝子座について，1つの形質に関する複数の異なる遺伝子を対立遺伝子（たいりつ）という。なお，対合（たいごう）とは，減数分裂の第一分裂前期において，相同染色体どうしが平行に並んで接合することである。

5 × 1つの相同染色体の遺伝子について，遺伝子型がAAやaaのように，**同じ遺伝子が対になっているものをホモ接合体**といい，一方，Aaのように，**異なる遺伝子が対になっているものをヘテロ接合体**という。

正答 **1**

LEC東京リーガルマインド　2024-2025年合格目標 公務員試験 本気で合格！過去問解きまくり！
⑧自然科学Ⅱ

33

問 生物の生殖と発生に関する記述として，最も妥当なのはどれか。

(東京都Ⅰ類A 2020)

1：生物の生殖方法は，有性生殖と無性生殖に大別され，有性生殖の例としては，ウニの受精やアリマキの単為生殖が挙げられる。
2：無性生殖は，有性生殖の場合と比べて，環境の大きな変化に適応することができる。
3：減数分裂は，卵と精子が受精し，染色体数が倍加して通常の細胞の4倍の染色体を持つようになった受精卵が，染色体を半減させるために行う分裂である。
4：動物の受精卵で行われる初期の細胞分裂を卵割といい，鳥類の場合には，ほぼ等しい大きさの割球に分かれる等割で始まる。
5：動物の発生過程において，陥入によって原腸ができていく段階を胞胚というが，カエルの場合には，植物極付近に原口ができ陥入が始まる。

OUTPUT

実践 問題 **10** の解説

〈生殖・発生〉

1 ○ 記述のとおりである。無性生殖は，配偶子を形成しない生殖であり，分裂，出芽，胞子生殖，栄養生殖がある。有性生殖は，配偶子を形成し，その配偶子どうしの合体による生殖であり，接合，受精，単為生殖がある。

2 × 無性生殖では，配偶子を形成しないで親のコピーの新個体をつくるため，親と子の遺伝的形質が同じになる。そのため，多様性に乏しく，環境の大きな変化への適応力は，配偶子を形成し配偶子どうしの合体による有性生殖に比べて弱い。

3 × 減数分裂は，卵や精子など配偶子が形成される過程で行われる細胞分裂である。ヒトなどの動物の場合，精子の前段階である精母細胞（$2n$），卵子の前段階である卵母細胞（$2n$）はそれぞれ，減数分裂によって精細胞（n），卵（n）となる。

4 × 卵割で分かれた細胞を割球という。等割で始まるのは，ナマコやウニ，哺乳類である。鳥類，は虫類，魚類は不等割で始まり，動物極付近だけで卵割が起き，卵黄の多い植物極側では卵割しないという盤割をする。

5 × 陥入によって原腸ができていく過程を原腸胚という。胞胚はその一段階前であり，卵割が進み，中心に胞胚腔をもつ球形の胚になる段階をいう。カエルの場合，原口は赤道面よりやや植物極側に形成される。

正答 **1**

第1章 SECTION 3 生物

遺伝・DNA

必修問題 セクションテーマを代表する問題に挑戦!

遺伝は，染色体についての知識があると，学習しやすいです。

問 遺伝の法則に関する記述として最も妥当なのはどれか。

(国家一般職2016)

1：メンデルの遺伝の法則には，優性の法則，分離の法則，独立の法則があり，そのうち独立の法則とは，減数分裂によって配偶子が形成される場合に，相同染色体がそれぞれ分かれて別々の配偶子に入ることをいう。

2：遺伝子型不明の丸形（優性形質）の個体（AA又はAa）に劣性形質のしわ形の個体（aa）を検定交雑した結果，丸形としわ形が１：１の比で現れた場合，遺伝子型不明の個体の遺伝子型はAaと判断することができる。

3：純系である赤花と白花のマルバアサガオを交配すると，雑種第一代（F_1）の花の色は，赤色：桃色：白色が１：２：１の比に分離する。このように，優劣の見られない個体が出現する場合があり，これは分離の法則の例外である。

4：ヒトのＡＢＯ式血液型について，考えられ得る子の表現型（血液型）が最も多くなるのは，両親の遺伝子型が$AO・AB$の場合又は$BO・AB$の場合である。また，このように，一つの形質に三つ以上の遺伝子が関係する場合，それらを複対立遺伝子という。

5：２組の対立遺伝子A，aとB，bについて，Aは単独にその形質を発現するが，BはAが存在しないと形質を発現しない場合，Bのような遺伝子を補足遺伝子といい，例としてカイコガの繭の色を決める遺伝子などが挙げられる。

直前復習

頻出度	地上★	国家一般職★★	東京都★★★	特別区★
	裁判所職員★★	国税・財務・労基★		国家総合職★

チェック欄		
1回目	2回目	3回目

必修問題の解説

第1章
生物

〈遺伝〉

1 ✕ 独立の法則とは，2組の対立遺伝子がそれぞれ異なる染色体に存在する場合，2組の対立遺伝子は互いに影響を及ぼし合うことなく独立に遺伝することをいう。減数分裂によって配偶子が形成される場合に，相同染色体がそれぞれ分かれて別の配偶子に入ることは分離の法則である。

2 ○ 記述のとおりである。遺伝子型が不明な個体に劣性形質の個体を交雑すると，遺伝子型が不明な個体がつくる配偶子の比は得られた雑種固体の表現型の比となって現れる。このことにより，遺伝子型を知ることができる。これを検定交雑という。

3 ✕ 純系である赤花（RR）と白花（rr）のマルバアサガオを交配すると，F_1の花の色はすべて桃色（Rr）になる。また，F_1の自家受粉によって得られるF_2では赤色：桃色：白色が1：2：1の比に分離する。このように優劣の見られない個体が出現する場合があり，これは優性の法則の例外である。マルバアサガオの花の色のように，ヘテロ接合の遺伝子型が中間的な形質を示す場合，不完全優性であるという。

4 ✕ ヒトのABO式血液型について，考えられうる子の表現型が最も多くなるのは，両親の遺伝子型がAO・BOの場合である。このとき考えられうる子の表現型（遺伝子型）はA型（AO）・B型（BO），AB型（AB），O型（OO）の4通りとなる。AO・ABのときの子はA型（AAまたはAO），B型（BO），AB（AB）であり，BO・ABのときはA型（AO），B型（BBまたはBO），AB（AB）の3通りである。

1つの形質に3つ以上の遺伝子が関係する場合，それらを複対立遺伝子という。また，ABO式血液型のAとBのように，どちらの形質も現れるような場合，共優性であるという。

5 ✕ 遺伝子Aは単独でその形質を発現するが，遺伝子BはAが存在しないと形質を発現しない場合，Bのような遺伝子を条件遺伝子といい，例としてハツカネズミの毛の色を決定する遺伝子が挙げられる。

補足遺伝子は，遺伝子Aと遺伝子Bがそれぞれ単独では形質を発現せず，AとBがそろったときに初めて形質が発現するような遺伝子である。例としてスイートピーの花の色にかかわる遺伝子が挙げられる。

カイコガのまゆの色を決める遺伝子は抑制遺伝子の例として知られており，黄色い色素をもったまゆをつくる遺伝子Yは色素をつくらない遺伝子yに対して優性であるが，色素をつくることを抑制する遺伝子IがあるとY，yいずれの場合でもまゆの色は白くなる。遺伝子Yの効果が現れるのは，抑制遺伝子Iに対して劣性の遺伝子iを2つもっているときである。

正答 **2**

1 メンデルの遺伝法則

優性の法則……異なる遺伝子が対を成したとき，片方の形質のみが現れます。
分離の法則……対立形質が配偶子をつくるときに互いに分かれて別々の細胞に入ることです。
独立の法則……2組以上の対立遺伝子が異なった染色体上にあるときは，それぞれ独立して行動します。

2 いろいろな遺伝

	具体例と雑種第二代の出現比
不完全優性	例）マルバアサガオの花の色 マルバアサガオの花の色には赤色と白色があるが，対立遺伝子となる赤色と白色の遺伝子間に優劣がないために，中間となる桃色の花をつけた個体が現れます。 赤：桃：白＝1：2：1
致死遺伝子	例）ハツカネズミの毛の色 ハツカネズミの毛の色は黄色（Y）と黒色（y）があるが，YYになると発生の初期で死んでしまいます。このように個体の死を引き起こす遺伝子を致死遺伝子といいます。 黄色：黒色＝2：1
補足遺伝子	例）スイートピーの花の色 スイートピーの花の色には紫と白があり，2種類の遺伝子が関与しています。一方は色素原をつくる遺伝子で，もう一方は色素原を色素に変える遺伝子です。両方がそろった個体のみ紫色の花をつけます。 紫：白＝9：7
抑制遺伝子	例）カイコガのまゆの色 カイコガのまゆの色は黄色と白色があり，2種類の遺伝子が関与しています。一方は黄色のまゆをつくる遺伝子ですが，もう一方の遺伝子があると，はたらきが抑制されて黄色のまゆをつくることができず，白色のまゆとなってしまいます。 白色：黄色＝13：3

INPUT

3 血液型（複対立遺伝子）

優劣関係：A＝B＞O

表現型	遺伝子型
A型	AA　もしくは　AO
B型	BB　もしくは　BO
AB型	AB
O型	OO

4 赤緑色覚異常

X染色体上に存在する伴性遺伝子

	遺伝子型
色盲の男性	$X^a Y$
色盲でない男性	$X^A Y$
色盲の女性	$X^a X^a$
色盲でない女性	$X^A X^A$ もしくは $X^A X^a$

5 核酸

　核酸はリン酸，糖，塩基からなるヌクレオチドが，鎖状につながった高分子化合物です。

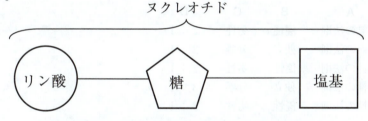

	DNA	RNA
糖	デオキシリボース	リボース
塩基	アデニン（A） グアニン（G） シトシン（C） チミン（T）	アデニン（A） グアニン（G） シトシン（C） ウラシル（U）
構造	二重らせん	一本鎖

6 タンパク質の合成

・核中にあるDNAの塩基配列に従ってアミノ酸を配列し，タンパク質を合成します。
・DNAの情報をmRNA（伝令RNA）に転写します。
・tRNA（転移RNA）がアミノ酸をリボソームへ運搬します。
・リボソームでアミノ酸をタンパク質に合成します。

第1章 SECTION ③ 生物
遺伝・DNA

実践　問題 11　基本レベル

問　次の文は，遺伝の法則に関する記述であるが，文中の空所A～Dに該当する語又は語句の組合せとして，妥当なのはどれか。

エンドウの種子の形が丸形としわ形の純系の親を交雑して得た雑種第一代では，丸形だけが現れる。このように，雑種第一代において両親のいずれか一方の形質だけが現れることを　A　といい，雑種第一代で現れる形質を　B　形質，現われない形質を　C　形質という。

この雑種第一代どうしを自家受精して得られた雑種第二代では，丸形としわ形が　D　の比で現れる。

(特別区2009)

	A	B	C	D
1	分離の法則	優性	劣性	2：1
2	分離の法則	独立	分離	2：1
3	優性の法則	優性	劣性	2：1
4	優性の法則	独立	分離	3：1
5	優性の法則	優性	劣性	3：1

OUTPUT

実践 問題 **11** **の解説**

チェック欄		
1回目	2回目	3回目

〈遺伝〉

　形質が異なる純系の親を交雑して得られた雑種第一世代に現れる形質を<u>優性</u>（B）形質，現れない形質を<u>劣性</u>（C）形質という。このように雑種第一世代には優性形質のみが現れることを<u>優性の法則</u>（A）という。

　たとえば，種子の形が丸形の純系の親の遺伝子型を TT，しわ形の純系の親の遺伝子型を tt として交雑すると，

	T	T
t	Tt	Tt
t	Tt	Tt

　したがって，雑種第一世代の遺伝子型は Tt となる。ここで，丸形の形質が現れたことから，T が優性遺伝子であり，t が劣性遺伝子であることがわかる。

　この雑種第一世代（遺伝子型 Tt）を自家受精すると，

	T	t
T	TT	Tt
t	Tt	tt

　$Tt×Tt→TT：Tt：Tt：tt$ となるため，表現型では，優性と劣性が <u>3：1</u>（D）の比で現れる。

　よって，正解は肢5である。

正答 5

第1章　生物

SECTION ③ 生物 遺伝・DNA

第1章

実践 問題 **12** 基本レベル

頻出度	地上★	国家一般職★★	東京都★★★	特別区★
	裁判所職員★★	国税·財務·労基★		国家総合職★

問 遺伝に関する記述として最も妥当なのはどれか。　　　　（国税・労基2011）

1：メンデルは，エンドウマメを用いた実験によって，遺伝子の本体がDNAであることを明らかにした。その後，DNAは，A，U，G，Cの4種類の構成単位が相補的に結合した2本の鎖がねじれた二重らせん構造をしていることが，ワトソンとクリックによって発表された。

2：遺伝情報の発現は，転写と翻訳という二つの過程から成っている。転写してできたmRNA（伝令RNA）は細胞質へ移動してゴルジ体と結合し，翻訳が行われる。タンパク質を構成するアミノ酸は52種類あり，アミノ酸の並び方（配列）の違いでタンパク質の種類が決まる。

3：ヒトのABO式血液型の遺伝には，複対立遺伝子が関与しており，両親の血液型がA型ならば，生まれる子の血液型は必ずA型になる。また，子に，A型，B型，AB型，O型の4種類すべての血液型が生じうる両親の血液型の組合せは存在しない。

4：キイロショウジョウバエの赤眼は白眼に対して優性であり，白眼の雌と赤眼の雄とを交雑すると，雑種第一代（F_1）の雌はすべて赤眼，雄はすべて白眼となる。これは，眼色に関する遺伝子がX染色体にあるからであり，このように性染色体に含まれている遺伝子による遺伝を伴性遺伝という。

5：ハツカネズミでは，毛色が黄色のものどうしを交配すると，黄色と黒色のものが1：1の分離比で生まれる。これは，黒色遺伝子 Y に対して黄色遺伝子 y が劣性であり，遺伝子型 Yy の黄色個体が発生過程で死亡するからである。発生そのものを抑制する y のような遺伝子を抑制遺伝子という。

OUTPUT

チェック欄		
1回目	2回目	3回目

実践 問題 **12** の解説 ─────────────────────

〈遺伝〉

1 ✗ メンデルは，エンドウマメを用いた実験によって，遺伝の法則を発見した。メンデルは実験結果を説明するため，遺伝のもとになる粒子状の単位として要素（今日，遺伝子といわれている）を仮定したが，その本体がＤＮＡであることを明らかにしたわけではない。ワトソンとクリックに関する記述は正しい。

2 ✗ 転写してできたｍＲＮＡ（伝令ＲＮＡ）と結合して翻訳を行うのは，ゴルジ体ではなく，リボソームである。ゴルジ体は，物質の分泌と貯蔵に関係する細胞小器官である。また，タンパク質の種類は，アミノ酸の配列の違いで決まるが，**タンパク質を構成するアミノ酸の種類は約20種類**である。

3 ✗ ヒトのＡＢＯ式血液型の遺伝子は，**複対立遺伝子**が関与しているとの記述は正しい。しかし，両親の血液型がＡ型であっても，生まれる子の血液型は必ずしもＡ型とは限らない。両親の遺伝子型がともにＡＯであった場合，遺伝子型がＯＯ，すなわち血液型がＯ型の子が生まれる可能性がある。また，両親の遺伝子型がＡＯ（Ａ型），ＢＯ（Ｂ型）であった場合，子に４種類すべての血液型が生じるため，この点に関する記述も誤りである。

4 ○ 記述のとおりである。他の伴性遺伝の例として，ヒトの赤緑色覚異常の遺伝，血友病の遺伝がある。

5 ✗ ハッカネズミの場合，優性黄色遺伝子（Y）がホモ（YY）になると発育の初期に死ぬ。このように，ある遺伝子がホモになると死という形質を発現してしまう遺伝子を，**致死遺伝子**という。したがって，黄色（Yy）のハッカネズミどうしの交配では，

YY（致死）：Yy（黄色）：yy（黒色）＝ 0：2：1

になる。なお，抑制遺伝子（ある優性遺伝子の発現を抑制するようにはたらく遺伝子）は，カイコのまゆの色の遺伝子において見られる。

第1章 生物

正答 4

LEC東京リーガルマインド 2024-2025年合格目標 公務員試験 本気で合格！過去問解きまくり！ ⑧自然科学Ⅱ

SECTION 3 遺伝・DNA

実践　問題 13　基本レベル

問　ハツカネズミの毛の色には灰色，黒色，白色がある。この毛の色には2組の独立に遺伝する対立遺伝子（B，bとG，g）が関係しており，B，Gはそれぞれb，gに対して優性で，表現型を〔　〕で表すと，毛の色は〔BG〕の場合は灰色，〔Bg〕の場合は黒色であり，それ以外の〔bG〕，〔bg〕の場合は白色になることがわかっている。

ある灰色の個体Aについて，遺伝子型が$bbgg$である白色の個体と交配させる場合，灰色の子と黒色の子は生まれるが白色の子は生まれないことがわかっている。この交配により灰色の子が生まれた場合，個体Aと，灰色の子の遺伝子型をそれぞれ正しく示しているのはどれか。　　　　(地上2009)

	個体A	灰色の子
1：	$BBGg$	$BBGg$
2：	$BBGg$	$BbGg$
3：	$BbGG$	$BbGG$
4：	$BbGg$	$BBGg$
5：	$BbGg$	$BbGg$

OUTPUT

実践 問題 **13** の解説

〈遺伝〉

灰色の個体Aの表現型は〔BG〕であるため，ありうる遺伝子型は①$BBGG$，②$BBGg$，③$BbGG$，④$BbGg$の4種類となる。

それぞれを遺伝子型が$bbgg$（配偶子bg）である白色の個体と交配させると，次のようになる。

① $BBGG$ → 配偶子 BG

Aの配偶子 配偶子	BG
bg	$BbGg$
表現型・色	〔BG〕：灰色

② $BBGg$ → 配偶子 BG, Bg

Aの配偶子 配偶子	BG	Bg
bg	$BbGg$	$Bbgg$
表現型・色	〔BG〕：灰色	〔Bg〕：黒色

③ $BbGG$ → 配偶子 BG, bG

Aの配偶子 配偶子	BG	bG
bg	$BbGg$	$bbGg$
表現型・色	〔BG〕：灰色	〔bG〕：白色

④ $BbGg$ → 配偶子 BG, Bg, bG, bg

Aの配偶子 配偶子	BG	Bg	bG	bg
bg	$BbGg$	$Bbgg$	$bbGg$	$bbgg$
表現型・色	〔BG〕：灰色	〔Bg〕：黒色	〔bG〕：白色	〔bg〕：白色

これより，灰色と黒色の子が生まれ，白色の子が生まれないときの個体Aの遺伝子型としてありうるのは，②$BBGg$のみであることがわかる。このとき，灰色の子の遺伝子型は表より$BbGg$である。

よって，正解は肢2である。

正答 2

第1章 SECTION 3 生物 遺伝・DNA

実践 問題 14 基本レベル

| 頻出度 | 地上★ 国家一般職★★ 東京都★★★ 特別区★ 裁判所職員★★ 国税・財務・労基★ 国家総合職★ |

問 赤色の花のマルバアサガオと白色の花のマルバアサガオとを交雑させると，次の世代にはすべて桃色の花が咲く。この桃色の花のマルバアサガオを自家受精させた場合に，次の世代に咲くマルバアサガオの花の色とその割合として，妥当なのはどれか。
(東京都2014)

1：全部桃色の花が咲く。
2：赤色の花1，白色の花1の割合で咲く。
3：赤色の花1，桃色の花1，白色の花1の割合で咲く。
4：赤色の花1，桃色の花2，白色の花1の割合で咲く。
5：赤色の花2，桃色の花1，白色の花2の割合で咲く。

OUTPUT

チェック欄		
1回目	2回目	3回目

実践 ▶ 問題 **14** ▶ **の解説** ─────────

〈遺伝〉

第1章 生物

　これは不完全優性に関する出題である。

　不完全優性とは，優性の法則に従わないで，対立遺伝子のどちらの表現型でもない表現型が生まれることをいう。

　マルバアサガオの場合，赤色の花と白色の花の遺伝子間で優劣関係が不完全であるために中間の形質となる，桃色の花を咲かせる。

　マルバアサガオの赤色の花となる遺伝子をR，白色の花となる遺伝子をrとすると，赤色のマルバアサガオがもっている遺伝子型はRRとなり，白色のマルバアサガオがもっている遺伝子型はrrとなる。

　これらを親として交雑させると雑種第一代がもつ遺伝子型は，次のようにすべてRrとなる。

	R	R
r	Rr	Rr
r	Rr	Rr

　問題文より，雑種第一代がつける花の色はすべて桃色であったことから，遺伝子型がRrとなると桃色の花をつけることがわかる。

　これより，雑種第二代について考えると，次のようになる。

	R	r
R	RR	Rr
r	Rr	rr

　表より，雑種第二代がもつ遺伝子型の比は，$RR：Rr：rr＝1：2：1$となる。
　これより，この世代に咲く花の色は，
　　$RR：Rr：rr＝$赤色：桃色：白色$＝1：2：1$
となる。

　よって，正解は肢4である。

正答 **4**

LEC東京リーガルマインド　2024-2025年合格目標 公務員試験 本気で合格！過去問解きまくり！　47
⑧自然科学Ⅱ

SECTION 3 生物 遺伝・DNA

実践 問題 15 基本レベル

頻出度	地上★	国家一般職★★	東京都★★	特別区★
	裁判所職員★★	国税・財務・労基★★		国家総合職★

問 ヒトの性染色体はＸＹ型で，女性はＸＸ，男性はＸＹであり，色盲はＸ染色体上にある劣性の遺伝子によって伴性遺伝する。

次のような家系図において，イ，ロ，ハは男性を，甲，乙，丙は女性を示す。

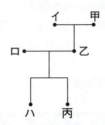

今，イと甲の娘である乙が色盲で，乙の配偶者であるロが色盲でないとわかっているとき，イ，ハ，甲，丙の4人の中で確実に色盲といえる者は何人いるか。

（国立大学法人2006）

1： 1人も確定できない。
2： 1人
3： 2人
4： 3人
5： 4人

OUTPUT

実践 問題 15 の解説

〈遺伝〉

　色盲にならない遺伝子を A、色盲になる遺伝子を a として、X染色体上にあるので X^A、X^a と表す。乙は、女性で色盲であるため遺伝子型は $X^a X^a$ となる。この遺伝子は両親からそれぞれ受け継いだものであるから、乙の親であるイと甲は X^a をもっていたことになる。これより、家系図は以下のようになる。

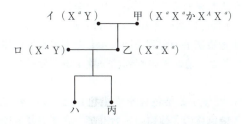

　また、ロと乙の子であるハと丙は次のような遺伝子型が考えられる。
　ハ：$X^a Y$
　丙：$X^A X^a$
これより、確実に色盲であるといえるのはイとハの2人である。
　よって、正解は肢3である。

正答 3

第1章 SECTION 3 生物 遺伝・DNA

実践 問題 16 基本レベル

問 遺伝子と染色体に関する記述として，妥当なのはどれか。　（東京都2018）

1：同一の染色体にある複数の遺伝子が，配偶子の形成に際して行動をともにする現象を連鎖といい，連鎖には独立の法則が当てはまらない。
2：染色体の一部が入れ換わることを染色体の組換えといい，組換えは染色体にある二つの遺伝子間の距離が離れているほど起こりにくい。
3：染色体に存在する遺伝子の配列を図に示したものを染色体地図といい，細胞学的地図と比べると，遺伝子の配列に一致する部分がなく，配列の順序が逆に示される。
4：雌雄の性決定に関与する染色体を性染色体といい，性染色体はX染色体，Y染色体及びZ染色体の3種類の組合せでできており，ヒトの性決定は雌ヘテロ型のXY型に分類される。
5：遺伝子が性染色体に存在するため雌雄で形質の伝わり方が異なる遺伝のことを選択的遺伝子発現といい，選択的遺伝子発現の例として，染色体の減数分裂が挙げられる。

OUTPUT

チェック欄		
1回目	2回目	3回目

実践 問題 **16** の解説 ─────────────

第1章 生物

〈遺伝子と染色体〉

1 ○ 記述のとおりである。生物がもつ遺伝子の数は，染色体の数に比べてはる
かに多いため，**1本の染色体に多くの遺伝子が存在**しており，その状態を
遺伝子が**連鎖**しているという。連鎖している遺伝子は，配偶子形成に際し
て行動をともにするから，メンデルの独立の法則があてはまらない。

2 × 染色体の一部が入れ換わることを染色体の組換えといい，組換えは染色体
にある2つの遺伝子間の距離が離れているほど起こりやすいと考えられて
いる。

3 × アメリカのモーガンらは，ショウジョウバエの組換えの起こる割合を調べ
ることにより，各遺伝子が染色体にどのような位置関係で存在しているか
示す染色体地図を作成した。実際の遺伝子の染色体上の位置を表す細胞学
的地図と比べると，必ずしも遺伝子間の距離は一致しないが，配列の順序
はよく一致している。

4 × 雌雄の**性決定に関与する染色体を性染色体**といい，ヒトの性染色体は，男
女に共通して見られるX染色体，男性にしか見られないY染色体の2種類
があり，**男性はX染色体とY染色体を1本ずつもち，女性はX染色体を
2本**もっている。**ヒトの性決定は雄ヘテロ型のXY型**に分類される。

5 × 遺伝子が性染色体に存在するため**雌雄で形質の伝わり方が異なる遺伝**のこ
とを**伴性遺伝**といい，伴性遺伝の例として，キイロショウジョウバエの眼
色の遺伝，ヒトの赤緑色覚異常の遺伝，ヒトの血友病の遺伝が挙げられる。
なお，選択的遺伝子発現とは，細胞の種類や発生の段階，周囲の環境の影
響などによって，それぞれ特有の遺伝子が選択的に転写調節され発現して
いることである。

正答 1

LEC東京リーガルマインド　2024-2025年合格目標 公務員試験 本気で合格！過去問解きまくり！
⑧自然科学Ⅱ

51

SECTION 3 遺伝・DNA

実践　問題 17　基本レベル

問　DNAに関するA〜Dの記述のうち，妥当なものを選んだ組合せはどれか。

（特別区2017）

A：翻訳とは，2本のヌクレオチド鎖がそれぞれ鋳型となり，元と同じ新しい2本鎖が2組形成される方法である。

B：DNAの塩基には，アデニン（A），チミン（T），グアニン（G），シトシン（C）の4種類がある。

C：核酸には，DNAとRNAがあり，DNAはリン酸，糖，塩基からなるヌクレオチドで構成されている。

D：転写とは，RNAの塩基配列がDNAの塩基配列に写し取られることである。

1：A　B
2：A　C
3：A　D
4：B　C
5：B　D

OUTPUT

チェック欄		
1回目	2回目	3回目

実践 問題 **17** の解説 ———————————————————

第1章 生物

〈DNA〉

A ✕ 翻訳とは，転写されたmRNAの遺伝情報に従って，3つの塩基の組合せから1つのアミノ酸が指定されてタンパク質が合成される過程である。

B ○ 記述のとおりである。DNAの塩基には，アデニン（A），チミン（T），グアニン（G），シトシン（C）の4種類があり，どの生物でも，アデニンとチミン，グアニンとシトシンの量がそれぞれ等しい。RNAでは，チミンの代わりにウラシル（U）が使われる。

C ○ 記述のとおりである。核酸には，DNA（デオキシリボ核酸）とRNA（リボ核酸）があり，いずれもヌクレオチドが鎖状に多数つながってできたものである。ヌクレオチドは，リン酸，糖（DNAはデオキシリボース，RNAはリボース），塩基（DNAはA，T，G，C，RNAはA，U，G，C）からできている。

D ✕ 転写とは，DNAの塩基配列がmRNAの塩基配列に写し取られることである。DNAの二重らせん構造がほどけて，アデニン（A）にはウラシル（U），チミン（T）にはアデニン（A），グアニン（G）にはシトシン（C），シトシン（C）にはグアニン（G）といったように，DNAの塩基配列と相補的な配列のmRNAができる。

以上より，妥当なものはB，Cとなる。

よって，正解は肢4である。

【コメント】

タンパク質合成の過程は，「D：転写→A：翻訳」の2段階である。

正答 **4**

LEC東京リーガルマインド　2024-2025年合格目標 公務員試験 本気で合格！過去問解きまくり！
⑧自然科学Ⅱ　53

SECTION 3 遺伝・DNA

実践 問題 18 基本レベル

頻出度	地上★★	国家一般職★★	東京都★	特別区★★
	裁判所職員★	国税・財務・労基★		国家総合職★

問 RNA（リボ核酸）に関する記述として，妥当なのはどれか。　　（特別区2012）

1：DNAからmRNA（伝令RNA）への遺伝情報の転写は，DNA合成酵素の働きにより，DNAの塩基配列を鋳型として行われる。
2：RNAはDNAと異なり，塩基としてチミン（T）をもち，ウラシル（U）をもっていない。
3：mRNA（伝令RNA）は，タンパク質と結合して，タンパク質合成の場となるリボソームを構成する。
4：tRNA（転移RNA）には，mRNA（伝令RNA）のコドンと相補的に結合するアンチコドンと呼ばれる塩基配列がある。
5：真核生物では，DNAの遺伝情報がmRNA（伝令RNA）に転写され始めると，転写途中のmRNA（伝令RNA）にリボソームが付着して翻訳が始まる。

OUTPUT

実践 問題 18 の解説

〈RNA〉

DNAとRNAは、核酸とよばれる物質によってできている。**核酸はリン酸、糖、塩基からなるヌクレオチドが、鎖状につながった高分子化合物**である。

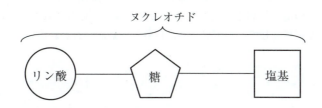

DNAとRNAによる違い

	DNA	RNA
糖	デオキシリボース	リボース
塩基	アデニン（A） グアニン（G） シトシン（C） チミン　（T）	アデニン（A） グアニン（G） シトシン（C） ウラシル（U）
構造	二重らせん	一本鎖

1 × DNAからmRNA（伝令RNA）への遺伝情報の転写は、RNA合成酵素（ポリメラーゼ）のはたらきにより、DNAの塩基配列を鋳型として行われる。転写は、DNAの複製のときとほとんど同じように行われる。

2 × DNAは、塩基として**アデニン（A）、グアニン（G）、シトシン（C）、チミン（T）**をもち、RNAは、**アデニン（A）、グアニン（G）、シトシン（C）、ウラシル（U）**をもつ。RNAはDNAと異なり、塩基としてウラシル（U）をもち、チミン（T）をもっていない。

3 × タンパク質が合成されるとき、DNAの塩基配列は、mRNA（伝令RNA）によって写し取られ、細胞質内のリボソームへ伝えられる。rRNA（リボソームRNA）は、タンパク質と結合して、タンパク質合成の場となるリボソームを構成する。

4 ◯ 記述のとおりである。tRNA（転移RNA）には，mRNA（伝令RNA）のコドンと相補的に結合するアンチコドンとよばれる塩基配列がある。tRNAは，特定のアミノ酸を細胞質中から選び出してリボソームまで運び，mRNAと結合する。その結果，DNAの塩基配列に従った，種に特有のアミノ酸配列をもつタンパク質が合成される。

5 ✕ この肢は原核生物の転写・翻訳についての説明である。真核生物では，DNAの遺伝情報がmRNA（伝令RNA）に転写された後，mRNAが核内から移動して，リボソームに付着して翻訳が行われる。

正答 **4**

memo

第1章 生物

SECTION ③ 生物
第1章
遺伝・DNA

実践 問題 **19** 〈 応用レベル 〉

頻出度	地上★	国家一般職★	東京都★	特別区★
	裁判所職員★	国税・財務・労基★		国家総合職★

問 ヒトの先天異常に関する次の説明文中のA〜Eの空欄に入る語句の組合せとして最も適当なのはどれか。　　　　　　　　　　　　　　　　　　（裁事2011）

　ヒトの先天異常の原因として，遺伝子突然変異と染色体突然変異などがあり，前者の代表的なものとして，（　A　）がある。この突然変異が生じると，（　B　）が変形し，毛細血管が詰まって，血行障害が起きたりして，（　B　）が破壊され，結果として重度の障害を起こす。この突然変異では，ヘモグロビンの遺伝子の塩基配列が，1か所だけ変化して発生する。（　A　）は，（　C　）蔓延地域では，その変異をヘテロに持つものは非保有者と比べて相対的に（　C　）による死亡率が低いため，この変異が維持されていると考えられている。

　一方，染色体突然変異の代表的なものとして，（　D　）があり，程度は様々であるが，一般に独特の容貌を呈し，精神遅滞を伴うことが知られている。この患者においては，21番染色体が，（　E　）本となっている。

	A	B	C	D	E
1：	溶血性貧血	赤血球	マラリア	ダウン症候群	3
2：	溶血性貧血	白血球	コレラ	フェニールケトン尿症	1
3：	かま状赤血球貧血症	赤血球	マラリア	ダウン症候群	3
4：	かま状赤血球貧血症	赤血球	コレラ	ダウン症候群	1
5：	かま状赤血球貧血症	白血球	コレラ	フェニールケトン尿症	1

OUTPUT

実践 問題 **19** の解説 ────────────────

チェック欄		
1回目	2回目	3回目

第1章 生物

〈遺伝〉

　ある集団において，その集団には通常見られない形質をもつ個体が出現することがある。これを突然変異という。突然変異にはＤＮＡおよびＲＮＡの塩基配列に変異が生じる遺伝子突然変異と，染色体の本数や構造が変異する染色体突然変異の2つに大別できる。

　かま状赤血球貧血症（Ａ）は，11番染色体にある遺伝子によって作られるタンパク質のアミノ酸の配列に変異が生じる遺伝子突然変異である。通常円盤のような形をしている赤血球（Ｂ）が文字どおりかま形に変形してしまう症状で，酸素運搬機能が低下してしまう。

　かま状赤血球の遺伝子は，マラリア（Ｃ）が蔓延している地域での保有者が多い。かま状赤血球の遺伝子自体は，生活をするうえで不利な遺伝子である。しかし，この遺伝子は短時間で破壊される性質があるため，マラリアに感染してもマラリア原虫が増殖できず，結果として発症を抑えることができる。したがって，マラリアの感染を抑えるという観点のみで考えれば有利な遺伝子であり，特定の地域でこの遺伝子が維持され続けていると考えられている。

　ダウン症候群（Ｄ）とは21番目の染色体が通常2本のところ3本（Ｅ）になってしまう染色体突然変異である。

　よって，正解は肢3である。

正答 **3**

SECTION ③ 生物 遺伝・DNA

第1章

実践 問題 **20** 応用レベル

頻出度	地上★★	国家一般職★★	東京都★	特別区★★
	裁判所職員★	国税・財務・労基★		国家総合職★

問 次は遺伝子に関する記述であるが，ア，イ，ウに入るものの組合せとして最も妥当なのはどれか。 (国Ⅱ2011)

遺伝子の本体であるDNAは4種類の構成要素からできており，それらが多数つながった長い鎖状になっている。4種類の構成要素は，A（アデニン），[ア]，G（グアニン），C（シトシン）という符号で表される。その要素は互いに[イ]し，ねじれた2本鎖としてつながった二重らせん構造になっている。

ある生物のDNAを解析したところ，A（アデニン）がC（シトシン）の2倍量含まれていることが分かった。このDNA中の推定されるG（グアニン）の割合はおよそ[ウ]%である。

	ア	イ	ウ
1：	T（チミン）	共有結合	33.3
2：	T（チミン）	水素結合	16.7
3：	T（チミン）	水素結合	33.3
4：	U（ウラシル）	共有結合	33.3
5：	U（ウラシル）	水素結合	16.7

60 LEC東京リーガルマインド 2024-2025年合格目標 公務員試験 本気で合格！過去問解きまくり！
⑧自然科学Ⅱ

OUTPUT

実践 問題 **20** の解説 ───────

〈DNA〉

　遺伝子の本体であるDNA（デオキシリボ核酸）は，塩基と糖とリン酸からなるヌクレオチドが多数鎖状につながった高分子化合物である。また，DNAを構成する塩基は，アデニン（A），グアニン（G）シトシン（C），<u>チミン（T）</u>（ア）の4種類である。DNAの遺伝情報は，これらの塩基の配列に組み込まれている。具体的には，塩基3個の配列が1組となって，1種類のアミノ酸を指定している。この塩基3つの配列をトリプレットという。

　DNAの構成単位であるヌクレオチドどうしは，糖とリン酸の部分で互いに結合して，長い鎖状（ヌクレオチド鎖）になっている。このヌクレオチドの長い鎖は，2本平行に並び，対応する塩基間で<u>水素結合</u>（イ）している。そして，この2本鎖は，全体としてねじれているため，<u>二重らせん構造</u>とよばれる。

　DNAを構成する各塩基が水素結合する相手は決まっており，アデニン（A）はチミン（T）と，グアニン（G）はシトシン（C）と結合している（相補的関係）。そのため，**DNA中のアデニン（A）とチミン（T），グアニン（G）とシトシン（C）の量は**，それぞれ等しくなっている。

　問題文では，アデニンの量がシトシンの量の2倍とされているため，シトシンの量を1とすると，アデニンの量は2となる。また，上記の相補的関係から，グアニン1，チミン2となる。

　したがって，グアニンの量は，DNA全体の$\frac{1}{6} \times 100 \fallingdotseq \underline{16.7}$（ウ）〔％〕となる。

　以上より，ア：T（チミン），イ：水素結合，ウ：16.7となる。

　よって，正解は肢2である。

正答 **2**

第1章 生物

LEC東京リーガルマインド　2024-2025年合格目標 公務員試験 本気で合格！過去問解きまくり！⑧自然科学Ⅱ　61

SECTION ③ 生物 遺伝・DNA

第1章

実践 問題 **21** 応用レベル

頻出度	地上★	国家一般職★★	東京都★	特別区★
	裁判所職員★	国税·財務·労基★		国家総合職★

問 生物の遺伝情報等に関する記述として最も妥当なのはどれか。

(国家一般職2022)

1：遺伝子の本体であるDNAとRNAは，炭素原子を7個もつ単糖類のリボースに，アデニンやチミンなどの6種類の塩基が結合した化合物である。DNAは，二重らせん構造をとっている。

2：細胞分裂には，体細胞分裂と減数分裂がある。分化した細胞が増えるときに行う体細胞分裂では，細胞の核には分化に関与する部位の遺伝情報しかなく，その部位のDNAのみが複製され，娘細胞に分配される。

3：遺伝情報は，DNAからRNAを経てタンパク質へ伝わる流れと，逆にタンパク質からRNAを経てDNAへ伝わる流れがある。このうち，タンパク質からDNAへの流れは生物の進化に深く関係しており，これをセントラルドグマという。

4：タンパク質は，環状に並んだアミノ酸が立体構造をとったものであり，生物の形質に関わる物質である。生物種が異なるとタンパク質の合成に必要とされるアミノ酸も異なり，この必要とされるアミノ酸を必須アミノ酸といい，ヒトの場合，グルタミン酸やアルギニンなどがある。

5：DNAの塩基配列の情報を写し取ったRNAをmRNAといい，mRNAの三つの塩基が一組となって，特定の一つのアミノ酸を指定している。このアミノ酸が並び，隣り合うアミノ酸がつながることでタンパク質が合成される。

OUTPUT

チェック欄		
1回目	2回目	3回目

実践 問題 **21** の解説 ────────────

第1章 生物

〈生物の遺伝情報〉

1☒ ＤＮＡは，リン酸，糖，塩基からなるヌクレオチドが規則的に結合した物質である。ＤＮＡを構成する糖は，炭素原子を５個もつデオキシリボースであり，塩基は**アデニン（A），グアニン（G），シトシン（C），チミン（T）**の４種類がある。ＤＮＡは，２本のヌクレオチド鎖の塩基が向かい合い，結合し，**二重らせん構造**をとっていることを，1953年，**ワトソンとクリック**が発見した。ＲＮＡを構成する糖は，炭素原子を５個もつリボースであり，塩基は**アデニン（A），グアニン（G），シトシン（C），ウラシル（U）**の４種類があり，ＲＮＡは一本鎖である。

2☒ 細胞分裂には，**体細胞が増殖する体細胞分裂と，生殖細胞が形成される減数分裂**がある点は正しい。体細胞分裂では，１個の体細胞が分裂して，同じ遺伝情報をもつ２個の娘細胞を生み出す。分化に関与する部位の遺伝情報のＤＮＡのみが複製されるのではない。

3☒ タンパク質合成は，**ＤＮＡの塩基配列に基づきＲＮＡがつくられる転写，ＲＮＡの塩基配列に基づきタンパク質がつくられる翻訳**という２つの大きな過程に分けられる。遺伝情報は，「ＤＮＡ→ＲＮＡ→タンパク質」へと一方向に流れるという原則をもつ。この原則を，**セントラルドグマ**という。

4☒ **タンパク質**は，アミノ酸が鎖状にペプチド結合によって結ばれた，ポリペプチドとよばれる物質である。**生物のタンパク質を構成するアミノ酸は20種類**である。アミノ酸の種類と数，配列の順序により，さまざまな立体構造をもつタンパク質ができる。体内で合成することができないか，合成できる場合でもその量が十分ではないため，食物から摂取する必要のあるものを**必須アミノ酸**といい，ヒトの場合，バリン，トレオニン，ロイシン，イソロイシン，リシン，メチオニン，フェニルアラニン，トリプトファン，ヒスチジンの９種類がある。

5☑ 記述のとおりである。塩基１つでアミノ酸を指定すると，指定できるアミノ酸は４種類だけとなるが，塩基３つが並ぶことでアミノ酸を指定することによって，理論上，

4×4×4＝64［種類］

というより多くのアミノ酸を指定することができ，これらが20種類のアミノ酸を指定している。ｍＲＮＡの３つの塩基が一組となって，特定の１つのアミノ酸を指定している配列をコドンという。

正答 **5**

LEC東京リーガルマインド 2024-2025年合格目標 公務員試験 本気で合格！過去問解きまくり！ 63
⑧自然科学Ⅱ

SECTION 3 遺伝・DNA

実践 問題 22 応用レベル

頻出度 地上★ 国家一般職★★ 東京都★ 特別区★
　　　 裁判所職員★ 国税・財務・労基★ 国家総合職★

問 バイオテクノロジーに関する記述として最も妥当なのはどれか。

(国家一般職2017)

1：ある生物の特定の遺伝子を人工的に別のDNAに組み込む操作を遺伝子組換えという。遺伝子組換えでは，DNAの特定の塩基配列を認識して切断する制限酵素などが用いられる。

2：大腸菌は，プラスミドと呼ばれる一本鎖のDNAを有する。大腸菌から取り出し，目的の遺伝子を組み込んだプラスミドは，試験管内で効率よく増やすことができる。

3：特定のDNA領域を多量に増幅する方法としてPCR法がある。初期工程では，DNAを一本鎖にするため，－200℃程度の超低温下で反応を行う必要がある。

4：長さが異なるDNA断片を分離する方法として，寒天ゲルを用いた電気泳動が利用される。長いDNA断片ほど強い電荷を持ち速く移動する性質を利用し，移動距離からその長さが推定できる。

5：植物の遺伝子組換えには，バクテリオファージというウイルスが利用される。バクテリオファージはヒトへの感染に注意する必要があるため，安全性確保に対する取組が課題である。

OUTPUT

チェック欄		
1回目	2回目	3回目

実践 問題 **22** の解説

第1章 生物

〈バイオテクノロジー〉

1◯ 記述のとおりである。DNAを分解する酵素には，DNA鎖を末端から分解するエキソヌクレアーゼと，DNA鎖の途中を切断するエンドヌクレアーゼが存在する。エンドヌクレアーゼには特定の配列のみを認識して切断する制限酵素が存在する。遺伝子工学で最もよく使われる制限酵素は回文配列認識型のもので，切断部位が互いに2本鎖DNAを形成できるものは，DNAどうしを結合させる酵素であるDNAリガーゼにより断片どうしを結合させることが可能である。

2✕ プラスミドは2本鎖の環状DNAである。大腸菌から取り出したプラスミドに目的の遺伝子を，前述の制限酵素やDNAリガーゼ等を用いて組み込み，大腸菌に導入することにより，大腸菌の増殖とともに目的遺伝子を組み込んだプラスミドを迅速かつ大量に，安価に増殖させることが可能である。この手法をベクタークローニングという。

3✕ 特定のDNA領域を多量に増幅する方法としてPCR法（ポリメラーゼ連鎖反応法）がある。この方法は，2本鎖DNAを1本鎖DNAにする変性，1本鎖DNAに相補的な配列の短いDNA断片（プライマー）を結合させるアニーリング，プライマーが結合した部位の1本鎖DNAから2本鎖DNAを合成する伸長，の3段階の反応を1つのサイクルとして，このサイクルを25〜40回程度繰り返すことにより行われる。温度条件は実験条件により適宜調整させるが，変性は90〜95℃，アニーリングは50℃〜65℃，伸長は70℃程度の温度で行われる。

4✕ 長さが異なるDNA断片を分離する方法として，寒天（アガロース）ゲル電気泳動が利用される。DNAは分子量あたりの電荷が一定であるため，長いDNA断片ほどゲルを構成する分子との抵抗が大きくなり，移動速度が遅くなり，逆に，短いDNA断片ほど移動速度が速くなる。そのため，短いDNA断片は電気泳動の移動距離が長く，長いDNA断片は移動距離が短くなることにより，長さが異なるDNA断片を分離できる。

5✕ 植物の遺伝子組換えは，導入したいDNA領域を含むプラスミドベクターをもったアグロバクテリウムを感染させるアグロバクテリウム法が一般的である。そのほかに，DNA断片を巻きつけた金粒子を直接植物細胞に打ち込むパーティクルガン法，細胞壁を取り除いた植物細胞であるプロトプラストを導入したいDNAを含む溶液に浸して電気ショックを与えることにより，細胞膜に穴を空けてDNAを取り込ませるエレクトロポレーション法などがある。

なお，バクテリオファージは細菌に感染するウィルスの総称であり，大腸菌を中心とした初期の分子生物学の発展にモデル生物として利用された。

正答 **1**

LEC東京リーガルマインド　2024-2025年合格目標 公務員試験 本気で合格！過去問解きまくり！　65
⑧自然科学Ⅱ

第1章 SECTION 4 生物 代謝

必修問題 セクションテーマを代表する問題に挑戦！

代謝について学習します。特に光合成，呼吸は頻出分野です。

問 図は，CO_2濃度のみが異なるA，B二つの条件下で，緑色植物が行う単位時間当たりの光合成量と光の強さとの関係を示したものである。この図に関する記述ア～エのうちには妥当なものが二つあるが，それらはどれか。　　　　　（国立大学法人2005）

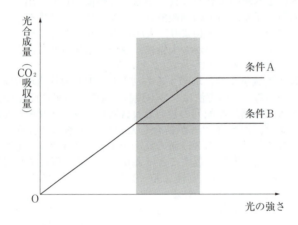

ア：この図での光合成量は，真の光合成量から呼吸量を差し引いた見かけの光合成量である。
イ：CO_2濃度は条件Aの方が条件Bより高い。
ウ：図の灰色で示した範囲における光合成の限定要因は，条件Aが光の強さ，条件BがCO_2濃度である。
エ：光飽和点は，条件Aと条件Bで同じである。

1：ア，イ
2：ア，ウ
3：ア，エ
4：イ，ウ
5：イ，エ

頻出度	地上★	国家一般職★	東京都★★	特別区★
	裁判所職員★	国税・財務・労基★		国家総合職★

チェック欄
1回目	2回目	3回目

必修問題の解説

〈光合成〉

ア × 光合成量はCO_2の吸収量によって表されている。一般的に植物は呼吸をしてCO_2を排出している。また、光が弱いとき光合成によるCO_2吸収量は小さくなり、光の強さが0のときは光合成が行われず、呼吸によってCO_2が排出されるのみとなる。そのため、見かけの光合成量を考えた場合、光の強さが0のときには光合成量はマイナスの値をとることになるが、このグラフでは、光の強さが0のときの光合成量が0となっていることから、このグラフは真の光合成量を表していることになる。
真の光合成量は「**真の光合成量＝見かけの光合成量＋呼吸量**」となる。

イ ○ 記述のとおりである。**CO_2濃度が高いほうが光飽和点は高くなり**、飽和点での光合成量が大きくなる。

ウ ○ 記述のとおりである。Aの場合、光の強さによって光合成量が増えているため、光の強さが最も関係していることになる。Bの場合は光の強さに関係せずに一定の値を保っているため、光ではなく、二酸化炭素濃度が関係していることがわかる。

エ × 光飽和点は光合成量が一定になるところである。A、Bが異なるのは図より明らかである。

以上より、妥当なものはイ、ウとなる。
よって、正解は肢4である。

正答 4

ステップ 「**限定要因＝反応の足を引っ張っている要因**」と覚えておこう。

第1章 SECTION ④ 生物 代謝

1 代謝と酵素

生物の体内での化学反応の全体を代謝といいます。また、自身は変化せず、化学反応の速度を上げてくれる物質を触媒といいます。生体内に存在する触媒のことを酵素といいます。酵素はタンパク質でできており、次のような特徴があります。

基質特異性	特定の物質にしかはたらかないことです。酵素によって反応を促進される特定の物質を基質といいます。
最適温度	酵素には最もよくはたらく温度があります。ほとんどの酵素は体温付近です。
最適pH	酵素には最もよくはたらく水素イオン濃度があります。多くの酵素は6～8程度ですが、例外もあり、胃酸の中ではたらくペプシンは2となっています。
失活	酵素はタンパク質ですから、高温や強酸性などにより変性し、触媒としてのはたらきを失います。

2 同化

生物が外部から取り入れた物質を化学変化によって自身を構成する物質へと変えることを同化といいます。生物を構成する有機物を、動物などは外部から摂取するのみですが、植物などは二酸化炭素や水などの無機物から作り出すことができます。特に、光エネルギーを用いて有機物を合成する同化のことを光合成といいます。

(1) 反応

光合成は、葉緑体のチラコイド、ストロマで行われ、その反応は、

$$6CO_2 + 12H_2O \rightarrow C_6H_{12}O_6 + 6O_2 + 6H_2O$$

と表されます。光合成の反応は、次の4段階に分けられます。

	反応	部位
①	クロロフィルで光エネルギーを吸収します。	チラコイド
②	水を分解します。	
③	ATPを合成します。	
④	カルビン・ベンソン回路で二酸化炭素を還元し、グルコースを合成します。	ストロマ

(2) 光合成の限定要因

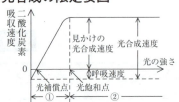

	限定要因
①の範囲	光の強さ
②の範囲	温度・二酸化炭素濃度

INPUT

　光合成の反応速度は，光合成に関係する外部要因の中で最も不足した要因によって決まります。この最も不足した要因を限定要因といいます。また，光合成速度が一定になったときの光の強さを光飽和点といい，呼吸速度と光合成速度が等しくCO₂の出入りがなくなったように見えるときの光の強さを光補償点といいます。

３　異化

　生物が生命活動するのに必要なＡＴＰは，有機物を分解することにより得ています。これを異化といいます。異化は，酸素を用いる呼吸と，酸素を用いない発酵や解糖に分けることができます。

(1)　呼吸

　呼吸は，次の表の①〜③の３つの反応から成り立ちます。

細胞	細胞質基質	ミトコンドリア	
反応	①解糖系	②クエン酸回路	③電子伝達系
ＡＴＰ	2分子	2分子	最大34分子
	ピルビン酸が生成	二酸化炭素が生成	酸素と結合し水が発生

(2)　発酵，解糖

　有機物を細胞小器官の細胞質基質でピルビン酸に分解します。このときＡＴＰを2分子得ます。なお，ピルビン酸は還元されて，エタノールや乳酸となります。

①　アルコール発酵

　酸素を使わずに糖類を分解し，エタノールと二酸化炭素を生じます。酵母菌の行うアルコール発酵は，酒類の製造に利用されています。

②　乳酸発酵

　酸素を使わずに糖を分解し，乳酸を生じます。乳酸菌をはじめ，動物の筋肉組織などでこのはたらきが見られます。筋肉組織での反応は，解糖とよばれます。

	生物名	生成物	備考
アルコール発酵	酵母菌	二酸化炭素 エタノール	酒やパンの製造
乳酸発酵	乳酸菌	乳酸	チーズやヨーグルトの製造
解糖	動物（筋肉）		乳酸発酵と同じ

SECTION ④ 代謝

実践 問題 23 基本レベル

頻出度	地上★★	国家一般職★★	東京都★★	特別区★★
	裁判所職員★★	国税・財務・労基★★		国家総合職★★

問 酵素に関する次の記述として，妥当なのはどれか。　　　　（東京都2023）

1：だ液に含まれているアミラーゼは，デンプンをグルコースとフルクトースに分解する。
2：タンパク質は，胃液中のリパーゼや，小腸の壁にある消化酵素などのはたらきで，アミノ酸に分解される。
3：ペプシンは，胆汁に含まれる分解酵素の一つであり，乳糖や脂肪の分解にはたらく。
4：カタラーゼは，過酸化水素によって分解されることで，酸素とアミノ酸を生成する。
5：マルターゼは，腸液に含まれる分解酵素の一つであり，マルトースをグルコースに分解する。

OUTPUT

実践 問題 23 の解説

〈酵素〉

1 × だ液やすい液に含まれる**アミラーゼ**は，**デンプンをマルトースに分解**する酵素である。酵素は，**生体内で触媒のはたらきをするタンパク質**である。

2 × **タンパク質**は，胃液中のペプシン，すい液中のトリプシン，腸液中のペプチターゼなどのはたらきで，**アミノ酸に分解**される。なお，**リパーゼ**は，すい液に含まれ，**脂肪を脂肪酸とモノグリセリドに分解**する酵素である。

3 × **ペプシン**は，**胃液に含まれる分解酵素**の１つであり，**タンパク質の分解**にはたらく。なお，乳糖（ラクトース）の分解にはたらくのは**ラクターゼ**，脂肪の分解にはたらくのは**リパーゼ**である。また，**胆汁は消化酵素を含まない**が，**脂肪を乳化**して消化を助ける。

4 × **カタラーゼ**は，肝臓に多く含まれる酵素であり，**過酸化水素を基質として，酸素と水を生成**する。

5 ○ 記述のとおりである。**マルトース（麦芽糖）は，デンプンにアミラーゼを作用させて得られる**。

【コメント】
　2019年，2015年（Ⅰ類A）にも類似の出題があり，本問の肢４は，過去にもまったく同じ選択肢で出題されていた。

正答 5

SECTION 4 代謝

実践 問題 24 基本レベル

頻出度	地上★	国家一般職★	東京都★	特別区★
	裁判所職員★	国税・財務・労基★		国家総合職★

問 生物体内では酵素が化学反応の触媒として働いている。温度・pH・基質濃度のいずれか1つを変化させ，ほかの条件をすべて一定の最適値に保つとき，酵素反応の反応速度はどのように変化するか。縦軸を反応速度としたア〜オのグラフのうちからそれぞれに当たるのを選んである組合せはどれか。

（地上1991）

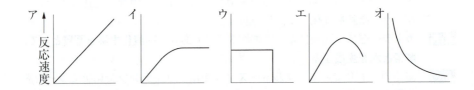

	温度	pH	基質濃度
1：	ア	イ	ウ
2：	ア	エ	オ
3：	イ	オ	イ
4：	エ	ア	ア
5：	エ	エ	イ

OUTPUT

実践 問題 **24** の解説

〈酵素〉

　酵素は触媒としてはたらくタンパク質である。タンパク質は温度やpHの違いにより立体構造が変化するため，触媒作用に影響が現れる。このため酵素の特徴として，**活性が最も高まる最適温度や最適pHをもつ**ことが挙げられる。反応速度は最適温度・最適pHで最大となり，その前後では低くなる。したがって，温度，pHを変化させたときのグラフは，なだらかな山型を描く「エ」であり，山の頂点が最適温度，最適pHにあたる。

　また，基質濃度が低いとき反応速度は基質濃度に比例するが，基質濃度が増すと酵素に比べて基質が多すぎる状態となるため，触媒作用が追いつかなくなり反応速度は一定になる。したがって，基質濃度を変化させたときのグラフは，途中まで右上がりで，やがて横軸に平行となる「イ」である。

　以上より，温度：エ，pH：エ，基質濃度：イとなる。

　よって，正解は肢5である。

正答 **5**

SECTION ④ 生物 代謝

実践 問題 25 基本レベル

問 光合成に関する次の記述のうち、妥当なのはどれか。　（地上2017）

1：光合成は、光エネルギーから有機物を生成する作用であり、光合成によって生成される有機物はタンパク質である。
2：光合成は、有機物からエネルギーを生成する呼吸とは逆の反応であるが、光合成が行われる場は呼吸と同じミトコンドリアである。
3：光合成において光エネルギーを吸収する色素は、他の色の可視光と比較して緑色が吸収されにくいことから、植物の葉は緑色に見える。
4：暗黒下から徐々に光を当てていくと、ある一定の強さまでは光合成が行われないが、ある一定の強さを超えると光合成が始まり、光が強まるにつれ光合成速度は次第に増していく。
5：陽性植物と陰性植物を比較すると、陰性植物の方が光エネルギーを利用する効率に優れており、弱光下においても強光下においても陰性植物の方が光合成速度は上回っている。

OUTPUT

実践 問題 **25** の解説

チェック欄 1回目 2回目 3回目

〈光合成〉

1 × 光合成は，光エネルギーを用いて，水と二酸化炭素から有機物を生成する作用であり，光合成によって生成物される有機物はデンプンなどである。また，このとき，酸素が発生している。

2 × 光合成は，有機物からエネルギーを生成する呼吸とは逆の反応であることは正しい。**光合成が行われる場は葉緑体**であり，呼吸が行われる場であるミトコンドリアとは異なる。

3 ○ 記述のとおりである。光合成は，葉緑体で行われており，その中に入っているのが，光合成色素であるクロロフィルである。可視光のうち，緑色以外の波長の光を吸収し，吸収しなかった緑色の光が反射され，目に飛び込んでくるため，植物の葉が緑色に見える。

4 × 光が非常に弱いときにも光合成は行われているが，呼吸による二酸化炭素の発生が光合成による二酸化炭素の吸収を上回るため，結果として，二酸化炭素が放出されている。光が次第に強くなっていくと，呼吸による二酸化炭素の発生と，光合成による二酸化炭素の吸収がつりあう。この**二酸化炭素の出入りが見かけ上0になる光の強さを光補償点**という。
光合成速度はある範囲までは光の強さにほぼ比例して増加するが，ある強さの光になると光合成速度は増加しなくなる。この光の強さのことを，光飽和点という。

5 × 陽性植物と陰性植物を比較すると，**陽性植物のほうが，光飽和点，光補償点ともに高い**。また，二酸化炭素吸収量を比較すると，弱光下においては，陰性植物のほうが大きく，強光下においては，陽性植物のほうが大きい。したがって，**弱光下では陰性植物が，強光下では陽性植物**が生育に適している。

正答 3

第1章 生物

SECTION 4 生物 代謝

実践 問題 26　基本レベル

頻出度　地上★★　国家一般職★　東京都★★　特別区★
　　　　裁判所職員★　国税・財務・労基★　国家総合職★

問　光合成に関する記述として，妥当なのはどれか。　（東京都2012）

1：植物は，光合成により水と窒素からデンプンなどの有機物を合成するとともに，呼吸により二酸化炭素を吸収している。
2：光合成速度の限定要因は，光合成速度を制限する環境要因のうち最も不足する要因のことであり，例として温度がある。
3：光飽和点は，植物において二酸化炭素の出入りがみかけの上でなくなる光の強さのことであり，光飽和点では呼吸速度と光合成速度が等しくなる。
4：陰葉は，弱い光しか当たらないところにあるため，強い光が当たるところにある陽葉と比べ，さく状組織が発達して葉が厚くなる。
5：クロロフィルは，光合成を行う緑色の色素であり，緑色植物や藻類の細胞にあるミトコンドリアに含まれている。

OUTPUT

実践 問題 **26** の解説 ————————————————

チェック欄		
1回目	2回目	3回目

第1章 生物

〈光合成〉

1× 光合成は，水と二酸化炭素から，デンプンや糖などの有機物と酸素をつくり出す反応で，反応式は次のようになる。

$$6CO_2 + 12H_2O \rightarrow C_6H_{12}O_6 + 6O_2 + 6H_2O$$

また，植物は，呼吸により酸素を吸収して二酸化炭素を放出している。

2○ 記述のとおりである。光合成速度を制限する環境要因としては，光，CO_2濃度，温度，水などが挙げられる。光合成速度はこれらのうちで最も不足する要因によって決まり，このような不足する要因を限定要因という。

3× 二酸化炭素の出入りが見かけのうえでなくなる光の強さのことを，光補償点という。光補償点では呼吸速度と光合成速度が等しくなる。光飽和点とは，それ以上，光の強さを強くしても光合成速度が大きくならない光の強さのことを指す。

4× 日の当たる側にある葉を陽葉といい，日陰側にある葉を陰葉という。陰葉は陽葉と比べて，葉の面積は大きいが，さく状組織の発達が悪く，葉の厚さは薄い。

5× クロロフィルは，葉緑体中に含まれる光合成色素である。クロロフィルにはa，b，cなどがあり，クロロフィルaは，光合成細菌を除くすべての光合成生物に含まれている。

正答 **2**

LEC東京リーガルマインド　2024-2025年合格目標 公務員試験 本気で合格！過去問解きまくり！
⑧自然科学Ⅱ
77

頻出度	地上★★	国家一般職★	東京都★★	特別区★
	裁判所職員★	国税・財務・労基★		国家総合職★

問 細胞内で有機物を酸素によって分解してＡＴＰをつくるはたらき（細胞内呼吸）についての説明として妥当なのはどれか。　　　　　　　　（地上2020）

1：細胞内で呼吸を行う小器官は，動物ではミトコンドリア，植物では葉緑体である。
2：分解される有機物は，最初はタンパク質で，それが尽きると炭水化物，脂肪が使われる。
3：作られたＡＴＰは，細胞活動のエネルギーとして使われる。
4：分解の過程では，有機物は，窒素と水に分解される。
5：短い時間の激しい筋肉運動では，有機物の分解には，酸素ではなく乳酸が使われる。

OUTPUT

チェック欄		
1回目	2回目	3回目

実践 問題 **27** の解説

第1章 生物

〈呼吸〉

1 × 細胞内で呼吸を行う小器官は，動物，植物ともに，**ミトコンドリア**である。ミトコンドリアは，内外2枚の膜構造をもち，内膜に囲まれた部分である**マトリックス**にクエン酸回路を進行させる酵素があり，内膜が内側に突き出した**クリステ**が電子伝達系にかかわるタンパク質を含む。

2 × 呼吸により分解される有機物は，炭水化物，脂肪，タンパク質などであるが，最もよく利用されるのは炭水化物の一種であるグルコース$C_6H_{12}O_6$である。

3 ○ 記述のとおりである。ＡＴＰの高エネルギーリン酸結合が切れて，ＡＤＰとリン酸になるときにエネルギーが取り出され，生体内での物質の合成，筋肉の収縮，能動輸送，発光などのさまざまな生命活動を進めるために利用される。**ＡＴＰが生体内のエネルギーの受け渡しの役割を担っていること**から，ＡＴＰは，生体内における「エネルギーの通貨」とよばれる。

4 × 呼吸は，**酸素が存在する条件下で，**グルコースなどの有機物が**二酸化炭素と水に分解される過程でＡＴＰが合成される反応**である。

5 × 激しい運動をしている筋肉では，ＡＴＰが急速に消費され，呼吸によるエネルギーの供給が追いつかなくなり，グルコースやグリコーゲンが**酸素を使わずに分解**され，ピルビン酸を経て，乳酸が生じる**解糖**を行う。

正答 **3**

LEC東京リーガルマインド　2024-2025年合格目標 公務員試験 本気で合格！過去問解きまくり！　⑧自然科学Ⅱ

SECTION 4 生物 代謝

実践 問題 28 基本レベル

頻出度	地上★★	国家一般職★★	東京都★★	特別区★★
	裁判所職員★★	国税・財務・労基★★		国家総合職★★

問 生物の代謝に関する記述として最も妥当なのはどれか。　（国家一般職2020）

1：アデノシン三リン酸（ATP）は，塩基の一種であるアデニンと，糖の一種であるデオキシリボースが結合したアデノシンに，3分子のリン酸が結合した化合物であり，デオキシリボースとリン酸との結合が切れるときにエネルギーを吸収する。

2：代謝などの生体内の化学反応を触媒する酵素は，主な成分がタンパク質であり，温度が高くなり過ぎるとタンパク質の立体構造が変化し，基質と結合することができなくなる。このため，酵素を触媒とする反応では一定の温度を超えると反応速度が低下する。

3：代謝には，二酸化炭素や水などから炭水化物やタンパク質を合成する異化と，炭水化物やタンパク質を二酸化炭素や水などに分解する同化があり，同化の例としては呼吸が挙げられる。

4：光合成の反応は，主にチラコイドでの光合成色素による光エネルギーの吸収，水の分解とATPの合成，クリステでのカルビン・ベンソン回路から成っており，最終的に有機物，二酸化炭素，水が生成される。

5：酒類などを製造するときに利用される酵母は，酸素が多い環境では呼吸を行うが，酸素の少ない環境では発酵を行い，グルコースをメタノールと水に分解する。このとき，グルコース1分子当たりでは，酸素を用いた呼吸と比べてより多くのATPが合成される。

OUTPUT

実践 問題 28 の解説

〈代謝〉

1 × アデノシン三リン酸（ＡＴＰ）は，塩基の一種であるアデニンと，糖の一種であるリボースが結合したアデノシンに，３分子のリン酸が結合した化合物である。ＡＴＰ内のリン酸どうしの結合は，切れるときに多くのエネルギーを放出するため，高エネルギーリン酸結合とよばれる。生体内で，ＡＴＰの末端のリン酸が切り離されると，ＡＤＰ（アデノシン二リン酸）とリン酸に分解され，エネルギーが放出される。このエネルギーは，物質の合成，筋肉の収縮，能動輸送，発光などのさまざまな生命活動を行うために使われる。逆に，ＡＤＰとリン酸からＡＴＰが合成されるときは，エネルギーが吸収される。

2 ○ 記述のとおりである。温度が高くなりすぎてタンパク質の立体構造が変化することを変性といい，その結果，酵素としてのはたらきを失うことを失活という。

3 × 代謝には，二酸化炭素や水などから炭水化物やタンパク質を合成する同化と，炭水化物やタンパク質を二酸化炭素や水などに分解する異化があり，異化の例として呼吸が挙げられる。

4 × 光合成は，チラコイドでの光合成色素による光エネルギーの吸収，水の分解，ＡＴＰの合成と，ストロマでのカルビン・ベンソン回路からなり，最終的に有機物，酸素，水が生成される。

5 × 酒類，パンなどを製造するときに利用される酵母は，酸素の多い環境では呼吸を行うが，酸素の少ない環境では発酵を行い，グルコースをエタノールと二酸化炭素に分解する。

$$C_6H_{12}O_6 \rightarrow 2C_2H_5OH + 2CO_2$$

また，グルコース１分子あたりのＡＴＰの生成数は，呼吸が最大38分子であるのに対し，発酵では２分子と少なくなる。

正答 **2**

SECTION 4 代謝

実践 問題 29 応用レベル

頻出度	地上★	国家一般職★	東京都★	特別区★
	裁判所職員★	国税・財務・労基★		国家総合職★

[問] 次のグラフは2種の植物について25℃で一定時の光の強さに対するCO_2吸収量による光合成速度を示したものである。次の記述の正誤の組合せが正しいのはどれか。

(地上2010)

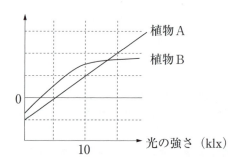

ア：植物Aの25℃，15klxにおける，真の光合成量は呼吸量の約3倍である。
イ：植物Bを5klxに保ち，温度を25℃から30℃へあげると，CO_2吸収量が増加する。
ウ：植物A，植物Bのうち，林での生育により適しているのは植物Bである。

	ア	イ	ウ
1：	正	正	誤
2：	正	誤	誤
3：	正	誤	正
4：	誤	正	誤
5：	誤	正	正

OUTPUT

実践 問題 29 の解説

〈光合成〉

ア○ 記述のとおりである。呼吸量は，光の強さが０klxのときのグラフの値である。また，**真の光合成量は見かけの光合成量に呼吸量を足したもの**である。グラフより，植物Aの呼吸量はグラフの１目盛り分であり，15klxのときの見かけの光合成量は２目盛り分であることから，真の光合成量は３目盛り分であるといえる。したがって，15klxにおける真の光合成量は呼吸量の約３倍であるといえる。

イ× ５klxで植物Bの光合成速度は**光飽和点**に達していないため，限定要因は光の強さとなり，温度が変化してもCO_2吸収量は変化しない。

ウ○ 記述のとおりである。林では樹木が多く日陰の部分が多くなるために，**光補償点**が低いほうが弱い光でも光合成を行えるため生育するのに適している。植物Aと植物Bを比較すると，グラフより植物Bのほうが光補償点が低いため，林での生育に適している。

　よって，正解は肢３である。

正答 **3**

第1章 SECTION 5

生物 動物の体

必修問題 セクションテーマを代表する問題に挑戦！

頻出分野である動物の体について学習します。覚えた分だけ得点になりやすいセクションです。

問 ヒトの免疫に関する記述として，妥当なのはどれか。

(特別区2009)

1：免疫反応には，マクロファージによる細胞性免疫と，免疫に関係するリンパ球が直接作用する体液性免疫とがある。

2：免疫系の働きにより体内に侵入した異物が認識されると，その異物と特異的に結合する抗原が生成される。

3：体液性免疫で重要な役割を果たす抗体は，免疫グロブリンと呼ばれるY字状のタンパク質でできている。

4：リンパ球には，B細胞とT細胞があるが，ともに血液中でつくられた後，胸腺で成熟するとB細胞になり，胸腺を経ないで成熟するとT細胞になる。

5：マクロファージは大型の赤血球で，細菌などの異物を取り込んで消化する食作用をもつと同時に，抗原の情報を細胞表面に提示する。

直前復習

Guidance ガイダンス

動物の体は，暗記量が多いが，頻出分野であるため積極的に覚えたい。生物を学習する時間が少ない場合でも，このセクションは学習すべきである。

頻出度	地上★★★　　国家一般職★★★　東京都★★★　特別区★★★
	裁判所職員★★★　国税・財務・労基★★　国家総合職★★★

チェック欄		
1回目	2回目	3回目

必修問題の解説

〈生体防御機構〉

1 × **体液性免疫**とは，B細胞が抗体産生細胞になり，抗原物質に対抗する**抗体**を産生して，体液中に放出することで行われる免疫のことである。**リンパ球**が直接抗原に作用する免疫を**細胞性免疫**という。

2 × 肢1で述べたように，異物と特異的に結合するのは**抗体**である。

3 ○ 記述のとおりである。抗体は，**免疫グロブリン**（Igと略記する）と総称されるタンパク質で，主な抗体はIgGである。IgGは，H鎖とL鎖が対となったものが2組結合し，全体としてY字形の分子構造となっている。

4 × リンパ球であるB細胞とT細胞は，骨髄でまずリンパ球前駆細胞がつくられる。それから**胸腺を経て成熟したものはT細胞**になり，**胸腺を経ないで成熟したものはB細胞**となる。これらは，血液，リンパ液のほか，胸腺，リンパ節，ひ臓などのリンパ系組織に大量に存在している。

5 × **マクロファージ**は大型の白血球で，粒子状の異物や体内の老廃細胞などを捕食・消化する。また，細菌やウィルスなどを捕食するとその情報をT細胞に伝える。

正答 3

Step ステップ	細胞性免疫，体液性免疫は頻出である。どちらがT細胞で，どちらがB細胞か間違えないようにしよう。

第1章 生物

SECTION 5 動物の体

1 動物の体

(1) 神経細胞

神経細胞（ニューロン）は，図のように**細胞体，樹状突起，軸索**からなっています。**図1を無髄神経**といい，**図2のように軸索に神経鞘細胞（シュワン）が巻きついているのを有髄神経**といいます。

有髄神経では，活動電流が髄鞘のない部分（ランビエ絞輪）を伝わっていくため，有髄神経の伝導速度は無髄神経より大きくなります。これを跳躍伝導といいます。脊椎動物の神経はほとんどが有髄神経ですから，無脊椎動物よりも伝導速度が大きくなります。

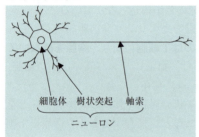

図1　無髄神経　　　　　図2　有髄神経

	速度	備考
無髄神経	遅い	無脊椎動物に多い
有髄神経	速い	脊椎動物に多い

(2) 脳のはたらき

脳	はたらき・特徴
大脳	表層部分の皮質と内部の髄質からなります。皮質はさらに新皮質と古皮質に分かれます。新皮質は**随意運動，感覚**などの中枢で，古皮質は本能行動や喜怒哀楽の**感情**の中枢になっています。
間脳	視床と視床下部からなります。視床は**感覚器官**の通り道で，視床下部は**内分泌系**と**自律神経**の中枢です。
中脳	中脳反射（ある**姿勢を保ち続ける，瞳孔の開閉**，何かがぶつかりそうになったとき目をつぶる反射）の中枢です。
小脳	**運動の調節，平衡を保つ**中枢です。
延髄	**呼吸運動や心臓の拍動を調節**する中枢です。また，消化管の運動，だ液や涙の分泌調節もつかさどっています。

INPUT

第1章 生物

(3) 自律神経

自律神経には，体の緊張性を保持し，活動しやすい状態をつくり出す**交感神経**と，体の疲労回復・栄養補給などにはたらき，安静状態を保つ**副交感神経**があります。

	血管	瞳孔	心臓	立毛筋	胃
交感神経	収縮	拡大	拍動促進	収縮	抑制
副交感神経	拡張	縮小	拍動抑制	－	促進

(4) ホルモン

内分泌腺から血液中に放出され特定の器官のはたらきを調節するものをホルモンといいます。ホルモンはさまざまな種類があり，その反応経路は，中枢の**間脳視床下部**から始まり，多岐にわたります。代表的なホルモンは次のものです。

ホルモン	分泌腺	はたらき
チロキシン	甲状腺	代謝促進
アドレナリン	副腎髄質	血糖量増加
糖質コルチコイド	副腎皮質	血糖量増加
グルカゴン	すい臓ランゲルハンス島A細胞	血糖量増加
インスリン	すい臓ランゲルハンス島B細胞	血糖量減少

(5) 血液とそのはたらき

	特徴・性質
赤血球	・核がありません。 ・骨髄で形成され，ひ臓，肝臓で破壊されます。 ・赤血球中のヘモグロビンが酸素と結合して，全身に酸素を運搬します。
白血球	・リンパ球，マクロファージなど生体防御にかかわる細胞の総称です。 ・骨髄，胸腺で形成され，リンパ節，ひ臓で増殖します。 ・マクロファージ：食作用 ・リンパ球 T細胞：直接抗原を処理 ・リンパ球 B細胞：抗体を生産
血小板	・血液凝固に関与します。 ・骨髄で形成され，ひ臓で破壊されます。
血しょう	・黄色みを帯びた透明な液体で，約90％は水です。 ・血液成分や代謝物質，ホルモン等の運搬に加え，温熱の運搬をします。

SECTION ⑤ 生物 動物の体

第1章

(6) 肝臓のはたらき

肝臓は，脊椎動物における最大の臓器で，消化器官に付属し，体内の物質交代やその調節に関係する重要な役割を果たしています。

① 物質交代と体温の保持
② 胆汁（胆液）の生成
③ 血液成分の生成
④ 解毒作用
⑤ 血液の貯蔵
⑥ **尿素の合成（オルニチン回路）**

(7) 生体防御

① 自然免疫（先天性免疫）

自然性免疫は，外部から侵入してきた異物に対して，マクロファージや，好中球がそれらを直接取り込みます。このように異物を取り込むことを**食作用**といいます。

② 獲得免疫（後天性免疫）

獲得免疫は，自然性免疫で対処しきれなくなったとき，次のⅰ～ⅲの流れで機能する免疫機構です。

ⅰ　マクロファージは，異物の一部（これを抗原という）を提示して，リンパ球をよびます。

ⅱ　リンパ球の1つであるヘルパーT細胞が抗原を認識し，キラーT細胞，B細胞を活性化します。

ⅲ－1　細胞性免疫

　　　活性化されたキラーT細胞は，異物を直接攻撃します。

ⅲ－2　体液性免疫

　　　活性化されたB細胞は，抗体産生細胞となり，抗体を放出して抗原に対処します。

　　　後天性免疫は，以前侵入してきた抗原を記憶しておくことができます。これにより2回目の侵入には速やかに対処することができるようになります。

	細胞	はたらき
自然免疫 （先天性免疫）	マクロファージ	異物を取り込みます（食作用）。
獲得免疫 （後天性免疫）	ヘルパーT細胞	抗原を認識し，キラーT細胞，B細胞を活性化します。
	キラーT細胞（細胞性免疫）	抗原に直接攻撃をします。
	B細胞（体液性免疫）	抗体を産生します。

INPUT

② 動物の運動

動物の運動は，反射や走性などさまざまな種類に分類されます。これらの特徴と具体例を体系的に覚えていきましょう。

(1) 走性

刺激に対して一定方向へ移動する行動のことを**走性**といいます。街灯に群がっている蛾などがよい例です。刺激源に向かって移動する場合を正（＋）の走性，刺激源から遠ざかるように移動する場合を負（－）の走性といいます。以下に例を挙げておきます。

走性の種類	刺　　激		例
光走性	光	＋	ミドリムシ（強光には－）
		－	ゴキブリ，ハエの幼虫，ミミズ
流れ走性	水　流	＋	魚類（水流）
電気走性	電　流	－	ゾウリムシ（弱い電流に対し－極に集まる）

(2) 反射

刺激に対して意思とは無関係に起こる反応のことを**反射**といいます。これは刺激が大脳を経由せずに起こります。このような伝わり方を**反射弓**といいます。

[例]

脊髄反射：膝蓋腱反射（ひざ頭の下をたたくと，足が跳ね上がる）

　　　　　　屈筋反射（熱いものに触れて手を引っ込める）

延髄反射：分泌反射（口に食物が入ると，だ液が出る）

中脳反射：瞳孔反射

　　　　　　立ち直り反射（ネコでよく見られる）

(3) 古典的条件づけ

本来の反射を起こす刺激とは無関係な刺激（条件刺激）により反射が行われることです。たとえば，梅干を見ると唾が出てくるという反射が起こりますが，これは以前に梅干を食べて唾を出したという経験に基づく**古典的条件づけ**なのです。代表例としては**パブロフの犬**などがあります。

(4) 刷込み

哺乳類や鳥類の子供は生まれるとすぐに目の前の動くものの後をついて歩くことがあります。そして，生涯にわたってその動物に愛着を示すようになります。これを**刷込み**といいます。

(5) 試行錯誤学習

動物は，何度も失敗を繰り返すと，その行為ができるようになります。これを**試行錯誤学習**といいます。

SECTION 5 動物の体

実践 問題 30 基本レベル

頻出度 地上★★★ 国家一般職★★★ 東京都★★★ 特別区★★★
裁判所職員★★★ 国税・財務・労基★★★ 国家総合職★★★

問 ヒトのニューロンに関する記述のうち正しいものが2つあるが，その組合せとして最も妥当なのはどれか。 （地上2007）

ア：ニューロンは細胞体から軸索が伸びた細長い細胞である。1本のニューロンの長さは最長でも10cm程度であり，脳から足先までは十数本のニューロンがつながっている。

イ：ニューロンの軸索の一部分が刺激を受けると，そこでは細胞膜の内外の電位が逆転し，興奮が起こる。興奮部に隣接する静止部が次々と興奮し，興奮が軸索を伝わっていく。

ウ：1本のニューロンについて，刺激の強さが閾値を超えると，興奮の大きさは刺激の強さに応じて大きくなる。

エ：ニューロンの軸索の末端は，狭いすきまを隔てて隣のニューロンと連絡している。この接続部分をシナプスといい，シナプスで興奮の伝わる方向は，軸索の末端から隣のニューロンへの一方向に限られる。

1：ア，イ
2：ア，ウ
3：イ，ウ
4：イ，エ
5：ウ，エ

OUTPUT

チェック欄		
1回目	2回目	3回目

実践 問題 **30** の解説

〈神経細胞〉

ア ✕ ニューロンの長さは軸索の長さによって変化する。隣接する細胞間をつなぐ数mm程度のものから，脊髄を通る数10cmのものまである。

イ ○ 記述のとおりである。これが興奮の伝導の仕組みである。なお，有髄神経の場合，軸索に絶縁体である髄鞘が巻きついているため，無髄神経よりも伝導が速い。

ウ ✕ 1本のニューロンについて見たとき，興奮を伝導させる活動電位は，ある値の刺激を超えないと発生しない。この**刺激の強さの最小値**を**閾値**という。なお，刺激の強さが閾値を超えていれば，刺激の強さに関係なく活動電位の大きさは一定である。これを**全か無かの法則**という。

エ ○ 記述のとおりである。**軸索の一点が受けた刺激は，細胞体側，末端側に伝導されるが，細胞体側にはシナプスがないので伝達はできない。**

以上より，正しいものはイ，エとなる。

よって，正解は肢4である。

正答 4

LEC東京リーガルマインド　2024-2025年合格目標 公務員試験 本気で合格！過去問解きまくり！
⑧自然科学Ⅱ　　91

第1章 SECTION 5 生物 動物の体

実践　問題 31　基本レベル

問 神経細胞と興奮の伝導に関する次の説明文のA～Cの空欄に入る語句の組合せとして最も適当なのはどれか。
（裁事2006）

神経系は，（　A　）とよばれる構造的な単位からできており，（　A　）は，核を含む細胞体，長くて枝分かれの少ない軸索，短くて枝分かれの多い樹状突起からできている。

興奮（刺激）が起こると，興奮部では，細胞内の電位が細胞外に対して正になり，静止状態にある隣接部との間に活動電流が流れ，隣接部に興奮が生じる。興奮の伝わり方は，神経の種類によって少し異なる。

ミミズのような無セキツイ動物に見られる無髄神経では，興奮が起こると，興奮部からその隣接部に活動電流が流れ，次々と隣接部に興奮が伝わっていく。これに対して，ヒトのようなセキツイ動物の多くに見られる有髄神経では，軸索の周りが電気を通しにくい（　B　）に覆われており，活動電流が（　B　）のない部分を流れて興奮が伝わっていく。

一般に，有髄神経は，無髄神経に比べて，興奮の伝導速度が（　C　）のが特徴である。

	A	B	C
1	シナプス	髄鞘	遅い
2	シナプス	ランビエ絞輪	速い
3	ホルモン	ランビエ絞輪	速い
4	ニューロン	シナプス	遅い
5	ニューロン	髄鞘	速い

OUTPUT

実践 問題 **31** の解説

〈神経細胞〉

　神経は，核を含む細胞体，軸索，樹状突起からなる<u>ニューロン</u>（A）が構造的な単位となっており，興奮が伝導していく。

　神経細胞間の情報伝達はシナプスを介して行われる。軸索を伝わってきた興奮が神経のつなぎ目であるシナプスに達すると，末端部にあるシナプス小胞からアセチルコリンやノルアドレナリン等の神経伝達物質が分泌され，これによって次のニューロンの樹状突起や細胞体の細胞膜に興奮が伝達される。

　脊椎動物に多く見られる有髄神経は軸索の部分が髄鞘（B）で覆われている。この髄鞘は電気を通さないため，髄鞘のない部分（ランビエ絞輪）を電流が飛び飛びに伝わっていく。これを**跳躍伝導**という。この跳躍伝導のため，髄鞘のない**無髄神経に比べ，有髄神経は伝導速度が一般的に<u>速い</u>**（C）。

　よって，正解は肢5である。

正答 5

93

SECTION 5 動物の体

実践 問題 32 基本レベル

頻出度 地上★★　国家一般職★★　東京都★★　特別区★★
　　　　裁判所職員★★　国税・財務・労基★★　国家総合職★★

問　次のア〜エの記述の中で，2つ正しいものがある。その組合せとして妥当なのはどれか。
(地上2020)

ア：目は視覚の感覚器であり，水晶体がレンズの役割をしている。水晶体の前にある虹彩が瞳孔を伸縮させることで焦点を調整するはたらきがある。

イ：耳は聴覚の感覚器であるとともに，平衡の感覚器である。からだの傾きや回転を感知する機能がある。

ウ：鼻の嗅細胞，舌の味細胞は化学物質を刺激として感知する細胞である。これらは化学物質と結びつく受容体がある。

エ：目や耳で得られた刺激は，感覚神経を通って中枢である延髄に伝えられる。延髄ではその刺激に応じた感覚が各器官に伝えられる。

1：ア，イ
2：ア，ウ
3：ア，エ
4：イ，ウ
5：イ，エ

OUTPUT

チェック欄		
1回目	2回目	3回目

実践 問題 **32** の解説 ─────────────────────────────

〈受容器〉

第1章 生物

ア✕ 目は光を受容する視覚の感覚器であり，**水晶体**がレンズの役割をしていることは正しい。水晶体はカメラのレンズに相当し，ヒトでは水晶体の厚さを毛様体の筋肉により変えることで焦点を調整している。なお，**虹彩**は，カメラの絞りに相当し，瞳孔を伸縮させることで，網膜に到達する光の量を調整している。

イ◯ 記述のとおりである。ヒトの耳には，空気の振動である音波を受け取る聴覚の感覚器と，体の動きや傾きを受容する平衡の感覚器がある。ヒトの内耳には，平衡砂の動きにより，体の傾きを感じる**前庭**や，リンパ液の動きにより，体の回転や加速度を感じる**半規管**がある。

ウ◯ 記述のとおりである。ヒトは，空気中の化学物質を鼻の嗅覚器で受容し，液体中の化学物質を舌の味覚器で受容する。

エ✕ 目や耳などの受容器は刺激を受け取ると興奮し，感覚神経を通って中枢である大脳に伝えられ，そこで刺激に応じた感覚が生じ，この情報が運動神経により効果器に伝えられ，反応が見られる。

以上より，正しいものはイ，ウとなる。

よって，正解は肢4である。

正答 **4**

LEC東京リーガルマインド　2024-2025年合格目標 公務員試験 本気で合格！過去問解きまくり！　95
⑧自然科学Ⅱ

第1章 SECTION 5 生物 動物の体

実践 問題33 基本レベル

問 筋肉に関する記述として、妥当なのはどれか。 （東京都2016）

1：横紋筋には，骨に付着して体を動かすときに使われる骨格筋と，心臓を動かす心筋がある。
2：平滑筋は，随意筋であり，筋繊維が束状になって，消化管や血管の壁などを形成している。
3：筋原繊維には，暗帯と明帯が不規則に並んでおり，明帯の中央にある細胞膜と細胞膜の間をサルコメアという。
4：筋小胞体は，神経から伝えられた刺激で筋繊維内のミトコンドリアに興奮が生じると，マグネシウムイオンを放出する。
5：アクチンフィラメントは，それ自身の長さが縮むことにより，筋収縮を発生させる。

OUTPUT

実践 問題 **33** の解説

〈筋肉〉

1 ◯ 記述のとおりである。**骨格筋**は多核で束状の筋繊維からなり，**心筋**は単核で枝分かれした筋繊維が互いに接合するという構造の違いがあるが，いずれも**横紋筋**である。

2 ✕ **平滑筋**は**不随意筋**である。長紡錘形の細胞からなり，層状の筋層が消化管や血管の壁などの構成要素になる。

3 ✕ 筋原繊維は暗帯と明帯が規則的に並んでいる。**筋繊維の伸長方向に対して横向きに規則的に明暗の縞模様が見られる**ため，**横紋筋**とよばれる。明帯の中心にはZ膜とよばれる板状構造があり，このZ膜とZ膜の間の区間を１つの収縮単位としてサルコメアという。

4 ✕ 筋小胞体が放出するのはカルシウムイオンである。筋小胞体から放出されたカルシウムイオンはアクチンフィラメント上のトロポニンに結合し，トロポニンの作用を弱める。

5 ✕ ミオシンフィラメントがアクチンフィラメントをたぐり寄せ，アクチンフィラメントがミオシンフィラメントの間に滑り込むことによって筋収縮が起こる。この収縮は，筋繊維が弛緩しているときはトロポニンによって阻害されているが，筋小胞体から放出されたカルシウムイオンによってトロポニンのはたらきが弱まると筋収縮が起こる。

正答 **1**

SECTION 5 動物の体

実践 問題 34 基本レベル

頻出度	地上★★★ 国家一般職★★★ 東京都★★★ 特別区★★★
	裁判所職員★★★ 国税・財務・労基★★ 国家総合職★★★

問 ヒトの脳に関する記述として，妥当なのはどれか。　　　（特別区2023）

1：大脳の新皮質には，視覚や聴覚などの感覚，随意運動，記憶や思考などの高度な精神活動の中枢がある。
2：間脳には，呼吸運動や心臓の拍動など生命維持に重要な中枢や，消化液の分泌の中枢がある。
3：中脳には，からだの平衡を保ち，随意運動を調節する中枢がある。
4：延髄には，姿勢を保ち，眼球運動や瞳孔の大きさを調節する中枢がある。
5：小脳は，視床と視床下部に分かれており，視床下部には，自律神経系の中枢がある。

OUTPUT

実践 問題 **34** の解説

〈脳〉

1 ○ 記述のとおりである。**大脳**は、大脳皮質（灰白質）と大脳髄質（白質）からなる。大脳皮質は、新皮質と辺縁皮質（古皮質、原皮質）からなり、ヒトの大脳は新皮質が発達している。新皮質には、視覚や聴覚などの感覚の中枢（感覚野）、さまざまな**随意運動の中枢**（運動野）、言語や思考・判断・推理などの**高度な精神活動の中枢**（連合野）がある。

2 × 延髄についての記述である。**間脳**は、**視床と視床下部**に分けられる。視床は脊髄から大脳へ入る感覚神経の中継点となっている。**視床下部**には**自律神経系と内分泌系の中枢**があり、**内臓のはたらきや体温・血糖量・水分などの調節**をする。

3 × 小脳についての記述である。**中脳**は、眼球運動、瞳孔反射、姿勢保持などを調整する中枢がある。

4 × 中脳についての記述である。**延髄**は、呼吸運動や心臓の拍動、血管の収縮、消化器官のはたらきなどの**生命活動に直接関係する重要な機能の中枢**がある。なお、間脳、中脳、延髄を合わせて脳幹といい、**生命維持に重要な機能**は、脳幹に含まれている。脳幹が死ぬと脳死状態であるとしている国もあり、大脳だけの死は植物状態となる。

5 × 間脳についての記述である。小脳は、**筋肉の運動の調整や体の平衡を保つ中枢**がある。魚類や鳥類のように、水中や空中で運動する動物でよく発達している。随意運動を指令するのは**大脳**であり、具体的にどう動かすか調整するのが**小脳**のはたらきである。

〈脳の構造〉

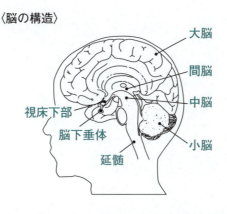

正答 1

SECTION 5 動物の体

実践 問題 35 基本レベル

頻出度 地上★★★ 国家一般職★★★ 東京都★★★ 特別区★★★
裁判所職員★★★ 国税・財務・労基★★★ 国家総合職★★★

問 ヒトの神経系に関する次の記述のうち，最も妥当なのはどれか。

（国税・労基2003）

1：大脳は，左右二つの半球から成っており，それぞれが同じ側の半身を支配している。大脳の外側は突起の集まった白質で，内側は細胞体の集まった灰白質である。
2：中脳は，視床と視床下部とに分けられる。視床は筋肉から送られてくる信号を受け取り，体の姿勢を保つのに必要な命令を筋肉に向けて送り出す働きがある。
3：小脳は，呼吸運動や心臓の運動，消化管の運動やだ液分泌のような意思とは関係なく起こる反射の中枢であり，大脳や中脳とともに脳幹の一つである。
4：神経系は，ニューロンから成る。受容器から脳まで伸びた一本のニューロンの中を神経伝達物質であるインスリンやグルカゴンが移動することで興奮が双方向に伝達する。
5：自律神経系は，交感神経系と副交感神経系から成る。交感神経が興奮すると心臓の拍動が増し胃や腸の活動は抑制されるが，副交感神経が興奮すると心臓の拍動は減少し，胃や腸の活動が増す。

OUTPUT

チェック欄		
1回目	2回目	3回目

実践 問題 **35** の解説 ─────────────────────

〈脳〉

1 ✕ 大脳の両半球はそれぞれ逆半身を支配している。大脳自身は外側が皮質，または灰白質とよばれ灰色であり，ここにニューロンの細胞体が集まっている。一方，内側は髄質，または白質とよばれ神経繊維が集まっている。

2 ✕ 視床と視床下部に分けられるのは間脳である。視床は嗅覚以外のすべての感覚を中継し，視床下部は自律神経の中枢で，本能的な活動の調節にかかわる。体の姿勢を保つのは中脳のはたらきである。

3 ✕ 呼吸運動や心臓の運動，消化管の運動などの反射の中枢となるのは延髄である。また，脳幹は大脳と小脳を除いた，延髄，中脳，間脳をあわせた総称であり，生命維持に関する重要な機能中枢が集まっている。

4 ✕ 神経系はニューロンからなるが，1本でつながっているわけではない。いくつかのニューロンどうしがシナプスとよばれる部分で神経伝達物質であるアセチルコリン（副交感神経の末端から分泌）やノルアドレナリン（交感神経の末端から分泌）を放出させることにより興奮が伝わっていく。

5 ◯ 記述のとおりである。交感神経は主に興奮時に関する感覚であり，瞳孔拡大，心臓拍動促進，汗腺分泌などのはたらきがある。一方，副交感神経は睡眠時によくはたらく感覚であり，心臓拍動抑制，消化液の分泌，消化運動の促進などのはたらきがある。この2つは拮抗的にはたらくため両方同時に機能しているわけではない。つまり，心臓の拍動が促進されている状態では，消化運動は促進されない。普段は副交感神経の支配が主である。

第1章 生物

正答 **5**

LEC東京リーガルマインド　2024-2025年合格目標 公務員試験 本気で合格！過去問解きまくり！　101
⑧自然科学Ⅱ

SECTION 5 動物の体

実践 問題 36 基本レベル

問 ヒトの自律神経系に関する次の記述のうち，妥当なのはどれか。

(特別区1996)

1：自律神経系のうち，交感神経には心臓の拍動を促進する働きがあり，副交感神経には心臓の拍動を抑制する働きがある。
2：自律神経系のうち，交感神経には消化器官の運動を促進する働きがあり，副交感神経には消化器官の運動を抑制する働きがある。
3：自律神経系の分泌物質のうち，アセチルコリンは交感神経の末端から分泌される。
4：自律神経系の分泌物質のうち，ノルアドレナリンは副交感神経の末端から分泌される。
5：自律神経系は中枢神経系の1つであり，延髄と脊髄とに支配され，大脳には支配されない。

OUTPUT

実践 問題 **36** の解説 ―――――――――――――――――

〈自律神経系〉

　自律神経系には**交感神経**と**副交感神経**があり，意思とは無関係に筋肉や分泌腺の
はたらきを調節している。交感神経と副交感神経は，次の表に示すように拮抗的に
作用する。

	交感神経	副交感神経
瞳　孔	拡　大	縮　小
心臓の拍動	促　進	抑　制
気管支	拡　張	収　縮
顔面血管	収　縮	拡　張
だ液腺 胃 腸 ｝ 消化液の分泌と 消化管の運動	抑　制	促　進
膀胱	拡　張	収　縮
肝臓（グリコーゲン交代）	促　進	抑　制
すい臓（インスリン分泌）	抑　制	促　進

1〇 記述のとおりである。心臓の拍動は交感神経と副交感神経によって調節さ
　　れており，その中枢は**延髄**にある。

2✕ **消化管の運動**は，**交感神経**により**抑制**され，**副交感神経**によって**促進**される。

3✕ **アセチルコリン**は**副交感神経**の末端から分泌される。

4✕ **ノルアドレナリン**は**交感神経**の末端から分泌される。

5✕ **自律神経系は末梢神経系の1つ**であり，**間脳**（の視床下部）に統合的に支
　　配される。

　　　　　中枢神経系……脳と脊髄
　　　　｛　　　　　　　｛体性神経系……運動神経と感覚神経
　　　　　末梢神経系｛
　　　　　　　　　　　｛自律神経系……交感神経と副交感神経

正答 **1**

SECTION 5 動物の体

実践 問題 37 基本レベル

頻出度 地上★★★ 国家一般職★★★ 東京都★★★ 特別区★★★
　　　 裁判所職員★★★ 国税・財務・労基★★★ 国家総合職★★★

問 ヒトのホルモンに関する記述として，妥当なのはどれか。

（東京都Ⅰ類A 2021）

1：ホルモンは，神経系のように速く信号を伝え，標的細胞に持続的に作用を及ぼすことができ，この調節のしくみを循環系という。
2：血糖値が低下すると，視床下部は交感神経を通して脳下垂体前葉から副腎皮質刺激ホルモンを分泌させる。
3：多量の水分を摂取するなどして，体液の塩分濃度が低下すると，脳下垂体後葉からのバソプレシンの分泌量が増大し，多量の濃い尿がつくられる。
4：インスリンは，細胞でのグルコースの吸収・分解，脂肪への転換，グリコーゲンの合成を促進する働きをもち，血糖値を低下させる。
5：チロキシンは全身の代謝を弱める働きがあり，血液中のチロキシン濃度が高いと，視床下部は成長ホルモンの分泌を抑制する。

OUTPUT

チェック欄		
1回目	2回目	3回目

実践 問題 **37** の解説 ————————————————

〈ホルモン〉

1 ✕ 循環系とは，血液やリンパ液などの体液を循環させる器官の集まりのことで，心臓や血管，リンパ管などで構成されている。**ホルモン**は，生理活性物質のことである。神経系のように速く信号を伝えることはできないが，標的細胞に持続的に作用を及ぼすことができ，この調節の仕組みを液性調節という。

2 ✕ **血糖値が低下すると，間脳視床下部から交感神経を通して副腎髄質が刺激され，アドレナリンが分泌**される。アドレナリンは，グリコーゲンの分解を促進し，血糖値を上昇させる。また，間脳視床下部は副腎皮質刺激ホルモン放出ホルモンを分泌し，脳下垂体前葉から副腎皮質刺激ホルモンが分泌され，副腎皮質から糖質コルチコイドが分泌される。**糖質コルチコイドは，タンパク質や脂肪を分解してグルコースの合成を促進し，血糖値を上昇させる。**

3 ✕ 体液の塩分濃度が低下すると，脳下垂体後葉からの**バソプレシン**の分泌は抑制され，腎臓の細尿管での水の再吸収量が減少し，多量の薄い尿がつくられる。

4 ◯ 記述のとおりである。**血糖値が上昇すると，間脳視床下部は副交感神経を通してすい臓ランゲルハンス島B細胞を刺激**する。また，ランゲルハンス島B細胞は，血液から直接血糖量の増加を感知する。これらの刺激によって，ランゲルハンス島B細胞からインスリンが分泌される。

5 ✕ **チロキシン**は全身の細胞での化学反応を高める。血液中のチロキシン濃度が上昇し，ホルモンが過剰になると，間脳視床下部からの放出ホルモンの分泌が抑制され，チロキシンの分泌も抑えられる。

第1章 生物

正答 **4**

LEC東京リーガルマインド　2024-2025年合格目標 公務員試験 本気で合格！過去問解きまくり！　105
⑧自然科学Ⅱ

SECTION 5 動物の体

実践 問題 38 基本レベル

問 ヒトのホルモンに関する記述として，妥当なのはどれか。 **(特別区2022)**

1：体内環境の維持を行う自律神経系は，ホルモンと呼ばれる物質を血液中に分泌し，特定の器官に働きかける。
2：脳下垂体から分泌されるチロキシンの濃度が上がると，視床下部に作用を及ぼし，甲状腺刺激ホルモンの分泌が促進される。
3：体液中の水分量が減少すると，腎臓でパラトルモンが分泌され，水分の再吸収を促進し，体液の塩類濃度が低下する。
4：血糖濃度が上昇すると，すい臓のランゲルハンス島のA細胞からグルカゴンが分泌され，グリコーゲンの合成を促進する。
5：血糖濃度が低下すると，副腎髄質からアドレナリンが分泌され，グリコーゲンの分解を促進する。

OUTPUT

実践 問題 38 の解説

〈ホルモン〉

1 × 体内環境の調節は，自律神経系と内分泌系の2つの仕組みで行われる。**自律神経系は，脳や脊髄からの情報を内臓に伝える神経**であり，**交感神経と副交感神経**があり，互いに拮抗的にはたらいている。自律神経系による調節ではすばやく起こるが，持続性はない。一方，内分泌系では，ホルモンとよばれる物質が血液の流れを通じて特定の器官に作用することで情報を伝えているため，自律神経系より時間はかかるが，持続性がある。

2 × **チロキシンは全身の細胞における代謝を促進するホルモンであり，甲状腺から分泌**される。チロキシンが不足すると，視床下部に作用を及ぼし，脳下垂体前葉を刺激するホルモンを分泌する。それによって，甲状腺刺激ホルモンの分泌が増加し，甲状腺からチロキシンの分泌が増加して，血液中のチロキシン濃度が上昇する。チロキシンが過剰になると，視床下部からの放出ホルモン分泌が抑制され，チロキシンの分泌も抑制される。

3 × **腎臓で水分の再吸収を促進**するのは，脳下垂体後葉から分泌される**バソプレシン**である。パラトルモンは，副甲状腺から分泌され，**血液のカルシウム濃度を増加**させるはたらきをもつ。

4 × **血糖濃度が上昇**すると，すい臓のランゲルハンス島のB細胞から**インスリンが分泌**される。インスリンは，肝臓でグルコースからグリコーゲンを合成させる。その結果，血糖値が低下する。なお，**グルカゴンは，すい臓のランゲルハンス島のA細胞から分泌**される**血糖値を上昇させるホルモン**である。

5 ○ 記述のとおりである。間脳視床下部が交感神経を通して**副腎髄質**を刺激し，**アドレナリン**が分泌されることで，グリコーゲンが分解されてグルコース（ブドウ糖）となる結果，血糖値が上昇する。

正答 5

SECTION 5 生物 動物の体

実践　問題 39　基本レベル

頻出度　地上★★★　国家一般職★★★　東京都★★★　特別区★★★
　　　　裁判所職員★★★　国税・財務・労基★★★　国家総合職★★★

問　哺乳類の血糖量の調節に関する下文のA～Eの｛　｝内から正しい語を選んであるのはどれか。
(地上2002)

　血糖（血液中のグルコース）は，呼吸基質として絶えず消費されているが，食物から取り入れたり，筋肉やA｛体脂肪／肝臓｝に蓄えられたグリコーゲンを分解して補われ，一定に保たれている。この量が増加すると，間脳の視床下部が刺激され，そこから刺激が副交感神経をとおして，B｛すい臓／副腎｝のランゲルハンス島に作用し，B細胞からインスリンが分泌される。インスリンはグリコーゲンの合成を促進し，血糖量は正常に戻る。一方，血糖量が低下するとBが直接刺激されて，A細胞からグルカゴンが分泌され，これがグリコーゲンを分解する。同時に，間脳の視床下部が刺激され，交感神経が働いて副腎髄質からC｛チロキシン／アドレナリン｝が分泌され，これがグリコーゲンの分解を促進する。また，D｛脳下垂体前葉／甲状腺｝からE｛副甲状腺／副腎皮質｝を刺激するホルモンが分泌されて，糖質コルチコイドの分泌が促される。糖質コルチコイドはタンパク質の分解を促進して，グルコースを増加させ，血糖値を正常に戻すのである。

1： A ─ 体脂肪
2： B ─ 副腎
3： C ─ チロキシン
4： D ─ 脳下垂体前葉
5： E ─ 副甲状腺

OUTPUT

チェック欄		
1回目	2回目	3回目

実践 問題 **39** の解説

第1章 生物

〈ホルモン〉

A **肝臓** 炭水化物は消化の過程で最終的にグルコースになるが，グルコースは**肝臓**でグリコーゲンに変えられて貯蔵される。肝臓は，余分な糖やアミノ酸を脂肪に変えるはたらきがある。この脂肪が貯蔵されるのは皮下をはじめとする部分であり，体脂肪となる。

B **すい臓** ランゲルハンス島があるのは**すい臓**であり，副腎ではない。副交感神経を通して刺激されたすい臓のランゲルハンス島Ｂ細胞からは**インスリン**が分泌され，**血液中のグルコースからグリコーゲンをつくることで血糖量を下げる**はたらきをする。

C **アドレナリン** **副腎髄質**から分泌され，**グリコーゲンをグルコースに分解し血糖量を上げる**のは，**アドレナリン**である。**チロキシン**は，**甲状腺**から分泌され，**物質交代を促進**させるはたらきがある。

D **脳下垂体前葉** 脳下垂体は，**視床下部**の指令を受けてさまざまなホルモンを分泌し，そのホルモンがまた別のホルモン分泌の引き金となる。甲状腺から分泌されるのは前述のとおりチロキシンであり，これは他のホルモン分泌の引き金とはならず，直接全身の物質交代・代謝を促進させることになる。

E **副腎皮質** 脳下垂体から分泌された副腎皮質刺激ホルモンは，**副腎皮質**を刺激し，**糖質コルチコイド**を分泌させる。糖質コルチコイドは，**肝臓のタンパク質分解を促し，グルコースをつくることにより血糖量を上げる**。副甲状腺からは，血液中のカルシウムの量を調節する**パラトルモン**が分泌される。

よって，正解は肢４である。

正答 4

LEC東京リーガルマインド　2024-2025年合格目標 公務員試験 本気で合格！過去問解きまくり！　109
⑧自然科学Ⅱ

SECTION 5 動物の体

実践 問題 40 基本レベル

頻出度 地上★★★ 国家一般職★★★ 東京都★★★ 特別区★★★
裁判所職員★★★ 国税・財務・労基★★ 国家総合職★★★

問 ヒトの体温調節は，体内の熱発生量と体外への熱放出量の均衡によって図られているが，体温の上昇につながる生体内反応に関する記述として妥当なのをすべて挙げているのはどれか。 （国Ⅱ2002）

A：脳下垂体前葉から副腎皮質刺激ホルモンが分泌され，このはたらきで副腎皮質から鉱質コルチコイドが分泌されることによって発汗量を調節する。

B：交感神経の興奮によって副腎髄質からアドレナリンが分泌され，このはたらきで肝臓のグリコーゲンがグルコースに変えられて血糖量が増加する。

C：間脳の視床下部が血液の血糖量の増加を感じとると，副交感神経を介し，すい臓のランゲルハンス島のB細胞に作用してインスリンを分泌させ血糖量を減少させる。

D：脳下垂体前葉から甲状腺刺激ホルモンが分泌され，このはたらきでチロキシンが甲状腺から分泌されて肝臓での代謝を促進する。

1：A，B
2：A，C
3：A，D
4：B，D
5：C，D

OUTPUT

チェック欄		
1回目	2回目	3回目

実践 ▶ 問題 **40** の解説

〈ホルモン〉

第1章 生物

　本問では，体温の上昇につながる生体内反応について問われているが，体温が上昇するということは，細胞の活動・代謝が活発になるということであるから，そのような反応を選ぶことになる。

A ✕ 　鉱質コルチコイドは，脳下垂体前葉から分泌される副腎皮質刺激ホルモンの作用を受け，副腎皮質から分泌される。鉱質コルチコイドは，**体液中の無機イオン量（Na⁺，K⁺）を調節**したり，**細胞内の水分量を調節**したりするはたらきがあるが，この作用は直接体温の調節をするものではない。また，同じ副腎皮質から分泌される**糖質コルチコイド**は，**血糖量を上げる**はたらきがあり，グルコースを燃料とする呼吸が盛んになるため，体温を上昇させる。

B ◯ 　記述のとおりである。副腎髄質から分泌される**アドレナリン**には，**肝臓に貯蔵されていたグリコーゲンをグルコースに変える**はたらきがある。これにより血糖量が上がり，体温が上昇することになる。また，アドレナリンには**心臓の拍動を促進**させるはたらきもあり，この作用も体温上昇につながる。

C ✕ 　間脳の視床下部が血糖量の増加を感じとると，すい臓のランゲルハンス島B細胞から，**インスリン**が分泌される。インスリンには**血糖量を下げる**はたらきがあるが，血糖量が下がるとグルコースを燃料とする呼吸が抑制され，体温が下がることになる。

D ◯ 　記述のとおりである。甲状腺から分泌される**チロキシン**には，**物質交代・代謝を盛ん**にするはたらきがある。代謝が盛んになるとは，呼吸が促進され細胞の活動が盛んになるということであるから，体温が上昇することになる。

　以上より，妥当なものはB，Dとなる。
　よって，正解は肢4である。

【コメント】
　「体温の上昇」につながる生体内反応が妥当な選択肢となる。

正答 4

LEC東京リーガルマインド　2024-2025年合格目標 公務員試験 本気で合格！過去問解きまくり！
⑧自然科学Ⅱ　　111

SECTION 5 動物の体

実践 問題 41 基本レベル

頻出度 地上★★★ 国家一般職★★★ 東京都★★★ 特別区★★★
裁判所職員★★★ 国税・財務・労基★★★ 国家総合職★★★

問 ヒトの血液に関する記述として，妥当なのはどれか。 (東京都2013)

1：血液は，体積の約55％の有形成分と約45％の液体成分からできており，有形成分のうち最も多いのは，白血球である。
2：血しょうは，約90％が水分であり，栄養分や老廃物を運搬するほか，血しょう中の成分が血液凝固の反応において繊維状のフィブリンとなる。
3：赤血球は，核を有する球状の細胞であり，赤血球に含まれるグロブリンによって体内の組織へ酸素を運搬する。
4：白血球は，核がない中央がくぼんだ円盤状の細胞であり，出血したときに集まって傷口をふさぐとともに血液凝固に働く因子を放出する。
5：血小板は，核を有する不定形の細胞であり，体内に侵入した細菌やウイルスなどの異物を食作用により分解し排除するほか，免疫反応に関係している。

OUTPUT

チェック欄		
1回目	2回目	3回目

実践 問題 **41** の解説 ─────────────────────

〈血液〉

1 ✕ 血液は，その体積の約45％の有形成分（細胞成分）と約55％の無形成分（液体成分）からできている。**有形成分のうち最も多いのは赤血球**であり，血小板，白血球の順に多い。

2 ○ 記述のとおりである。血しょうは，約90％が水分であり，栄養分や老廃物を運搬するほか，血しょう中の**フィブリノーゲンが血液凝固の反応において繊維状のフィブリンとなる。**

3 ✕ **赤血球は，核がない中央がくぼんだ円盤状の細胞**であり，**赤血球に含まれるヘモグロビンによって体内の組織へ酸素を運搬**する。

4 ✕ **白血球は，核を有する球状の細胞**であり，**体内に侵入した細菌やウイルスなどの異物を食作用により分解し排除**するほか，**免疫反応に関係**している。

5 ✕ **血小板は，核がない不定形の細胞**であり，**出血したときに集まって傷口をふさぐとともに血液凝固にはたらく因子を放出**する。

第1章 生物

正答 **2**

LEC東京リーガルマインド　2024-2025年合格目標 公務員試験 本気で合格！過去問解きまくり！　113
⑧自然科学Ⅱ

SECTION 5 動物の体

実践　問題 42　基本レベル

頻出度　地上★★★　国家一般職★★★　東京都★★★　特別区★★★
　　　　裁判所職員★★★　国税・財務・労基★★★　国家総合職★★★

問　心臓と血液循環に関する記述として最も妥当なものはどれか。

(裁判所職員2023)

1：血液の循環経路は，肺で新鮮な酸素を取り込む肺循環と，全身を循環する体循環の2つに分けられ，脊椎動物はすべてこの経路が明確に分離されている。

2：動脈は高い圧力で心臓から全身へと血液を送り出すために血管壁が肉厚になっており，静脈は血圧が低いため血管壁が薄く，血液の逆流を防ぐ弁がついている。

3：血液の重さの約9割は液体成分の血しょうが占めており，赤血球・白血球・血小板の有形成分が占めるのは残りの約1割である。

4：血小板の内部にはヘモグロビンと呼ばれる鉄を含んだタンパク質が大量に含まれており，血液中のタンパク質の中ではヘモグロビンが最も量が多い成分である。

5：白血球は核をもたない小さな細胞で，傷口に集合して血液凝固を引き起こし，出血によって血液が失われるのを防ぐ働きがある。

OUTPUT

チェック欄		
1回目	2回目	3回目

実践 問題 **42** の解説 ————————————————————

〈心臓と血液循環〉

1 × ヒトの血液循環は，**心臓から全身を回り心臓に戻る体循環**と，**心臓から肺を通り心臓に戻る肺循環**の２つに大別される。**体循環**では，酸素を多く含む鮮紅色の動脈血が心臓から全身に運ばれ，毛細血管により各組織に酸素を供給する。各組織で二酸化炭素を受け取った血液は，**酸素が少ない暗赤色の静脈血**となって心臓に戻る。**肺循環**では，静脈血が心臓から肺に運ばれ二酸化炭素を放出し，酸素を受け取って動脈血となり，**心臓に戻って，再び全身の組織に運ばれる**。

脊椎動物では，魚類が１心房１心室，両生類・は虫類が２心房１心室，鳥類・哺乳類が２心房２心室である。魚類は，心室から送り出された血液が，えらを通って酸素を供給され動脈血となり，体内をめぐって心房に戻るときには酸素の少ない静脈血となって心臓に戻り，再び心室から，えらに向かって送り出されるため，肺循環と体循環が明確に分離されていない。

2 ○ 記述のとおりである。**動脈は，心臓から送り出された血液が流れる血管**であり，心臓から送り出された血圧の高い血液を運搬するために，結合組織と平滑筋が発達しており，**血管壁が肉厚で，弾力がある。静脈は，心臓に戻る血液が流れる血管**であり，動脈より血管壁が薄く，血圧が低い血液が流れるため，**逆流を防ぐ弁がついている**。なお，リンパ管にも，リンパ液の逆流を防ぐ弁がある。

3 × 血液は，**重さの55%を占める液体成分である血しょう**と，**重さの45%を占める有形成分である赤血球，白血球，血小板**に分類される。

4 × **ヘモグロビン**とよばれる鉄を含んだタンパク質が含まれるのは，**赤血球**である。**ヘモグロビンが酸素と結合し，全身に酸素を運搬する。赤血球**は，酸素などの運搬物をできるだけ多く運べるように，分化の過程で**無核の状態**となり，**円盤状の構造**をとっている。

5 × 血小板についての記述である。出血すると，まず血管の傷口に**血小板**が集まり，血小板や血しょう中のさまざまな凝固因子が協調してはたらくことにより，繊維状のタンパク質である**フィブリン**が生成される。フィブリンの網に血球がからんで，かたまりとなった**血ぺい**が形成され，傷口がふさがれ，止血される。この現象を**血液凝固**という。なお，**白血球**は，免疫に関与する有核の細胞である。

正答 **2**

LEC東京リーガルマインド　2024-2025年合格目標 公務員試験 本気で合格！過去問解きまくり！　115
⑧自然科学Ⅱ

第1章 生物

SECTION 5 生物 動物の体

実践 問題 43 基本レベル

頻出度	地上★★	国家一般職★★	東京都★★	特別区★★
	裁判所職員★★	国税・財務・労基★★	国家総合職★★	

問 ヒトの循環系のはたらきに関する記述として,妥当なのはどれか。

(東京都2020)

1:左心室に送りこまれた血液は左心房から肺へ,肺から右心室に送りこまれた血液は,右心房から全身に送り出される。
2:全身に張り巡らされた血管は,動脈と静脈が肝臓でつながっており,このような血管系を開放血管系という。
3:リンパ管のところどころにはリンパ球とよばれる膨らみがあり,リンパ球には血小板が多く存在する。
4:リンパ液は筋肉の運動やリンパ管自身の収縮運動によって一方向に速く流れ,やがて動脈に合流する。
5:静脈は,血流のもつ血圧が低いため,逆流が起こりやすく,これを防ぐための弁がついている。

OUTPUT

チェック欄		
1回目	2回目	3回目

実践 問題 **43** の解説 ―――――――――――――――

第1章 生物

〈循環系〉

1 × **全身から右心房に送り込まれた血液は右心室から肺へ，肺から左心房に送り込まれた血液は左心室から全身**に送り出される。

2 × 開放血管系は，動脈と静脈の間に毛細血管がなく，動脈の末端が組織内に直接開いている。心臓から動脈を出た血液は組織の間を流れて再び静脈に入り，心臓に戻る。無脊椎動物の多くはこれにあたる。それに対し，閉鎖血管系は，動脈と静脈が毛細血管で結ばれ，血管内のみを血液が流れている。心臓から全身の組織を回って心臓に戻る体循環と，心臓から肺を通って心臓に戻る肺循環の2つがある。無脊椎動物の一部やヒトなどの脊椎動物はこれにあたる。

3 × リンパ管のところどころにある膨らみはリンパ節とよばれる。リンパ節には免疫抗体を産生する細胞であるリンパ球が集まっており，細菌やウイルス等を排除する。

4 × リンパ液は筋肉の運動などによってリンパ管系内を流れるが，心臓の収縮による血液の流れと比べると，はるかにゆっくりである。リンパ管は次第に集まって太くなり，鎖骨下から静脈に合流する。

5 ○ 記述のとおりである。

正答 **5**

SECTION 5 動物の体

実践 問題 44 基本レベル

頻出度 地上★★★ 国家一般職★★★ 東京都★★★ 特別区★★★
　　　 裁判所職員★★★ 国税・財務・労基★★ 国家総合職★★★

問 次の文は抗原抗体反応に関する記述であるが、A〜Dに当てはまるものの組合せとして最も妥当なのはどれか。　　　　　　　　　　　　（国家一般職2013）

　抗原抗体反応とは、　A　が体内に入ると、リンパ球が認識し、その　A　に対してだけ反応する　B　がつくられて血しょう中に放出され、　B　がその　A　に結合する反応のことである。このように、　B　で体を防御する仕組みを　C　免疫という。
　　D　を　A　として接種し、体にあらかじめ　B　をつくらせておいて、病気を予防する方法を　D　療法という。

	A	B	C	D
1	抗原	抗体	体液性	ワクチン
2	抗原	抗体	細胞性	ホルモン
3	抗原	抗体	細胞性	ワクチン
4	抗体	抗原	細胞性	ワクチン
5	抗体	抗原	体液性	ホルモン

OUTPUT

実践 問題 **44** の解説 ─────────────────

〈生体防御〉

　細菌やウイルスなどの微生物やその他の異物から，体を守るはたらきを**生体防御**という。生体防御には，皮膚や粘膜による防御，自然免疫として食作用，後天性免疫として**細胞性免疫**や**体液性免疫**がある。体内に入り込んだ異物を**抗原**という。そして，抗原のはたらきを抑えるのが**抗体**である。抗体は，免疫グロブリンとよばれるタンパク質でできており，抗体産生細胞であるリンパ球のB細胞がつくっている。体液性免疫においては，体内に抗原が侵入すると，抗体がつくられて抗原と結合して無害にする。このような仕組みを**抗原抗体反応**という。

　体内に抗原が侵入すると，まずマクロファージが異物を細胞内に取り込んで分解する。これを**食作用**という。抗原の情報は，マクロファージからヘルパーT細胞へ伝えられ，ヘルパーT細胞が抗原を認識するとキラーT細胞，B細胞を活性化する。キラーT細胞は異物を直接攻撃する（これを**細胞性免疫**という）。B細胞は抗体産生細胞となり，抗体を放出して抗原に対処する（これを**体液性免疫**という）。

　これらを**獲得免疫**というが，獲得免疫は以前侵入してきた抗原を記憶しておくことができる。これにより２回目の侵入には速やかに対処することができる。これを利用して，弱毒化・無毒化した抗原を体内に接種し，抗体をつくらせることで病気を予防することができる。これをワクチン療法といい，弱毒化・無毒化した抗原を**ワクチン**という。

　一方，生体防御機構が，侵入してきた抗原に対して過剰にはたらいてしまう反応を**アレルギー反応**という。アレルギー反応の例としては，アレルギー性喘息や花粉症，食物アレルギー，ツベルクリン反応などがある。

　以上より，問題の記述のA～Dを埋めると次のようになる。

　「抗原抗体反応とは，　A：抗原　が体内に入ると，リンパ球が認識し，その　A：抗原　に対してだけ反応する　B：抗体　がつくられて血しょう中に放出され，　B：抗体　がその　A：抗原　に結合する反応のことである。このように，　B：抗体　で体を防御する仕組みを　C：体液性　免疫という。

　　D：ワクチン　を　A：抗原　として接種し，体にあらかじめ　B：抗体　をつくらせておいて，病気を予防する方法を　D：ワクチン　療法という。」

　よって，正解は肢１である。

正答 1

SECTION 5 動物の体

実践 問題 45 基本レベル

頻出度 地上★★★ 国家一般職★★★ 東京都★★★ 特別区★★★
　　　 裁判所職員★★★ 国税・財務・労基★★ 国家総合職★★★

問 免疫に関する次のA～Dの記述のうち、妥当なもののみを全て挙げているものはどれか。　　　　　　　　　　　　　　　　　（裁判所職員2022）

A：体液性免疫では、細胞が直接抗原に作用して異物（抗原）の侵入を防ぐ。
B：異物が体内に侵入した際の一次応答と二次応答では、一次応答のほうが反応が強い。
C：特定の病原体による病気を予防するために抗原として接種する物質をワクチンといい、弱毒化したウイルスや細菌などが用いられる。
D：アレルギーは免疫応答が過敏に起こって生体に不都合な影響を与える反応のことであり、アレルギーを引き起こす抗原をアレルゲンという。

1：A、B
2：A、C
3：B、C
4：B、D
5：C、D

OUTPUT

チェック欄		
1回目	2回目	3回目

実践 問題 **45** の解説 ━━━━━━━━━━━━━━━━━━━

第1章 生物

〈生体防御〉

A × T細胞が直接抗原に作用して排除するのは，細胞性免疫である。**体液性免疫**では，体内に侵入した異物が抗原として認識され，**B細胞が抗体をつくり**，これによって排除される。

B × 初めて抗原が体内に侵入したときに起こる免疫反応を一次応答といい，再びその抗原が侵入したときの免疫反応を二次応答という。一次応答で活性化された一部のB細胞やT細胞は，免疫記憶細胞として体内に残り，同じ抗原が侵入すると，免疫記憶細胞は直ちに増殖して抗体産生細胞となり，大量の抗体をつくって抗原を排除する。したがって，一次応答と二次応答とでは，**二次応答のほうが反応が強い**。

C ○ 記述のとおりである。このような**獲得免疫の仕組みを利用し，人為的に免疫を獲得させるのが予防接種**である。一方，**抗体を動物の血清ごとヒトに注射することで，体内に侵入した毒素の無毒化や感染症の治療を行うこと**を**血清療法**という。

D ○ 記述のとおりである。**生体防御機構が過敏にはたらいてしまう反応をアレルギー反応**という。花粉症はアレルギーの一種であり，免疫が花粉に対して過敏に反応して，くしゃみ，鼻水，目のかゆみなどが引き起こされる。また，ハチ毒のように，**急激なアレルギー反応が起こるものをアナフィラキシー**という。

以上より，妥当なものはC，Dとなる。

よって，正解は肢5である。

正答 5

LEC東京リーガルマインド　2024-2025年合格目標 公務員試験 本気で合格！過去問解きまくり！　121
⑧自然科学Ⅱ

頻出度 地上★★★ 国家一般職★★★ 東京都★★★ 特別区★★★
裁判所職員★★★ 国税・財務・労基★★★ 国家総合職★★★

問 ヒトの免疫に関する記述として最も妥当なのはどれか。

(国税・財務・労基2021)

1：体内に侵入した異物は、自然免疫とともに獲得免疫（適応免疫）でも排除される。自然免疫では異物を特異的に体内から排除するが、獲得免疫では異物を非特異的に体内から排除する。がん細胞を異物として認識して排除する働きは自然免疫に該当し、主に血小板によって行われる。

2：獲得免疫は、その仕組みにより細胞性免疫と体液性免疫とに分けられる。細胞性免疫では、ＮＫ（ナチュラルキラー）細胞による食作用とマクロファージによる異物の排除が行われる。一方、体液性免疫では、ウイルスなどに感染した自己の細胞をＴ細胞が直接攻撃する。

3：他人の皮膚や臓器を移植した場合、移植された組織が非自己と認識されると、Ｂ細胞が移植された組織を直接攻撃する。これにより、移植された組織が定着できなくなることを免疫不全といい、これを防ぐため、皮膚などの移植の際には、体液性免疫を抑制する免疫抑制剤が投与される。

4：免疫記憶の仕組みを利用して、あらかじめ弱毒化した病原体や毒素などを含む血清を注射し、人為的に免疫を獲得させる方法を血清療法という。一方、あらかじめ他の動物からつくった、ワクチンと呼ばれる抗体を注射することで、症状を軽減させる治療法を予防接種という。

5：免疫が過敏に反応し、体に不都合に働くことをアレルギーという。花粉などのアレルゲンが体内に侵入すると、抗体がつくられる。再度同じアレルゲンが侵入すると、抗原抗体反応が起き、それに伴って発疹や目のかゆみ、くしゃみ、鼻水などのアレルギー症状が現れる。

OUTPUT

実践 問題 **46** の解説

〈生体防御〉

1 ✕ 　**自然免疫**では**異物を非特異的**（異物の種類にかかわらず）**に排除**し，**獲得免疫**では**異物を特異的**（特定の異物に対して）**に排除**する。がん細胞を排除するはたらきには，自然免疫によるものと獲得免疫（細胞性免疫）によるものがあり，最近では細胞性免疫によるがんの治療法（免疫療法）がある。

2 ✕ 　**獲得免疫**は，**リンパ球やマクロファージ**などが**抗原を直接攻撃**する**細胞性免疫**と，**リンパ球が産生した抗体**による**体液性免疫**とに分けられる。ＮＫ細胞による食作用は，自然免疫である。マクロファージによる異物の排除は，自然免疫の場合と獲得免疫の場合がある。

　細胞性免疫では，異物を感知すると，樹状細胞などが異物を取り込んで分解し，抗原としてヘルパーＴ細胞に伝える。抗原を認識したヘルパーＴ細胞は，キラーＴ細胞を増殖させたり，マクロファージを活性化させたりする。キラーＴ細胞は異物を直接攻撃し，マクロファージは抗原を直接除去する。体液性免疫では，異物を感知すると，樹状細胞などが異物を取り込んで分解し，抗原として提示され，ヘルパーＴ細胞がそれを認識する。ヘルパーＴ細胞はＢ細胞を活性化させ，Ｂ細胞は抗体産生細胞となり，体液中に抗体を分泌する。その結果，抗原は抗体と結合し，マクロファージによって処理される。

3 ✕ 　他人の皮膚や臓器を移植し，移植した組織がヘルパーＴ細胞によって非自己と認識された場合，移植された組織をキラーＴ細胞やマクロファージが攻撃する。攻撃された組織が定着できなくなることを拒絶反応という。拒絶反応は細胞性免疫である。これを防ぐため，移植の際には細胞性免疫を抑制する免疫抑制剤が投与される。なお，免疫不全とは，免疫機能が低下して，感染症にかかりやすくなった状態のことである。

4 ✕ 　**血清療法**とは，あらかじめ抗体を含む血清を他の動物につくらせ，それを注射することで症状を軽減するものであり，ヘビ毒，ジフテリア，破傷風などの治療に用いられる。**ワクチン**とは，**免疫記憶の仕組みを利用して，あらかじめ弱毒化，または無毒化した病原体を抗原として接種する**ものである。病原体への抵抗力をつくらせるためにワクチンを接種することを予防接種といい，インフルエンザ，結核などの多くの感染症の予防として用いられている。

5 ◯ 　記述のとおりである。アレルギーの原因となる物質を**アレルゲン**という。

アレルギー疾患として，アトピー性皮膚炎，気管支ぜんそくなどがある。また，アレルゲンが2回目以降に侵入したときに起こる激しいアレルギー反応を**アナフィラキシー**という。そのうち，急激な血圧低下や意識低下などの重篤な症状が現れることをアナフィラキシーショックといい，死に至ることもある。

【コメント】
　樹状細胞，マクロファージ，リンパ球（B細胞，T細胞，NK細胞）などは，白血球の種類である。白血球は，生体防御にかかわる細胞の総称である。

正答 5

memo

第1章　生物

SECTION 5 動物の体

実践 問題 47　基本レベル

頻出度	地上★★★	国家一般職★★★	東京都★★★	特別区★★★
	裁判所職員★★★	国税・財務・労基★★	国家総合職★★★	

問 ヒトの肝臓に関する次の文中の下線部ア～オのうち妥当なものが二つあるが，それらはどれか。　　　　　　　　　　　　　　　　　（地上2014）

　肝臓は人体中で, ア心臓に次いで２番目に大きい臓器で，横隔膜の真下に位置する。肝臓は血糖量の調節に関与しており，例えば血糖値が少ないときには, ィグルコースからグリコーゲンを合成して肝臓に貯える。また，不要となったタンパク質やアミノ酸の分解を行っており, ゥ分解に伴って発生した有毒なアンモニアを毒性の低い尿素に作りかえる働きもある。この他に，アルコールの分解や，不要となった赤血球の破壊など，肝臓は血液中に含まれる物質を処理することで血液の状態を一定に保っている。

　肝臓病の主な原因はウィルスやアルコールである。日本ではウィルス性肝炎が多い。肝炎ウィルスにはＡ型，Ｂ型，Ｃ型などがあり, ェＡ型は血液，体液を通して，Ｂ型，Ｃ型は水や食べ物を介して感染する。病気などで肝臓が機能しなくなると，最終的には肝移植に頼らざるをえない。肝臓は, ォ一部を切除しても再生するので，脳死または心肺停止した人たちからだけでなく，生体からの臓器提供も行われている。

1：ア，ウ
2：ア，エ
3：イ，エ
4：イ，オ
5：ウ，オ

OUTPUT

実践 問題 47 の解説

〈肝臓〉

ア × ヒトの肝臓は1.0〜1.5kg程度であり、人体中で最大の臓器である。赤褐色をしており、横隔膜の真下に位置する。

イ × 小腸で吸収されたグルコースは、肝臓でグリコーゲンに変えられて貯えられる。また、肝臓は血糖量の調節に関与しており、たとえば血糖値が少ないときには、貯えたグリコーゲンをグルコースに変えて、血液中に出している。

ウ ○ 記述のとおりである。タンパク質やアミノ酸の分解によって発生した有毒なアンモニアを、オルニチン回路で毒性の低い尿素につくり変えている。このほかに、アルコールの分解（解毒作用）や、不要となった赤血球の破壊など、肝臓は血液中に含まれる物質を処理することで血液の状態を一定に保っている。また、胆汁の合成も行っている。

エ × 肝臓病の主な原因はウィルスやアルコールである。日本ではウィルス性肝炎が多い。肝炎ウィルスにはA型、B型、C型などがあり、A型は水や食べ物を介して、B型、C型は血液、体液を通して感染する。また、止血目的で使用された血液製剤によりC型肝炎ウィルスに感染した患者らによって2002年以降、起こされたのがいわゆる薬害肝炎訴訟である。

オ ○ 記述のとおりである。病気などで肝臓が機能しなくなると、最終的には肝移植に頼らざるをえない。肝臓は、一部を切除しても再生するため、脳死または心肺停止した人たちからだけでなく、生体からの臓器提供も行われている。日本で行われる肝臓移植のほとんどが生体肝移植である。

以上より、妥当なものはウ、オとなる。
よって、正解は肢5である。

正答 5

SECTION 5 動物の体

実践 問題 48 基本レベル

頻出度 地上★★★ 国家一般職★★★ 東京都★★★ 特別区★★★
　　　 裁判所職員★★★ 国税・財務・労基★★★ 国家総合職★★★

問 ヒトの腎臓に関する記述として，妥当なのはどれか。（東京都2022）

1：腎臓は，心臓と肝臓の中間に左右一対あり，それぞれリンパ管により膀胱につながっている。
2：腎臓は，タンパク質の分解により生じた有害なアンモニアを，害の少ない尿素に変えるはたらきをしている。
3：腎臓は，血しょうから不要な物質を除去すると同時に，体液の濃度を一定の範囲内に保つはたらきをしている。
4：腎うは，腎臓の内部にある尿を生成する単位構造のことで，1個の腎臓に約1万個ある。
5：腎小体は，毛細血管が集まって球状になったボーマンのうと，これを包む袋状の糸球体からなっている。

OUTPUT

実践 問題 48 の解説

〈腎臓〉

1 × 腎臓は腹部の背側に左右一対あるソラマメ形をした器官で、肝臓よりも下に位置する。また、輸尿管により膀胱につながっている。

2 × アンモニアを尿素に変えるはたらきをしているのは**肝臓**であり、**オルニチン回路**（尿素回路）で行われている。尿素は水に溶けやすく、尿の成分として腎臓のはたらきによって体外に排出される。

3 ○ 記述のとおりである。腎臓では、**血しょうが糸球体からボーマンのうにろ過されて、原尿となる。原尿は細尿管（腎細管）に運ばれ、グルコースや無機塩類、水などが毛細血管に再吸収**されたのち、集合管に運ばれ、水が再吸収されることで濃縮され、尿素を含む尿となり、輸尿管や膀胱を経て排出される。このようなろ過と再吸収により、血しょう内の水分量や塩分濃度が適切な範囲に保たれている。

4 × 腎うは、腎臓の内部にある、ろうと状のものである。腎臓でつくられた尿を集め、尿管を経由して膀胱へ送り出すはたらきをしている。尿を生成する単位構造は**ネフロン**（腎単位）であり、1個の腎臓に約100万個あり、腎臓のはたらきは、ネフロンを単位として行われる。

5 × 腎小体は、毛細血管が集まって球状になった糸球体と、これを包む袋状のボーマンのうからなっている。**腎小体と細尿管（腎細管）を合わせたもの**が、**ネフロン（腎単位）**である。

正答 3

SECTION 5 動物の体

実践 問題 49 基本レベル

頻出度
地上★★★　国家一般職★★★　東京都★★★　特別区★★★
裁判所職員★★★　国税・財務・労基★★★　国家総合職★★★

問 ヒトの器官に関する記述として最も妥当なのはどれか。

(国家一般職2012改題)

1：脳は小脳，中脳，大脳などにより構成されている。小脳には呼吸運動や眼球運動の中枢，中脳には言語中枢，大脳には睡眠や体温の調節機能がある。

2：耳は聴覚の感覚器であるとともに，平衡覚の感覚器でもある。平衡覚に関する器官は内耳にあり，前庭はからだの傾きを，半規管は回転運動の方向と速さを感じる。

3：心臓と肺との血液の循環は肺循環と呼ばれる。これは全身から戻ってきた血液が，心臓の左心房から肺静脈を通して肺に送られ，その後，肺動脈を通して心臓の右心室に送られるものである。

4：小腸は，胃で消化できない脂肪をモノグリセリドに分解する消化酵素を分泌している。このモノグリセリドは，大腸の柔毛の毛細血管より血液に吸収される。

5：腎臓は，タンパク質の分解の過程で生じた血液中のアンモニアを，尿素に変えるはたらきがある。この尿素は，胆のうを通して体外に排出される。

OUTPUT

実践 問題 49 の解説

〈ヒトの器官〉

1 × ヒトの脳は**小脳**，**中脳**，**大脳**などにより構成されている。延髄には呼吸運動の中枢，小脳には随意運動の調節機能，中脳には眼球運動の中枢，間脳には睡眠や体温の調節機能，大脳には言語中枢がある。

2 ○ 記述のとおりである。ヒトの耳は，外耳，中耳，内耳により構成され，聴覚の感覚器であるとともに，平衡覚に関する感覚器でもある。
音は外耳を通って鼓膜を振動させ，さらに耳小骨により増幅されて前庭に伝えられる。前庭の振動により基底膜が振動し，これにより基底膜上にあるコルチ器が振動し，聴細胞が興奮することにより，大脳に伝えられる。
平衡覚に関する器官は内耳にある。前庭において耳石の動きを有毛細胞が感知して傾きを感じ，半規管においてリンパ液の流れを有毛細胞が感知して回転を感じる。

3 × 心臓と肺との血液の循環は肺循環とよばれる。これは全身から戻ってきた血液が，心臓の**右心室**から肺動脈を通して肺に送られ，その後，肺静脈を通して心臓の**左心房**に送られるものである。

4 × すい臓は，胃で消化できない脂肪を脂肪酸とモノグリセリドに分解する消化酵素リパーゼを分泌している。分解された脂肪酸とモノグリセリドは，小腸の柔毛上皮より吸収される。

5 × タンパク質の分解の過程で生じた血液中のアンモニアは，肝臓の**オルニチン回路**（尿素回路）によって，尿素に変えられる。この尿素は，腎臓を通して体外に排出される。

正答 **2**

SECTION 5 動物の体

実践 問題 50 基本レベル

問 ヒトの生体防御や老廃物排出に関する記述として最も妥当なのはどれか。

(国Ⅱ2009)

1：体内にウイルスや細菌などの抗原が侵入すると，血小板の一種であるT細胞とB細胞の働きによってこれを排除するタンパク質である抗体が生成され，抗体と結合した抗原は赤血球の食作用により処理される。

2：ヒトの体は，以前に侵入した抗原に対する免疫記憶があり，2回目以降の侵入にすみやかに多量の抗体を生産して反応できる。この性質により体に直接害のない異物に過剰な抗原抗体反応が引き起こされ，生体に不都合な症状が起きることをアレルギーという。

3：肝臓では血液中の有害物の無毒化や不用代謝物の分解が行われ，そのランゲルハンス島の細胞で，タンパク質の分解によって生じた毒性の強いアンモニアが無毒のアミノ酸に分解される。

4：腎臓では，腎小体で血液がろ過されて原尿がつくられる。この原尿は，細尿管を通過する際にアミノ酸が，次の膀胱で残りの多量の水分と無機塩類が血液中に再吸収されて，尿素が濃縮される。

5：一部のホルモンは腎臓の再吸収の作用に関係しており，脳下垂体後葉から分泌されるアドレナリンは水の再吸収を促進し，副腎皮質から分泌されるインスリンは無機塩類の再吸収を調節する。

OUTPUT

チェック欄		
1回目	2回目	3回目

実践 問題 **50** の解説

第1章 生物

〈生体防御とヒトの体〉

1 ✕ 体内に抗原が侵入すると，**リンパ球**の一種であるT細胞とB細胞のはたらきによってこれを排除するタンパク質である抗体（免疫グロブリン）が生成され，抗体と結合した抗原は**マクロファージ（大形の白血球）**の食作用によって処理される。

2 ○ 記述のとおりである。B細胞が増殖・分化するときに，その一部が記憶細胞となり，抗原の情報を記憶し，再び同じ抗原が侵入したときに，強い免疫反応を示す。これを二次反応という。このとき，生体に不都合な症状が起きることを**アレルギー**という。たとえば花粉に対して抗体がつくられると，次に花粉が侵入したときに抗原抗体反応を起こし，鼻水を出させたりする花粉症などがある。

3 ✕ タンパク質の分解によって生ずる有害なアンモニアは**肝臓のオルニチン回路**で比較的害の少ない**尿素**に分解される。分解された尿素は血液中に放出され，腎臓に運ばれ，尿中へと排出される。

4 ✕ 原尿が**細尿管（腎細管）**を通る間に，一度こし出された成分のうち有用な**グルコース・水・無機塩類**が細尿管を取り巻く毛細血管中に**再吸収**される。残った成分はその後，**集合管**に送られ，水が再吸収された後，尿となって，体外に排出される。

5 ✕ 脳下垂体後葉から分泌される**バソプレシン**が水の再吸収を促進し，副腎皮質から分泌される**鉱質コルチコイド**が無機塩類（ナトリウムイオン）の再吸収を調節する。また，副甲状腺から分泌されるパラトルモンはリンとカルシウムの排出・吸収に関係している。

正答 **2**

第1章 SECTION 5 生物 動物の体

実践 問題 51 基本レベル

問 ヒトの消化液，それに含まれる消化酵素およびその主な作用の組合せとして，正しいのは次のうちどれか。 （地上1989改題）

1：だ液 ──── リパーゼ ──── デンプンを多糖類に分解する
2：胃液 ──── ペプシン ──── タンパク質を分解する
3：すい液 ── トリプシン ── 多糖類をグルコースに分解する
4：胆汁 ──── リパーゼ ──── 脂肪をモノグリセリドなどに分解する
5：腸液 ──── マルターゼ ── 繊維質を多糖類に分解する

OUTPUT

実践 > 問題 51 の解説

〈消化酵素〉

1 × だ液にはリパーゼは含まれていない。だ液に含まれるのはアミラーゼである。デンプンにアミラーゼを作用させると，デキストリン（多糖類）を経てマルトース（二糖類）にまで分解する。したがって，正しくは，
　　だ液──アミラーゼ──デンプンを多糖類を経て二糖類に分解する
である。

2 ○ ペプシンは強酸性ではたらく消化酵素で，タンパク質をポリペプチドに分解する。初め分泌されるときは消化酵素としてのはたらきのないペプシノーゲンの状態で，これが胃液中の塩酸やペプシン自体によって活性化され，ペプシンとなる。

3 × すい液に含まれるトリプシンは，ペプトンをポリペプチドとアミノ酸に分解する酵素である。したがって，正しくは，
　　すい液─トリプシン─ペプトンをポリペプチドとアミノ酸に分解する
である。

4 × 胆汁（胆液）には消化酵素は含まれていない。主成分は胆液色素と胆汁酸であり，脂肪を乳化し，腸のぜん動運動を速めるなど，消化を助けるはたらきがある。リパーゼはすい液に含まれ，脂肪を脂肪酸とモノグリセリドに分解する。したがって，正しくは，
　　すい液──リパーゼ──脂肪を脂肪酸とモノグリセリドに分解する
である。

5 × 腸液に含まれるマルターゼは，マルトース（二糖類）をグルコース（単糖類）に分解する。したがって，正しくは，
　　腸液──マルターゼ──マルトースをグルコースに分解する
である。

正答 2

第1章 SECTION 5 生物 動物の体

実践 問題 52 基本レベル

問　原形質は重量比でおよそ4分の3が水であるが，その他の構成物質としてタンパク質，脂質，核酸，無機塩類，炭水化物がある。それぞれに関する次の記述のうち，下線部分がすべて正しいのはどれか。　　　（地上2001）

1：タンパク質 ── 多数の<u>ピルビン酸</u>がペプチド結合によってつながった高分子物質で，細胞の構造をつくるものと，<u>ビタミン，ホルモンとして働く</u>ものがある。
2：脂質 ── 原形質膜などの<u>膜構造の主要部分</u>を構成するリン脂質の他，<u>カロチノイド，ろう，セルロース</u>などがある。
3：核酸 ── 遺伝子として働くDNAとタンパク質合成にかかわるRNAがあり，<u>前者はポリペプチドの1本鎖</u>だが，<u>後者は二重らせん構造をもつ</u>。
4：無機塩類 ── 水に溶けてイオンの形で<u>原形質の浸透圧や水素イオン濃度（pH）を調節する</u>。また，<u>種々の金属イオンが酵素の働きを助ける</u>。
5：炭水化物 ── <u>C，H，O，N</u>から成り，呼吸基質として大量に消費される。原形質の構成成分としては<u>水に次いで多い</u>。

OUTPUT

チェック欄		
1回目	2回目	3回目

実践 問題 **52** の解説 ──────────────

第1章 生物

〈生物の5大要素〉

核と細胞質とをあわせて原形質という。また，タンパク質は，動物にとって必須の栄養素であり，体にあまり貯蔵されないため食物から摂取しなければならない。

1✕ タンパク質はピルビン酸ではなく，多数のアミノ酸がペプチド結合によってつながった高分子である。ピルビン酸は呼吸の過程である解糖系でつくられる。タンパク質は，細胞の構造それ自体の材料になるとともに，インスリンやグルカゴンなど，タンパク質系ホルモンとしてもはたらく。ホルモンは，副腎皮質および生殖腺から分泌されるホルモンだけがステロイド系ホルモンであり，ほかはタンパク質系ホルモンあるいはアミノ酸系ホルモンである。

2✕ 生体膜の約40％が脂質であり，その大半はリン脂質で占められている。しかし，セルロースは脂質によって構成されているのではなく，多数のグルコースが結合した多糖類（炭水化物）であり，植物の細胞壁の成分である。また，ろうは脂質の1つである。

3✕ RNAは，塩基・五炭糖・リン酸からなるヌクレオチドが多数つながった1本鎖の核酸である。ポリペプチドは，多数のアミノ酸がペプチド結合した化合物である。DNAは，ヌクレオチドの鎖が二重らせん構造になっている。

4○ 記述のとおりである。ナトリウム，カリウム，カルシウム，マグネシウムなどの無機塩類は，浸透圧・イオン濃度の調整を行っている。また，酵素のはたらきを助ける補助因子としてはたらくこともある。たとえば，カルシウムイオンは，だ液中に含まれる消化酵素であるアミラーゼと結合してそのはたらきを助けている。

5✕ 炭水化物の代表的なものはグルコース$C_6H_{12}O_6$をはじめとする糖類であり，その構成元素は，C（炭素），H（水素），O（酸素）である。原形質の構成成分としては，水が最も多く，次いで，タンパク質，脂質，炭水化物，核酸，無機塩類と続く。

【参考】

α－アミノ酸とペプチド結合を以下に示しておく。

α－アミノ酸

$$R-\underset{\underset{NH_2}{|}}{\overset{\overset{H}{|}}{C}}-COOH$$

ペプチド結合

$$-\underset{\underset{O}{\|}}{\overset{\overset{H}{|}}{C}}-\overset{\overset{H}{|}}{N}-$$

（Rは，HまたはCH₃などの官能基）

正答 4

LEC東京リーガルマインド　2024-2025年合格目標 公務員試験 本気で合格！過去問解きまくり！ 137
⑧自然科学Ⅱ

SECTION 5 動物の体

実践 問題 53　基本レベル

頻出度　地上★★★　国家一般職★★　東京都★★　特別区★
　　　　裁判所職員★　国税・財務・労基★　国家総合職★★★

問　タンパク質について正しいものはどれか。　　　　　　　　（地上2016）

1：ヒトのからだは水，炭水化物，タンパク質，脂質などからなる。その構成割合を見ると，タンパク質は水，炭水化物の次に多い。
2：タンパク質はヒトの毛髪や爪を形成し，その多くはコラーゲンでできている。また，骨や軟骨はケラチンで形成されている。
3：タンパク質の一部は酵素とよばれる成分である。酵素はヒトのからだでおこる化学反応の速度を増加させるはたらきがある。
4：タンパク質はアミノ酸の多くが結合したものである。タンパク質は，約40種類ものアミノ酸によって構成されており，アミノ酸はいずれもヒトの体内で生成されないため，外部から摂取する必要がある。
5：タンパク質は，熱やpHによる耐性がある。100℃以上での環境や酸性の条件下においてもタンパク質の機能は変化しない。

OUTPUT

チェック欄		
1回目	2回目	3回目

実践 問題 **53** の解説 ――――――――――

〈タンパク質〉

1 × タンパク質が炭水化物に次いで多いという点で誤りである。ヒトの体にお
けるタンパク質の割合は水（約70%）の次に多く，およそ16〜18%程度で
ある。次いで脂質が多く，炭水化物はそれよりも少ない。

2 × タンパク質の種類と構成する組織・器官の組合せについて誤りがある。ヒ
トの爪や毛髪を形成する主なタンパク質はケラチンであり，軟骨や骨を形
成するタンパク質がコラーゲンである。これらのように生体内で構造をつ
くり細胞や組織・器官に強度をもたせるはたらきをもつタンパク質を構造
タンパク質という。

3 ○ 記述のとおりである。酵素のように，化学反応を促進させる作用をもつも
のを触媒という。そのため，酵素は生体触媒ともいわれる。酵素は一般の
触媒に比べ，促進する化学反応の対象が狭く，ほとんどの場合特定の物質（基
質）のみに作用する。この性質を基質特異性という。

4 × タンパク質を構成するアミノ酸は20種類であり，ヒトの体内で生成できる
ものとできないものがある。ヒトが体内で生成できない種類のアミノ酸に
ついては外部から摂取する必要があるため，これらのアミノ酸は必須アミ
ノ酸といわれる。20種類あるアミノ酸が数珠つなぎのように結合すること
によってさまざまなタンパク質が形成される。

5 × タンパク質が熱やpHについて耐性があるという点で誤りである。アミノ酸
が複数結合することによってできるタンパク質は複雑な立体構造をとるこ
とによってさまざまな機能を発揮する。そのため，一般的にタンパク質は
温度やpHの変化に弱く，最適な温度やpHの条件によってのみ，その機能を
十分に発揮することができる。

正答 3

第1章 生物

第1章 SECTION 5 生物　動物の体

実践　問題 54　基本レベル

頻出度	地上★	国家一般職★	東京都★	特別区★
	裁判所職員★	国税・財務・労基★		国家総合職★

問　細菌に関する次の文中の下線部分ア〜オのうち，正しいものが三つある。それらはどれか。
(地上2013)

　細菌は，微小の単細胞生物であり，分裂により増殖する。多様な環境で生育可能であるが，ア細胞がむき出しとなっているため，高水圧のかかる深海中や高温となる海底火山の噴出口付近では生育できない。エネルギー源について見ると，イ体外から取り入れた有機物に依存するものもあれば，無機物を利用するものもいる。
　細菌は，ウ風疹やポリオ，インフルエンザなど，様々な感染症の原因となる。エ有効な治療法として抗生物質があるが，その乱用によって耐性菌が出現して大きな問題となっている。一方，健康なヒトの体内にも様々な細菌が生息している。これらの常在細菌はヒトの健康と密接に関係しており，オ病原菌の体内への侵入を防いだり，食物の消化を助けたりするなど，健康に有用に働くことがあるが，免疫機能が低下している場合には，病気の原因にもなる。

1：ア，イ，エ
2：ア，ウ，エ
3：ア，ウ，オ
4：イ，ウ，オ
5：イ，エ，オ

OUTPUT

チェック欄

1回目	2回目	3回目

第1章 生物

実践 問題 **54** の解説

〈細菌〉

ア× 細胞には，核がなく染色体がむき出しの**原核細胞**と，核をもつ**真核細胞**がある。細菌類やラン藻類などは原核細胞でできている原核生物であり，多くの動植物は真核細胞でできている真核生物である。細菌類などの原核生物の細胞は，むき出しではなく細胞壁によって覆われている。細菌はバクテリアともいい，一般の動植物には生育困難な環境においても，生育することができる。世界で最も深い太平洋のマリアナ海溝などの深海中や，高温となる海底火山の噴出口付近で生育している細菌が発見されている。

イ○ 記述のとおりである。細菌のエネルギー源は多様であり，体外から取り入れた有機物に依存する細菌もいれば，硫化水素や酸化鉄，アンモニアなどの無機物を利用する細菌もいる。無機物を利用した化学合成は，太陽光による光合成が不可能な深海などの環境でも細菌が生育することを可能にしている。

ウ× 風疹やポリオ（小児麻痺），インフルエンザ（流行性感冒）などは，細菌ではなくウイルスによる感染症である。ウイルスは，細菌より小さく，タンパク質と遺伝子からできていて細胞をもっていない。そのため，他の細胞を利用して増殖する。

エ○ 記述のとおりである。細菌による感染症に対する有効な治療法として，ペニシリンなどの抗生物質がある。しかし，その乱用によって**MRSAなどの耐性菌**が出現して，院内感染が発生するなど大きな問題となっている。

オ○ 記述のとおりである。**常在細菌**は，ビフィズス菌などヒトの体に存在する細菌である。ヒトの健康と密接に関係しており，通常は病原菌の体内への侵入を防いだり，食物の消化を助けたりするなど，健康に有用にはたらいている。しかし，免疫機能が低下している場合には，病気の原因にもなる。

以上より，正しいものはイ，エ，オとなる。

よって，正解は肢5である。

正答 5

LEC東京リーガルマインド　2024-2025年合格目標 公務員試験 本気で合格！過去問解きまくり！ 141
⑧自然科学Ⅱ

SECTION 5 動物の体

実践 問題 55 基本レベル

頻出度 地上★ 国家一般職★★ 東京都★★ 特別区★
裁判所職員★ 国税・財務・労基★★ 国家総合職★★

問 動物の行動には生まれつき備わった生得的行動のほかに，経験や学習による行動が見られる。次のA～Eの記述のうち，経験や学習による行動の例として妥当なもののみを全て挙げているのはどれか。　（国税・財務・労基2016）

A：ミツバチは，「8の字ダンス」を踊ることにより，仲間に餌場までの距離や方向を伝える。

B：アメフラシは，水管に触れられるとえらを引っ込めるが，繰り返し触れられるとしだいにえらを引っ込めなくなる。

C：カイコガの雄は，雌の尾部から分泌される性フェロモンをたどって雌に近づき交尾を行う。

D：メダカは，流れのない容器の中ではばらばらの方向に泳ぐが，容器内の水が一定方向に流れるようにすると流れに向かって泳ぐ。

E：アオガエルは，ある種の虫を食べようとすると，その虫から刺激的な化学物質を舌に噴射されるため，この虫を食べなくなる。

1：A，B，D
2：A，C
3：A，D
4：B，C，E
5：B，E

OUTPUT

チェック欄		
1回目	2回目	3回目

実践 問題 **55** の解説

〈動物の行動〉

A ✕ 生得的行動である。これは**本能行動**の１つであり，生まれつき備わっているミツバチの情報伝達の手段である。ミツバチは餌場を見つけたとき，巣に戻って８の字ダンスを踊ることによって，仲間に餌場の方向と距離を伝えている。

B ○ 記述のとおりである。経験や学習による行動である。学習行動の慣れである。アメフラシは水管に触れられるとえらを引っ込める反射を示すが，繰り返し水管に触れられていると，反応がにぶくなり，最後はえらを引っ込めなくなる。この状態で，別の場所を刺激した後に水管を刺激すると，再びえらを引っ込める反射を示すようになる。

C ✕ 生得的行動である。体内から分泌し，他の同種の個体に特定の行動を起こさせる物質を**フェロモン**という。フェロモンは化学走性のかぎ刺激となる。カイコガの性フェロモンやアリの道しるべフェロモン，ゴキブリの集合フェロモンなどがある。

D ✕ 生得的行動である。これは走性の中の**流れ走性**である。メダカなどの川魚は水流があると流されてしまわないように，流れに向かって泳ぎ，位置を保とうとする行動をとる。

また，同様な実験で流れのない容器において，容器の周囲に置かれた縦縞模様を動かすと，メダカは縦縞模様が動く方向へと泳ぎ始める。これは，縦縞模様が移動することで，メダカが流されていると錯覚をし，相対的な位置関係を保とうとする行動である。

走性には光に反応する**光走性**や重力に反応する**重力走性**，化学物質に反応する**化学走性**などがある。

E ○ 記述のとおりである。経験や学習による行動である。試行錯誤にあたる。ある種の虫を食べようとすると，刺激的な化学物質を噴射されることが繰り返されることによって，その虫を食べようとしなくなるものである。このように試行と失敗を繰り返すうちに，適切な行動をとれるようになることを**試行錯誤学習**という。

以上より，経験や学習による行動はB，Eとなる。

よって，正解は肢５である。

第１章 生物

第1章 SECTION 5 生物 動物の体

【コメント】
　それぞれ高校生物の教科書に載っているような動物行動の例であるが，知識として知らなくても次のような点に着目すれば経験や学習を意図した実験であることがわかる。
・その生物種一般ではなく，個体に着目した実験が行われている。
・同一個体に複数回，同様の刺激を与えていることが読み取れる。
・「〜しなくなる」「〜するようになる」のように，変化を伴う表現が使われている。

正答 5

memo

第1章　生物

S ECTION ⑤ 生物 動物の体

第1章

| 実践 | 問題 56 | 基本レベル |

| 頻出度 | 地上★ 国家一般職★★ 東京都★★ 特別区★
裁判所職員★ 国税·財務·労基★★ 国家総合職★★ |

問 動物の行動に関する記述A～Dのうち，妥当なもののみを挙げているのはどれか。 (国家一般職2019)

A：動物が感覚器官の働きによって，光やにおい（化学物質）などの刺激の方向へ向かったり，刺激とは逆の方向へ移動したりする行動を反射といい，これは，習わずとも生まれつき備わっているものである。一例として，ヒトが熱いものに手が触れると，とっさに手を引っ込めるしつがいけん反射が挙げられる。

B：カイコガの雌は，あるにおい物質を分泌し，雄を引きつける。この物質は，性フェロモンと呼ばれ，雄は空気中の性フェロモンをたどって，雌の方向へと進む。このように，動物がある刺激を受けて常に定まった行動を示す場合，この刺激をかぎ刺激（信号刺激）という。

C：動物が生まれてから受けた刺激によって行動を変化させたり，新しい行動を示したりすることを学習という。例えば，アメフラシの水管に接触刺激を与えると，えらを引っ込める筋肉運動を示すが，接触刺激を繰り返すうちにえらを引っ込めなくなる。これは，単純な学習の例の一つで，慣れという。

D：パブロフによるイヌを用いた実験によれば，空腹のイヌに食物を与えると唾液を分泌するが，食物を与えるのと同時にブザー音を鳴らすことにより，ブザー音だけで唾液を流すようになる。このような現象は刷込み（インプリンティング）といい，生得的行動に分類される。

1：A，B
2：A，C
3：B，C
4：B，D
5：C，D

OUTPUT

チェック欄		
1回目	2回目	3回目

実践 問題 **56** の解説

〈動物の行動〉

A ✕ 動物が，光やにおい（化学物質）などの刺激の方向へ向かったり（正），刺激とは逆の方向へ移動したり（負）する行動は，**走性**という。刺激の種類によって，光走性，化学走性，重力走性などに分けられる。一方，刺激に対して意思とは無関係に起こる反応が，**反射**である。ヒトが熱いものに手を触れたときにとっさに手を引っ込める反射は，しつがいけん反射ではなく屈筋反射という。しつがいけん反射は，ひざ関節のすぐ下の部分を軽くたたいたときに足が前に跳ね上がる反射のことである。「**膝蓋腱反射**」と書くため，漢字で覚えておくと想像しやすいであろう。

B ◯ 記述のとおりである。フェロモンは化学走性のかぎ刺激（信号刺激）であり，ほかに，アリの道しるべフェロモン，ゴキブリの集合フェロモンなどがある。

C ◯ 記述のとおりである。慣れの生じた個体において，別の部分を刺激してから水管を刺激すると，再びえらを引っ込める反射を示すようになる。これを脱慣れという。

D ✕ このように，本来の反射を起こす刺激とは無関係な刺激により反射が行われる現象を**古典的条件づけ**という。「**パブロフの実験**」は古典的条件づけの有名な例である。一方，**刷込み**は，発育初期の限られた時期に行動の対象を記憶する学習のことであり，一度成立すると変更されにくく，また，生涯にわたって対象に愛着を示すという特徴をもつ。刷込みには，カモやアヒルのひなが，孵化後間もない時期に見た物体を追従する対象として記憶する学習などがある。

以上より，妥当なものはB，Cとなる。

よって，正解は肢3である。

正答 3

第1章 生物

SECTION 5 動物の体

実践 問題 57 応用レベル

頻出度	地上★ 国家一般職★ 東京都★ 特別区★
	裁判所職員★ 国税・財務・労基★ 国家総合職★

問 視覚器に関する記述として,妥当なのはどれか。　　　　（特別区2019）

1：眼に入った光は,角膜とガラス体で屈折して網膜上に像を結び,視神経細胞により受容される。
2：網膜に達する光量は,虹彩のはたらきによって瞳孔の大きさが変化することで調節される。
3：視細胞のうち錐体細胞は,うす暗い所ではたらき,明暗に反応するが,色の区別には関与しない。
4：視細胞のうち桿体細胞は,網膜の中央部に分布し,盲斑には特に多く分布している。
5：視神経繊維が集まって束となり,網膜を貫いて眼球外に通じている部分を黄斑というが,光は受容されない。

OUTPUT

チェック欄		
1回目	2回目	3回目

実践 問題 **57** の解説

〈視覚器〉

1 × ヒトの眼は，カメラに似た構造をしており，カメラのレンズに相当するのが水晶体である。眼に入った光は，角膜と水晶体で屈折し，フィルムに相当する網膜上に像を結ぶ。なお，ガラス体は眼球の内腔を埋めるゼリー状の組織のことである。

2 ○ 記述のとおりである。虹彩（こうさい）は，その筋肉のはたらきによって瞳孔の大きさを調節し，眼に入る光の量を調節する。**瞳孔は，明るいところでは小さく，暗いところでは大きくなる。**

3 × **桿体細胞**（かんたい）についての記述である。**錐体細胞**（すいたい）は弱い光では興奮しないため，暗所では色の認識ができない。なお，ヒトの錐体細胞には，波長によって感度の異なる青錐体細胞，緑錐体細胞，赤錐体細胞の3種類があり，これらの複数の細胞の興奮の程度によって色が認識される。

4 × 桿体細胞は網膜全体に分布している。網膜の中心部の**黄斑**（おうはん）とよばれる部分に集中して分布しているのは錐体細胞である。また，盲斑には視細胞が分布していない。

5 × 視神経繊維が集まって束となり，網膜を貫いて眼球外に通じているため，視細胞が分布していない部分は**盲斑**という。視細胞が分布していないことで，盲斑では，光が当たっても受容されず，ここに結ばれる像は見えない。なお，黄斑は網膜の中心部に存在し，錐体細胞を多く含む。

正答 2

第1章 生物

第1章 SECTION 5 生物 動物の体

実践 問題 58 応用レベル

頻出度 地上★ 国家一般職★ 東京都★ 特別区★
裁判所職員★ 国税・財務・労基★ 国家総合職★

問 ヒトの受容器に関する記述として最も妥当なのはどれか。

(国税・財務・労基2019)

1：近くのものを見るとき，眼では，毛様筋が緩み，水晶体を引っ張っているチン小帯が緩むことで，水晶体が厚くなる。これにより，焦点距離が長くなり，網膜上に鮮明な像ができる。

2：網膜には，薄暗い場所でよく働く桿体細胞と色の区別に関与する錐体細胞の2種類の視細胞が存在する。このうち，桿体細胞は，網膜の中心部の盲斑と呼ばれる部分によく分布している。

3：耳では，空気の振動として伝わってきた音により，鼓膜が振動する。これが中耳の耳小骨を経由し，内耳のうずまき管に伝わり，その中にある聴細胞が興奮することにより，聴覚が生じる。

4：内耳には，平衡覚の感覚器官である前庭と半規管があり，半規管は空気で満たされている。体が回転すると，前庭にある平衡石がずれて感覚毛が傾き，回転運動の方向や速さの感覚が生じる。

5：皮膚には，圧力を刺激として受け取る圧点，温度を刺激として受け取る温点・冷点などの感覚点がある。これらの感覚点は，部位によらず，皮膚全体に均一に分布している。

OUTPUT

チェック欄		
1回目	2回目	3回目

実践 問題 **58** の解説

〈受容器〉

1 ✕ 近くのものを見るときは，毛様筋が収縮してチン小帯が緩むことで，水晶体が厚くなり，屈折率が大きくなるため，焦点距離は短くなる。

2 ✕ 桿体細胞と錐体細胞のはたらきについては正しい。しかし，**桿体細胞は網膜全体に分布しており，盲斑の部分に多く分布しているとはいえない。**盲斑には視細胞が分布しないため，ここでは光を感じ取ることができない。なお，**錐体細胞**は，盲斑ではなく黄斑のまわりに多く分布している。

3 〇 記述のとおりである。音により鼓膜が振動し，中耳の耳小骨を経由し，内耳のうずまき管にある聴細胞が興奮し聴覚が生じる。

4 ✕ 内耳にある前庭と半規管は平衡感覚をつかさどっている。半規管はリンパ液で満たされている。**体が回転すると，半規管内のリンパ液に動きが生じ，内部の感覚毛が刺激されることによって回転運動の方向や速さの感覚が生じる。**ヒトの半規管は互いに直交するように３本あり，三半規管とよばれる。このため，三次元的な感覚となる。前庭が関与するのは体の傾きであり，前庭内部の平衡石がずれることによって重力とその変化を感じ，傾きなどを認識する。

5 ✕ 感覚点は皮膚全体に均一に分布しているという部分が誤りである。感覚点の分布密度は体の部位によってさまざまである。

正答 **3**

S ECTION 5 動物の体

実践 問題 59 応用レベル

頻出度	地上★	国家一般職★	東京都★	特別区★
	裁判所職員★	国税・財務・労基★		国家総合職★

問 生命体を構成する主な成分であるタンパク質、糖、脂質に関する記述A、B、Cのうち、妥当なもののみをすべて挙げているのはどれか。

(国税・労基2010)

A：タンパク質は、一般に、多数のアミノ酸がペプチド結合により結びついて高分子になったポリペプチドである。アミノ酸の一般式は下図のように表される。タンパク質は、動物の体内では、組織の構造の維持に重要な役割を果たすほか、免疫系における抗体、赤血球に含まれ酸素を運搬するヘモグロビンなど、様々な形で存在している。

(Rは置換基)

$$H_2N-\underset{H}{\overset{R}{\underset{|}{\overset{|}{C}}}}-COOH$$

B：糖は、一般に、DNA中に塩基配列として収められている遺伝情報を基に直接的に合成される。代表例であるデンプンは、多数のグルコースがエステル結合により結びついて高分子になったもので、その化学式は下図のように表される。糖は、動物の体内では、細胞膜の主要な構成成分となっている。

C：脂質は、一般に、水に溶けにくく有機溶媒には溶けやすい。代表例である油脂（中性脂肪）は、グリセリンと脂肪酸がアミド結合により結びついて高分子になったもので、その化学式は下図のように表される。脂質は、動物の体内では、軟骨の主要な構成成分となるとともに、エネルギーの貯蔵体となっている。

1：A
2：A、C
3：B
4：B、C
5：C

OUTPUT

実践 問題 59 の解説

〈栄養素〉

A ○ 記述のとおりである。図中の置換基Rの部分の違いによって約20種類のアミノ酸が存在する。その中には人体でつくることができないため，摂取することが不可欠なものがあり，**必須アミノ酸**という。

タンパク質は，このほかにもさまざまな役割を果たしている。たとえば，反応速度を促進する酵素や，染色体を構成している**ヒストン**が挙げられる。

B × 「DNA中に塩基配列として収められている遺伝情報を基に直接的に合成される」のは糖ではなく，タンパク質である。細胞のリボソーム中でアミノ酸をDNAに従ってタンパク質に合成する。糖は，グルコースのように呼吸基質として，植物細胞ではセルロースのように細胞壁を構成するのに用いられている。また，細胞膜を構成しているのはリン脂質である。なお，デンプンの化学式はCで表されているものであり，Bで表されている化学式はポリエチレンテレフタラート（PET）である。

C × 油脂は，グリセリンと高級脂肪酸のエステル結合により結びついてできる。なお，高分子ではなく低分子である。

以上より，妥当なものはAのみとなる。

よって，正解は肢1である。

正答 1

SECTION 6 生物 植物の体

 セクションテーマを代表する問題に挑戦！

光合成以外の植物に関する学習をしていきます。

問 植物ホルモンに関する記述として最も妥当なのはどれか。

（国税・労基2011）

1：オーキシンは，花成ホルモン（フロリゲン）とも呼ばれ，植物種ごとに特有の構造式をもっている。植物の内分泌腺から分泌され，花芽の分化や種子形成を促進するなど生殖過程を調節する働きがある。

2：サイトカイニンは，茎の先端で合成され，基部方向へ移動して，茎や葉の伸長や根の分化など，植物の成長に広く関与している。光の当たる側に集まる性質があり，濃度が高くなった部分の成長が促進されるので，植物体が光の方向に屈曲する。

3：ジベレリンは，水分の不足などの乾燥のストレスに伴って根でつくられ，葉に移動して気孔を開く作用がある。成長や発芽を抑制したり休眠を誘導したりする働きもあるため，種子，球根などに多く含まれる。

4：アブシシン酸は，イネの病気の研究から日本人が発見した物質で，休眠を解除し植物体の成長を促進する。種子を形成せずに果実が成長する単為結実にも関与するので，この性質を用いて種なしブドウを作成することができる。

5：エチレンは，果物の成熟を促し，落葉を促進するなど植物の老化の過程に作用している。成熟したリンゴと未熟なバナナを同じ容器に入れて密閉しておくと，リンゴが放出するエチレンによってバナナの成熟が進む。

頻出度　地上★★　国家一般職★　東京都★　特別区★★
　　　　裁判所職員★　国税・財務・労基★★　国家総合職★

必修問題の解説

チェック欄 1回目 2回目 3回目

〈植物ホルモン〉

1× オーキシンは，細胞の伸長，細胞分裂の促進，果実の肥大，落果・落葉の防止，頂芽優勢を主な作用とする植物ホルモンである。フロリゲンは，花芽形成を促進する植物ホルモンであり，オーキシンとは別のものである。

2× 本肢の記述は，サイトカイニンではなく，オーキシンについての記述である。サイトカイニンは細胞分裂を促進するほか，細胞の老化防止，側芽の成長促進，カルスからの茎・葉の分化促進などのはたらきをもつ。

3× 本肢の記述はジベレリンの記述ではない。ジベレリンはイネのばか苗病の原因となっており，茎の伸長促進，休眠中の芽の発育促進，種子の発芽促進，単為結実の促進，開花促進などの作用をもつ。単為結実の促進により子房が発育することを利用して種なしブドウを作成することができる。

4× 本肢の記述はアブシシン酸の記述ではなく，ジベレリンについての記述である。アブシシン酸は水分が欠乏すると急速に合成され，気孔を閉ざすはたらきがあるほか，落葉・落果を促進し，種子・球根・頂芽の発芽を抑制して休眠させるはたらきがある。

5〇 記述のとおりである。エチレンは，気体の植物ホルモンであり，果実の成熟が始まる直前に多量に合成されて果実の成熟を促進する。バナナ，ミカン，トマトなどの果実を若いうちに木からとり，エチレンガスを当てて成熟させるとともに，色つけをするのに応用されている。

正答 5

Step ステップ　オーキシンは，知識だけでなく実験に関する問題も出題される。

SECTION 6 生物 植物の体

1 オーキシンと光屈性

マカラスムギの幼葉鞘に対し、光を横から当てると、光が当たる側へ屈曲します。

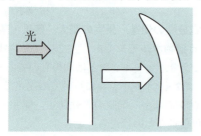

しかし、幼葉鞘の先端に光が当たらないようにしたり（図Ⅰ）、雲母片を光が当たる反対側にさしたりしても（図Ⅱ）幼葉鞘は屈曲しません。

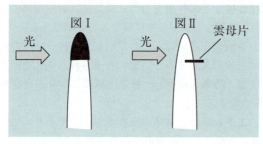

これにより、植物には、
① 先端から放出され
② 光の当たらない側に分布し、植物の伸長を促す因子があると考えられていました。
このホルモンのことをオーキシンといいます。

植物ホルモン	主な作用・特徴
オーキシン（インドール酢酸）	・先端部でつくられ、基部へ移動します（極性移動）。 ・側芽の成長を抑制し、頂芽の成長を促進させます（頂芽優勢）。 ・光が当たる反対側へ分布します。
ジベレリン	・細胞の伸長、受粉なしの肥大。 ・ばか苗病を起こさせる原因として発見されました。
サイトカイニン	・細胞分裂の促進。 ・気孔の開放。 ・葉の老化の抑制。

INPUT

アブシシン酸	・発芽抑制。 ・気孔の閉鎖。 ・休眠の維持。
エチレン	・気体成分。 ・果実の成熟を促進します。

2 日照時間と花芽形成

　日の長短によって花芽形成が影響を受けることを光周性といいます。
　植物は，花芽形勢に必要な暗期が一定時間（限界暗期）より短いか長いかで長日植物，短日植物に分類できます。

① **長日植物**
　1日の浴光時間（明期）が一定の時間より長くなる，すなわち夜（暗期）が短くなると花芽を形成する植物のことです。春に日が長くなると開花するものが多いです。
　［例］アブラナ，ダイコン

② **短日植物**
　暗期が限界暗期より長くなると花芽を形成する植物のことです。秋に開花するものが多いです。
　［例］キク，アサガオ

③ **中性植物**
　花芽の形成が，明期や暗期の長さの変化に直接関係しない植物です。
　［例］トマト

　なお，**暗期は連続した時間が必要で，途中で光中断を行うと，花芽形成に影響を及ぼします**。

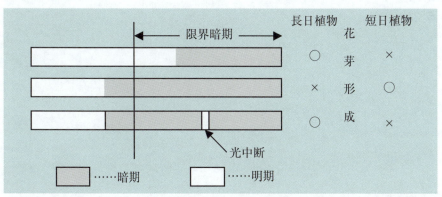

SECTION 6 生物 植物の体

実践 問題 60 基本レベル

頻出度	地上★★	国家一般職★	東京都★	特別区★★
	裁判所職員★	国税・財務・労基★★		国家総合職★

問 光に対して正の屈性を持つ植物の幼葉鞘をA〜Dのように加工し、一方向から光を当てて成長させた。このとき、光の方向に屈曲するものの組合せとして、妥当なのはどれか。

(特別区2005)

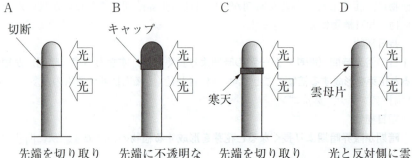

1 : A　B
2 : A　C
3 : B　C
4 : B　D
5 : C　D

OUTPUT

実践 ▶ 問題 **60** ▶ **の解説**

チェック欄		
1回目	2回目	3回目

第1章 生物

〈植物ホルモン〉

　オーキシンは幼葉鞘の先端部分でつくられ，光が当たると光と反対方向に移動する。また，オーキシンは植物の成長を促進するため，光が当たると光の方向に屈曲する。オーキシンは水溶性であるから寒天やゼラチンは通過することができるが，雲母片は通れない。そのため，光の当たる方向と反対側に雲母片を挟むと，その部分でオーキシンが移動するのを妨げるため屈曲しない。寒天中は移動できるから，屈曲するのはAとCとなる。

　よって，正解は肢2である。

正答 **2**

LEC東京リーガルマインド　2024-2025年合格目標 公務員試験 本気で合格！過去問解きまくり！　159
⑧自然科学Ⅱ

SECTION 6 植物の体

実践 問題 61 基本レベル

問 植物ホルモンに関する記述として，妥当なのはどれか。 （特別区2021）

1：エチレンには，果実の成熟や落果，落葉を抑制する働きがある。
2：ジベレリンには，種子の発芽や茎の伸長を促進する働きがある。
3：オーキシンには，種子の発芽や果実の成長を抑制する働きがある。
4：フロリゲンには，昆虫の消化酵素の働きを阻害する物質の合成を促進し，食害の拡大を防ぐ働きがある。
5：サイトカイニンには，細胞分裂の抑制や葉の老化の促進，葉の気孔を閉じる働きがある。

OUTPUT

実践 問題 61 の解説

〈植物ホルモン〉

1 × **エチレン**には，生長の阻害，花芽形成の抑制，果実の熟成促進，落葉・落果の促進，病原菌への防御応答を誘導するなどのはたらきがある。また，唯一の気体の植物ホルモンである。

2 ○ 記述のとおりである。その他，休眠打破，花芽形成・開花の促進，単為結実の促進などのはたらきがある。**ジベレリン**処理により種なしブドウの生産が行われている。

3 × **オーキシン**には，伸長促進および抑制（濃度による），細胞分裂の促進，落葉・落果の抑制，果実の成長促進などのはたらきがある。また，植物の光屈性などにかかわっている。

4 × **フロリゲン**（花成ホルモン）には，花芽形成を誘導するはたらきがある。なお，昆虫の消化酵素のはたらきを阻害する物質の合成を促進し，食害の拡大を防ぐはたらきがあるのは，ジャスモン酸である。

5 × **サイトカイニン**には，細胞分裂の促進，葉の老化抑制，気孔の開口，側芽の成長促進などのはたらきがある。なお，サイトカイニンは吸水促進作用をもつのに対し，アブシシン酸は脱水促進作用をもつ。

正答 2

SECTION 6 植物の体

実践 問題 62 基本レベル

頻出度	地上★	国家一般職★	東京都★	特別区★
	裁判所職員★	国税・財務・労基★		国家総合職★

問 次は，植物の開花に関する記述であるが，A〜Dに当てはまる語句の組合せとして正しいのはどれか。

(国Ⅱ1997)

　開花は，光や温度などの環境条件に影響されるほか，昼や夜の長さに影響されることが多い。（　A　）のように昼の長さが短くなっていく季節に花芽を作る短日植物や，（　B　）のように昼の長さが長くなっていく季節に花芽を作る長日植物がある。このように昼夜の長さに応じて一定の反応を示す性質を（　C　）という。このほか，（　D　）のように昼夜の長さに関係なくある程度成長すれば花芽を作る植物を中性植物という。

	A	B	C	D
1	イネ	コムギ	光周性	トマト
2	コスモス	イネ	光周性	カーネーション
3	コムギ	カーネーション	光周性	キク
4	キク	イネ	傾光性	キュウリ
5	カーネーション	コムギ	傾光性	トマト

OUTPUT

実践 問題 **62** の解説

〈光周性〉

　生物が日照時間の長短に対して反応する性質を<u>光周性</u>（C）といい，植物では花芽の形成が１日の日照時間に影響されるものを<u>短日植物</u>と<u>長日植物</u>，影響されないものを<u>中性植物</u>とよぶ。

短日植物	１日の暗期の長さが一定時間以上になる（昼の長さが短くなる）と花芽をつくる。夏から秋にかけて開花するものが多い。	イネ（A），コスモス，ダイズ，キク，アサガオ，オナモミ　など
長日植物	１日の暗期の長さが一定時間以下になる（昼の長さが長くなる）と花芽をつくる。春から夏にかけて開花するものが多い。	コムギ（B），アブラナ，ホウレンソウ，カーネーション，キャベツ　など
中性植物	日長とは無関係に花芽をつくる。	トマト（D），トウモロコシ，エンドウ，キュウリ，ナス，タンポポ，ジャガイモ　など

　それぞれ，A：イネ，B：コムギ，C：光周性，D：トマトの組合せとなる。よって，正解は肢１である。

正答　1

SECTION 6 植物の体

実践　問題 63　基本レベル

[問] 花芽の形成又は発芽の調節に関する記述として，妥当なのはどれか。

（東京都2003）

1：長日植物は，明期の長さにかかわらず，暗期が連続した一定の長さ以下になると，花芽を形成する植物であり，例として，キク，コスモスがあり，秋に開花する。
2：短日植物は，暗期が連続した一定の長さ以上になると，花芽を形成する植物であり，例として，オオムギ，ホウレンソウがあり，春に開花する。
3：光中断は，暗期の途中に光を短時間あてて暗期を中断することであり，これにより連続した暗期が限界暗期以下になると，短日植物では花芽ができず，長日植物では花芽ができる。
4：春化処理は，秋まき植物の発芽種子への低温処理であり，秋まきコムギでは，冬の低温と冬の短日条件で花芽が形成されることから，発芽後に氷点下の温度に保存し，春にまいて開花させる。
5：光発芽種子は，光によって発芽が促進される種子で，発芽を促す光として，近赤外光が有効であり，近赤外光の照射直後に赤色光が照射されると，近赤外光の効果は打ち消され発芽しなくなる。

OUTPUT

実践 問題63 の解説

〈光周性〉

　植物の花芽形成と光の関係を光周性という。花芽形成には温度条件も必要とされる場合が多い。日長や低温にあまり影響を受けずに一定期間生長した後に花芽形成する植物を**中性植物**とよび，トマト，ナス，ピーマンなどのナス科植物やウリ科植物，インゲンマメなどのマメ科植物（ただし，ダイズは短日植物である）があてはまる。

1 × **長日植物**に関する記述は妥当であるが，キクは代表的な短日植物である。長日植物の例としては，ホウレンソウ，オオムギ，コムギ，ダイコンなどがある。

2 × **短日植物**に関する記述は妥当であるが，ホウレンソウは代表的な長日植物である。短日植物の例としては，キク，コスモス，イネ，ダイズ，シソ，アサガオ，イチゴなどがある。

3 ○ 記述のとおりである。花芽形成に影響を及ぼすのは明期の長さではなく，連続した暗期の長さである。また，限界暗期とは花芽形成に必要な最短の暗期の長さのことである。

4 × **春化処理**とは花芽形成に必要な低温を植物に与えることであるが，種子の段階での種子春化と，ある程度幼植物が大きくなってからの緑植物春化がある。

5 × 光発芽種子の発芽に有効なのは近赤外光ではなく赤色光である。また，赤色光と近赤外光を交互に照射した場合，最後に照射した光が有効となる。

正答 3

問 植物の環境応答に関する記述として最も妥当なのはどれか。

(国家一般職2018)

1：多くの植物の種子に含まれるジベレリンは，デンプンを分解して，植物の成長に必要な糖を生成する作用がある。そのため，ジベレリンで処理することで種子の発芽，茎の伸長，果実の成長や種子の形成を促進させることができる。
2：茎や根に含まれるオーキシンは，成長促進作用があるため，濃度が高くなるほど植物の成長を促すが，ある濃度以上になると成長は一定となる。また，オーキシンの感受性は器官に関係なく，オーキシンの濃度が等しければ成長は一定となる。
3：果実の成熟過程では，エチレンを自ら生成して果肉の軟化，果皮の変色といった変化が起こる。生成したエチレンはその果実の成熟に消費されるため，大気中には放出されず，周囲の果実の成熟に影響を与えることはない。
4：植物の器官が環境からの刺激を受けたときに，屈曲する反応を示すことがあり，これを屈性という。このうち，重力の刺激に対する反応を重力屈性といい，無重力条件下では，重力屈性が起こらないため，植物の茎や根は屈曲せず真っすぐに成長する。
5：花芽の形成が日長の変化に反応する性質を光周性という。例えば，長日植物は，連続した暗期の長さを計っており，太陽光だけではなく人工照明の明かりでも花芽の形成に影響を受ける。この性質を用い，人為的に日長を変えることで開花の時期を調節することがある。

OUTPUT

チェック欄		
1回目	2回目	3回目

実践 問題 **64** の解説

〈植物の環境応答〉

1 × デンプンを分解して植物の成長に必要な糖を生成する作用があるのは**アミラーゼ**である。ジベレリンは種子の発芽において，アミラーゼの生合成を促進するはたらきをもつ。このように，ジベレリンは転写因子として機能することにより，種子の発芽，茎の伸長，果実の成長などを促進させる。また，ジベレリン処理による種なしブドウの生産は有名である。

2 × **オーキシンは成長促進作用**があるため，濃度が高くなるほど植物の成長に対して促進的にはたらくが，ある濃度以上になると逆に抑制的にはたらく。また，オーキシンの感受性は器官によって異なっており，一般的に根のほうが茎よりも感受性が高い。

3 × **エチレンの基本的な作用については正しいが，**エチレンは揮発しやすい気体であるため大気中に放出されるため，周囲の果実の成熟もある果実が放出したエチレンの影響を受ける。

4 × **屈性とは，植物が一定の方向に屈曲する性質**のことであり，刺激の方向に向かって屈曲することを正（＋），反対方向に屈曲することを負（－）の屈性という。植物の伸長方向には重力屈性だけではなく接触屈性，内生の回旋運動が関与しており，無重力条件下では重力屈性が起こらないが，代わりに接触屈性や回旋運動の影響が強く現れるため，「無重力条件下では，植物の茎や根は屈曲せず真っすぐに成長する」という部分が誤りである。

5 ○ 記述のとおりである。**長日植物は，日長が一定以上になると花芽を形成し，短日植物は，日長が一定以下になると花芽を形成**する。人工照明による花芽形成の調整は花の周年栽培などに利用されている。長日植物では暗期の長さが一定以下になると花芽を分化し，短日植物では暗期の長さが一定以上になると花芽を分化し，**花芽を分化するかしないかの境界の暗期の長さを限界暗期**という。限界暗期より短い暗期を与えることを長日処理といい，限界暗期より長い暗期を与えることを短日処理という。

正答 **5**

第1章 SECTION 6 生物 植物の体

実践 問題 65 基本レベル

問 植物のつくりとはたらきに関する記述として，最も妥当なのはどれか。

(東京都2021)

1：裸子植物であるアブラナの花は，外側から，がく，花弁，おしべ，めしべの順についており，めしべの根もとの膨らんだ部分を柱頭といい，柱頭の中には胚珠とよばれる粒がある。
2：おしべの先端にある小さな袋をやく，めしべの先端を花粉のうといい，おしべのやくから出た花粉が，めしべの花粉のうに付くことを受精という。
3：根は，土の中にのび，植物の体を支え，地中から水や水に溶けた養分などを取り入れるはたらきをしており，タンポポは太い根の側根を中心に，側根から枝分かれして細い根のひげ根が広がっている。
4：茎には，根から吸収した水や水に溶けた養分などが通る道管，葉でつくられた栄養分が運ばれる師管の2種類の管が通っている。
5：葉の表皮は，水蒸気の出口，酸素や二酸化炭素の出入り口としての役割を果たしており，葉の内部の細胞の中には，ミドリムシといわれる緑色の粒が見られる。

OUTPUT

チェック欄		
1回目	2回目	3回目

実践 問題 **65** の解説

第1章 生物

〈植物のつくりとはたらき〉

1 × **被子植物**についての記述である。外側から順にはがしていくと，がく，花弁，おしべ，めしべの順になっている。また，柱頭はめしべの先端の花粉が付く部分のことをいい，将来，種子になる胚珠はめしべの根もとの膨らんだ部分である子房の中にある。

2 × めしべの先端を**柱頭**といい，おしべのやくから出た花粉がめしべの柱頭に付くことを受粉という。また，花粉のうとは裸子植物で花粉をつくるところである。

3 × タンポポなどの**双子葉類**は太く長いゴボウのような**主根**とそこから枝分かれした**側根**をもち，ひげ根はない。一方，イネなどの**単子葉類**は，太い根がなくたくさんの細い根である**ひげ根**が広がっている。

4 ○ 記述のとおりである。茎では，水や養分が通る**道管**が内側，栄養分が運ばれる**師管**が外側にある。

5 × 水蒸気の出口，酸素や二酸化炭素の出入口としての役割を果たしているのは，葉の**気孔**である。また，葉の内部の細胞の中にある緑色の粒は，**葉緑体**である。

正答 **4**

2024-2025年合格目標 公務員試験 本気で合格！過去問解きまくり！
⑧自然科学Ⅱ

SECTION 6 植物の体

実践 問題 66 基本レベル

問 植物に関する次のA～Dの記述のうち，妥当なもののみを全て挙げているものはどれか。 （裁判所職員2021）

A：植物は葉緑体内で光合成を行い，二酸化炭素と水から有機物と酸素を合成することができるので，ミトコンドリアを持たない。
B：植物は分解者が分解した無機物を取り込んで有機物を合成するため，生態系における一次消費者と呼ばれている。
C：植物は土壌中にある無機窒素化合物を根から吸収し，これをもとにアミノ酸を，さらにはタンパク質や核酸を作る。
D：植物の細胞小器官である葉緑体は独自のDNAをもち，細胞内で分裂によって増殖する。

1：A，B
2：A，C
3：B，C
4：B，D
5：C，D

OUTPUT

チェック欄		
1回目	2回目	3回目

実践 問題 **66** の解説

〈植物総合〉

A ✕ 植物もミトコンドリアをもつ。植物は葉緑体で光合成を行い，二酸化炭素と水から有機物と酸素を合成し，ミトコンドリアにおいて呼吸を行い，有機物と酸素から二酸化炭素と水とエネルギー（ATP）を生成している。

B ✕ 植物は**生産者**とよばれる。他の植物や動物を食べて自己のエネルギー源として利用する動物を**消費者**とよび，なかでも一次消費者とよばれているのは動物プランクトンや底生生物，草食動物である。

C ◯ 記述のとおりである。植物は，土壌中にある無機窒素化合物を硝酸イオンやアンモニウムイオンの形で根から吸収し，これをもとにアミノ酸，さらにタンパク質や核酸をつくっている。これを**窒素同化**という。

D ◯ 記述のとおりである。細胞小器官である葉緑体やミトコンドリアは独自のDNAをもち，細胞内で分裂によって増殖する。このことから，まず，呼吸を行わない原核生物の細胞内に好気性細菌が取り込まれ，長い時間を経てミトコンドリアとなり，さらに，光合成を行う細菌であるシアノバクテリアが取り込まれ，長い時間を経て葉緑体になったと考えられる。これを細胞内共生説という。

以上より，妥当なものはC，Dとなる。

よって，正解は肢5である。

第1章 生物

正答 5

LEC東京リーガルマインド 2024-2025年合格目標 公務員試験 本気で合格！過去問解きまくり！ 171
⑧自然科学Ⅱ

第1章 SECTION 7 生物 生態系

必修問題 セクションテーマを代表する問題に挑戦！

生態系は範囲が広すぎるため，頻出問題，パターン問題を中心に学習しましょう。

問 生態系に関する記述として，妥当なのはどれか。

（東京都Ⅰ類A 2021）

1：生物が光や水，空気，土壌，温度などの非生物的環境に影響を及ぼすことを作用といい，非生物的環境が生物に影響を及ぼすことを副作用という。
2：生産者は，太陽の光エネルギーを用いて光合成を行う植物や藻類などであり，無機物を取り込んで有機物を生産する。
3：消費者のうち，タンパク質や核酸などの窒素化合物を合成する植物を一次消費者といい，植物を食べる植物食性動物を二次消費者という。
4：分解者は，主にウイルスや細菌であり，有機物や窒素化合物を二酸化炭素や窒素などの無機物に分解する。
5：生産者の窒素固定によって生態系外から取り込まれた化学エネルギーは，窒素の循環に伴って生態系を循環する。

必修問題の解説

〈生態系〉

1 × 生物が非生物的環境から受ける影響を作用といい，生物が非生物的環境に及ぼす影響を環境形成作用（反作用）という。なお，生物と非生物的環境をまとめて**生態系**という。

2 ○ 記述のとおりである。**生産者**は，**独立栄養生物**である。

3 × 消費者のうち，**生産者**である植物を食べる植物食性動物を一次消費者といい，植物食性動物を食べる動物食性動物を二次消費者という。**消費者**は，**従属栄養生物**である。

4 × 分解者は，主に菌類や細菌類であり，動植物の遺体や排出物などの有機物を無機物に分解する。**分解者**も，**従属栄養生物**である。

5 × 化学エネルギーは，食物連鎖を通じて消費者に移動し，それぞれの生命活動に利用され，最終的には，呼吸などによって生じる熱エネルギーとして，生態系外に放出されるため，**エネルギーは生態系内で循環せず**，一方的に流れている。窒素は，窒素固定や脱窒（窒素化合物が脱窒素細菌のはたらきによって窒素に戻され，大気中に放出されること）によって，生態系内を循環する。

正答 **2**

1 食物連鎖と生態系の生物

捕食者と被食者との関係をたどると，鎖のようにつながっています。

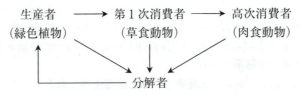

- 生産者……光合成植物や光合成細菌など，無機物を材料として有機物を生産する生物のことです。
- 消費者……生産者が合成した有機物を直接または間接に消費する生物で，草食動物（1次消費者）や肉食動物（2次消費者以上の高次消費者）がこれにあたります。
- 分解者……生物の遺体や排出物に含まれる有機物を分解して無機物にする細菌類や菌類（カビなど）の微生物のことです。

2 物質循環

生態系の物質は，生産者，消費者，分解者のはたらきを通して，無機物→有機物→無機物というように循環しています。生態系内では，物質は循環しますが，エネルギーは各段階で消費されて循環しません。

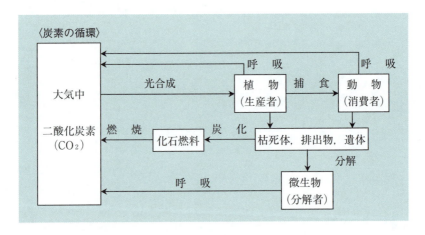

INPUT

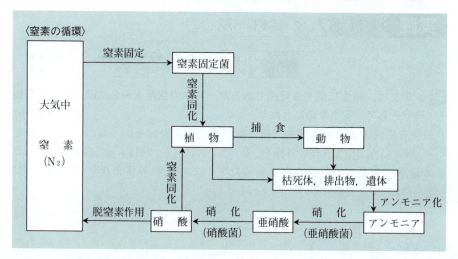

3 個体群の相互作用

	内容	具体例
縄張り	動物個体が巣や食物を確保するために、ある空間を占有することをいいます。	アユ
リーダー制	個体群を統率する個体が見られます。	ニホンザル
競争の回避	すみわけ、食いわけ	イワナとヤマメ ヒメウとカワウ
片利共生	一方は利益を得るが、他方にはほとんど支障がない共生です。	カクレウオとフジナマコ
相利共生	双方が互いに有益となる共生です。	マメ科植物と根粒菌

SECTION 7 生態系 生物

実践 問題 67 基本レベル

頻出度 地上★ 国家一般職★★ 東京都★ 特別区★★
　　　　裁判所職員★ 国税・財務・労基★★ 国家総合職★★

問 次の文は，植生に関する記述であるが，文中の空所A～Cに該当する語の組合せとして，妥当なのはどれか。　　　　　　　　　　　　　　（特別区2016）

植生を構成する植物のうち，個体数が多く，地表面を広くおおっている種を A 種という。植生全体の外観を B といい， A 種によって決まる。植生とその地域に生息する動物などを含めたすべての生物の集まりを C といい， B によって区分される。

	A	B	C
1	先駆	群生相	ニッチ
2	先駆	相観	ニッチ
3	先駆	相観	バイオーム
4	優占	群生相	ニッチ
5	優占	相観	バイオーム

OUTPUT

チェック欄		
1回目	2回目	3回目

実践 問題 **67** の解説

〈植生〉

第1章 生物

選択肢中に登場した語は，それぞれ次のような意味である。

A **先駆種** 新しくできた裸地に最初に侵入・定着する生物種のことである。地衣類やコケ植物などの小さな集団が岩に張り付くように出現する場合が多い。

優占種 植生内で個体数が多く，占有している空間が最も広い植物のことである。

B **群生相** 同一種でも，生育密度が高い環境で育った個体と，低い環境で育った個体の間で，形態や模様，行動などが異なる場合がある。生育密度が高い状態で育ったものを群生相，生育密度が低い環境で育ったものを孤独相という。

相観 植生の外観のことである。相観には優占種の特徴が見られることが多い。

C **ニッチ** 1つの種が利用する，あるまとまった環境要因のことである。環境要因はエサの種類，採食の時間，生息地域などによって構成される。生態的地位ともいう。

バイオーム 相観によって区分され，広い範囲の地域に分布する生物の集団のことである。陸上のバイオームは植生の構造により，森林，草原，荒原などに区分される。生物群系ともいう。

以上より，本文の空欄を埋めていくと，次のようになる。

植生を構成する植物のうち，個体数が多く，地表面を広くおおっている種を A：優占 種という。植生全体の外観を B：相観 といい，A：優占 種によって決まる。植生とその地域に生息する動物などを含めたすべての生物の集まりを C：バイオーム といい，B：相観 によって区分される。

したがって，A：優占，B：相観，C：バイオームとなる。

よって，正解は肢5である。

正答 **5**

LEC東京リーガルマインド 2024-2025年合格目標 公務員試験 本気で合格！過去問解きまくり！ 177
⑧自然科学Ⅱ

問 森林のバイオームに関する記述として、妥当なのはどれか。

(東京都Ⅰ類A 2020)

1：硬葉樹林は、ユーラシア大陸から北アメリカ大陸の北部に広がる亜寒帯に分布し、常緑の広葉樹であるトウヒ類や落葉性のカラマツ類などが優占する。

2：夏緑樹林は、年間を通して気温が高く、降水量が多い地域に分布し、フタバガキのなかまをはじめとする常緑広葉樹が生育し、構成種数は非常に多く、樹高50mをこえる巨大高木層に発達する。

3：照葉樹林は、温帯のうち、やや高緯度に位置し、年平均気温が比較的低い冷温帯に分布し、ブナやカエデ類など、冬に落葉する落葉広葉樹が優占する。

4：針葉樹林は、温帯の中でも地中海沿岸のように冬に乾燥し、夏に雨の多い地域に分布し、厚いクチクラ層をもち、硬くて小さい葉を1年中つけるオリーブやコルクガシなどが見られる。

5：雨緑樹林は、熱帯・亜熱帯の気候で、1年のうち雨季と乾季がはっきり分かれている地域に分布し、乾季に落葉するチーク類などの落葉広葉樹が主体となる森林を形成する。

OUTPUT

実践 問題 **68** の解説

〈バイオーム〉

1 × **硬葉樹林**は，暖温帯の中でも地中海性気候の地域や，オーストラリアで多く見られる。代表的な樹種に，オリーブ，コルクガシ，ユーカリなどがある。

2 × **夏緑樹林**は，日本中北部やヨーロッパ，北アメリカなどの冷温帯で発達し，落葉広葉樹が生育する。春や夏に葉が茂り，秋に紅葉・落葉する。代表的な樹種に，ブナ，ミズナラ，カエデなどがある。

3 × **照葉樹林**は，西南日本や中国南部，ヒマラヤなどの暖温帯で発達し，クチクラ層の発達した葉をもつ常緑広葉樹が生育する。代表的な樹種に，スダジイ，タブノキ，アカガシなどがある。ポルトガルの「マデイラ島の照葉樹林」は，世界遺産に登録されている。

4 × **針葉樹林**は，亜寒帯で発達し，常緑で耐寒性のある高木が見られる。代表的な樹種に，シラビソ，トドマツ，コメツガなどがある。

5 ○ 記述のとおりである。**雨緑樹林**は，熱帯多雨林の周辺部に分布し，タイやミャンマーなど東南アジアで多く見られる。

正答 5

SECTION 7 生態系

実践 問題 69 基本レベル

問 日本の植物群系に関する記述として、妥当なのはどれか。　（特別区2011）

1：植物群落内の主要な植物でつくられる特徴的な外観を極相といい、植物群落を極相の違いで分類したものを群系という。
2：沖縄には、河口域のマングローブ林やガジュマルなどの亜熱帯多雨林が分布する。
3：九州から本州西南部の低地には、スダジイやタブノキなどの常緑広葉樹で構成された夏緑樹林が分布する。
4：本州東北部から北海道西南部の低地には、ブナやミズナラなどの照葉樹林が分布する。
5：中部山岳地帯では、標高約2500mまでは針葉樹林が発達し、標高約2500m付近が森林限界となり、森林限界より高い場所に植物は見られない。

OUTPUT

チェック欄		
1回目	2回目	3回目

実践 問題 **69** の解説

第1章 生物

〈日本のバイオーム〉

1 × ある地域で生活している植物個体群の集まりを植物群落または単に群落という。**植物群落を外から見たときの外観を相観**という。また，**植物群落の中で，背が高く量も多く最も地表面を覆っている種**を，その植物群落の**優占種**という。植物群落を相観の違いによって区別するとき，その植物群落を群系という。

なお，**極相とは植物群落の遷移の最終段階の状態**を指す。

2 ○ 記述のとおりである。群系の分布は気温と降水量で決まる。琉球列島（沖縄を含む）や小笠原諸島は亜熱帯多雨林に分類され，ビロウ，アコウ，ヘゴなどが生育し，河口部ではヒルギ類からなるマングローブ林が見られる。

3 × 九州・四国から本州中部にかけては**照葉樹林**に分類され，シイ，カシ，タブノキ，クスノキ，ヤブツバキなどの常緑広葉樹からなっている。

4 × 本州東北部から北海道の南西部までは**夏緑樹林**に分類され，ブナ，ミズナラ，カエデなどの落葉広葉樹からなる。

5 × 群系の垂直分布は次のように分類できる。標高約700mまでには，シイ，カシ，ツバキなどの照葉樹林，標高約700m〜1,500mまでには，ブナ，ミズナラ，シラカンバなどの夏緑樹林，標高約1,500〜2,500mまでには，シラビソ，コメツガなどの針葉樹林が分布する。この高さまでしか森林が成立せず，この限界を**森林限界**という。森林限界よりも高い地帯では，ハイマツなどの低木林や花畑が広がる。

正答 **2**

SECTION 7 生態系

実践 問題 70 基本レベル

頻出度 地上★ 国家一般職★ 東京都★ 特別区★★
裁判所職員★ 国税・財務・労基★ 国家総合職★

問 バイオーム（生物群系）に関する記述として最も妥当なのはどれか。
(国家一般職2023)

1：森林のバイオームは、分布域の年平均気温によっていくつかに分けられる。熱帯にはアカシアなどから成る熱帯多雨林、温帯のうち比較的暖かな暖温帯にはミズナラなどから成る針葉樹林、寒さの厳しい亜寒帯にはスダジイなどから成る照葉樹林がみられる。

2：草原のバイオームは、年降水量が少ない地域に分布する。熱帯ではサバンナが発達し、プレーリードッグなどが生息している。温帯ではタイガが発達し、バイソンなどが生息している。亜寒帯ではステップが発達し、トナカイなどが生息している。

3：我が国では降水量が十分にあるので、バイオームの分布は主に年平均気温によって決まる。気温は緯度や標高により異なるため、我が国では緯度に応じた水平分布と標高に応じた垂直分布がみられる。

4：我が国におけるバイオームをみると、熱帯に分類される沖縄ではガジュマルなどの常緑広葉樹が優占し、ヤンバルクイナが生息する。寒帯に分類される北海道ではシラビソなどの落葉広葉樹が優占し、ツキノワグマが生息する。

5：我が国におけるバイオームの垂直分布は、丘陵帯、山地帯、亜高山帯、高山帯に分けられる。亜高山帯の上限は森林限界と呼ばれ、ここを境にしてハイマツなどの低木もみられなくなる。高山帯は低温や強風のため動物は生息できないが、コマクサなどの高山植物がみられる。

OUTPUT

実践 問題 **70** の解説

〈バイオーム〉

1 ✗ バイオーム（生物群系）とは，ある地域の植生とそこに生息する動物など
を含めた生物のまとまりのことで，年平均気温，年降水量によっていくつ
かに分けられる。熱帯にはフタバガキなどからなる熱帯多雨林，温帯のう
ち比較的暖かな暖温帯にはシイ，カシ，タブノキなどからなる照葉樹林，
寒さの厳しい亜寒帯にはトウヒ，モミ，カラマツなどからなる針葉樹林が
見られる。なお，アカシアは，降水量が少ない熱帯や亜熱帯に分布するサ
バンナで見られ，ミズナラは，冬の寒さが厳しい冷温帯地域に分布する夏
緑樹林で見られる。

2 ✗ 年降水量が少ない地域は，樹木の生育に十分な量の降雨がないため，森林
には移行せず，相観は草原や荒原となる。草原のバイオームは，熱帯では
サバンナが発達し，ライオン，シマウマ，チーターなどが生息している。
温帯ではステップが発達し，バイソン，プレーリードッグ（北米のみ）な
どが生息している。なお，タイガは亜寒帯で発達し，エゾマツ，トドマツ，
カラマツなどからなる針葉樹林のことである。

3 ○ 記述のとおりである。日本では，各地で年降水量が十分にあるため，高山，
湿地，砂浜などの一部を除けば，極相のバイオームは森林となり，日本の
バイオームの分布は，主に年平均気温によって決まる。日本列島は南北に
細長く，平地では高緯度になるほど気温が低下するため，バイオームは緯
度に従って変化する水平分布が見られる。また，気温は，一般に標高が
100m上昇するごとに約0.5〜0.6℃低下するため，バイオームは標高に応じ
て変化する垂直分布も見られる。なお，一般にバイオームの境界の標高は，
北斜面のほうが南斜面よりも低い。

4 ✗ 高温湿潤で亜熱帯に分類される沖縄ではガジュマル，アコウなどの亜熱帯
多雨林が優占し，ヤンバルクイナが生息する。また，亜寒帯に分類される
北海道（道南の一部を除く）はトドマツ，エゾマツなどの針葉樹林が優占し，
ヒグマが生息する。なお，ツキノワグマは，落葉広葉樹林のある本州，四
国が主な生息地である。シラビソは亜寒帯の針葉樹であるが，日本では本
州と四国の深山に見られる。

5 ✗ 日本におけるバイオームの垂直分布は，丘陵帯（低地帯），山地帯，亜高山
帯，高山帯であることは正しい。本州中部では，標高約700mまでの丘陵帯
にはシイ類，カシ類などの常緑広葉樹が優占する照葉樹林が分布する。標

高約700〜1,500mの山地帯にはブナ、ミズナラなどの夏緑樹林が、標高約1,500〜2,500mの亜高山帯にはシラビソ、コメツガなどの針葉樹林が分布する。亜高山帯の上限は**森林限界**とよばれ、これよりも標高が高い高山帯では低温や強風、乾燥などにより、森林はできないが、低木のハイマツ、高山植物のコマクサなどが分布する。

正答 3

memo

第1章 生物

> 生態系に関する次のア〜エの記述には，妥当なものが2つある。それらはどれか。
> (地上2018)

ア：酸性雨は排気ガスなどが雨水に溶け込むことで通常よりも強い酸性を示すもので，窒素酸化物や硫黄酸化物が主な原因となっている。酸性雨は河川や土壌も酸性化し，生態系に影響を与える。

イ：化学物質のうち代謝も体外への排出もされにくいものは，環境中には微量であっても体内で蓄積する。食物連鎖の上位にある生物の場合，このような化学物質が体内で高濃度に蓄積し，生物に致命的な影響を与える。

ウ：窒素やリンなどの無機塩類が海や川に流入すると，プランクトンが無機塩類を多量に摂取して大量死することがあり，これを赤潮という。赤潮は日本では気温の低い冬に発生しやすく，プランクトンをえさとする魚類に影響を与える。

エ：里山とは，人間が居住する区域の近隣に存在する，人の手がつけられていない自然のことである。日本ではこの50年ほど，里山に人の手が加わるようになり，生態系に影響を与えている。

1：ア，イ
2：ア，ウ
3：ア，エ
4：イ，ウ
5：ウ，エ

OUTPUT

チェック欄		
1回目	2回目	3回目

実践 問題 **71** の解説

〈生態系〉

ア◯ 記述のとおりである。通常の雨水は大気中の二酸化炭素が溶け込むことにより，pH5.6程度と中性よりも若干酸性寄りであるが，窒素酸化物や硫黄酸化物が溶け込むことにより，硝酸や硫酸に変わることがあり，通常よりも強い酸性を示す。一般に，**pHが5.6以下**の雨を**酸性雨**という。

イ◯ 記述のとおりである。このようなメカニズムを**生物濃縮**という。生物濃縮の例としては，絶縁油などに利用されたポリ塩化ビフェニル（ＰＣＢ）や農薬として利用されたジクロロジフェニルトリクロロエタン（ＤＤＴ）のほか，水俣病の原因である有機水銀などが挙げられる。**毒性があり，生物濃縮を起こす物質は，高次の消費者へ移るごとに高濃度に蓄積され，高次消費者に致命的な影響を与えることがある。**

ウ× **赤潮**は窒素やリンなどの無機塩類が海や川に流入し，プランクトンが無機塩類を摂取して大量発生することによって起こる。赤潮は日本では気温の高い夏に発生しやすく，プランクトンの呼吸による酸素不足や毒素の発生，プランクトンがえらに詰まるなどにより魚類に影響を与える。

エ× **里山とは，人間が居住する区域の近隣に存在し，人によって継続的に利用されることによって生態系が維持されてきた環境である。**薪炭目的の伐採や肥料目的に落ち葉を採集するなどの利用がなされ，広葉樹を主体とした森林が維持されてきたが，日本ではこの50年ほど，かつてのような利用がされなくなっており，藪になったり，竹が繁茂したりするなど生態系に影響を与えている。近年，各地で里山の環境を保全し，生息している生物を保護する取り組みが行われるようになってきている。

以上より，妥当なものはア，イとなる。

よって，**正解は肢1である。**

正答 1

第1章 生物

問 同じ時期に生まれた個体群内のある世代の個体数が，出生後の時間とともに減少する様子をグラフ化したものを生存曲線という。図のように，その動物の寿命を100とした相対年齢を横軸，出生時の生存個体数を10^3とした対数目盛を縦軸に表すと，大きくⅠ，Ⅱ，Ⅲの三つの型に分類できる。次のA～Eの動物のうち，一般的にⅠの型に該当するものの組合せとして最も妥当なのはどれか。

(国Ⅱ2008)

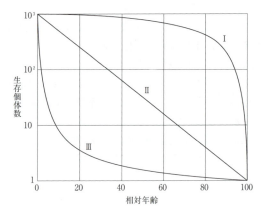

A：ゾウ，クジラのように，大型で寿命の長い動物
B：火山活動，山火事，洪水などのかく乱によってできた，競争相手の少ない空間に急速に広がる場合に有利な動物
C：食物連鎖において，下位の動物
D：多くの野鳥のように，各発育段階ごとの死亡率がほぼ一定している動物
E：発育初期に親による保護や養育を手厚く受ける動物

1：A，B
2：A，E
3：B，D
4：C，D
5：C，E

OUTPUT

実践 ▶ 問題 **72** ▶ の解説

〈生存曲線〉

　同時に生まれた卵や種子が，その後，時間とともにどれだけ数が減少していくかを表にしたものを**生命表**といい，生命表の生存数をグラフにしたものを**生存曲線**という。生存曲線は3つの型に分類できる。

　晩死型：ヒトのように幼年期に親の保護を受けることができる動物で，**初期の死亡率が低く，大部分は老齢期に死ぬ**。大型の哺乳類に多く見られる。グラフではⅠの型となり，AとEが該当する。

　平均型：ヒドラのようにある程度成長してから独立するものや，鳥類のように親が抱卵・ふ化・幼鳥の世話までするものは，**病死や被食率が生涯を通じて一定となる**。グラフではⅡの型となり，Dが該当する。

　早死型：カキやマイワシのように多数の卵を産み，**幼年期に親の保護を受けないものは，幼年期の死亡率がきわめて高くなる**。グラフではⅢとなり，Cが該当する。

　よって，正解は肢2である。

正答 **2**

SECTION 7 生態系

問 生物の個体群に関する記述として最も妥当なのはどれか。

(国税・財務・労基2017)

1：個体群の成長の変化の過程を表した成長曲線を見ると，時間の経過につれて，食物や生活空間などに制限がない場合には個体数が際限なく増加していくが，制限がある場合には，成長曲線は逆U字状となり，最初は急速に個体数が増加していくものの，ある一定の個体数に達すると，その後は急速に減少する。

2：年齢ピラミッドは，個体群を構成する各個体を年齢によって区分し，それぞれの個体数を積み重ねて図示したものであり，幼若型と老齢型の二つの型に大別されている。年齢ピラミッドの形からは，個体群間の年齢層を比較できるが，個体群の将来的な成長や衰退などの変化を予想することはできない。

3：動物は，同種の個体どうしで群れを作ることによって，摂食の効率化や繁殖活動の容易化などの利益を得ているが，一定の大きな群れになると敵から見付かりやすくなり，攻撃される危険性が高まる。このため，外敵から身を守るよう，群れは無限に大きくなる傾向がある。

4：種間競争は，食物や生活場所などの要求が似ている異種個体群間で生じる。個体群間の生態的地位（ニッチ）の重なりが大きいほど，種間競争は激しくなるが，ニッチがある程度異なる種どうしであれば共存は可能である。

5：異種の生物が相手の存在によって互いに利益を受けている関係を相利共生といい，一方は利益を受けるものの他方は不利益を受ける関係を片利共生という。片利共生の場合において，利益を受ける方の生物を宿主という。

OUTPUT

チェック欄		
1回目	2回目	3回目

実践 ▶ 問題 73 の解説

第1章 生物

〈生物の個体群〉

1 × 食物や生活空間などに制限がなく，生まれた子がすべて親になっていくとしたら，個体数は際限なく増加することができる。しかし，食物や生活空間などに制限がある場合には，最初は急速に個体数が増加していくけれども，やがて増加の速度がにぶり，ある一定の個体数に達するとその数付近で安定するので，成長曲線はS字状になる。これは，個体数が増すにつれて，個体間の競争が激しくなり，食物や生活空間の不足，排出物の増加などにより，生活環境が悪化していくためである。ある環境で存在できる最大の個体数を環境収容力という。

2 × 年齢ピラミッドは，個体群を構成する各個体を年齢によって区分し，それぞれの個体数を積み重ねて図示したものであり，幼若型，安定型，老齢型の3つの型に大別されている。幼若型の個体群は，幼若層の個体数が多いため，将来，生殖層の個体数が増加していくことが予想される。一方，老齢型の個体群は，幼若層の個体数が少ないため，将来，生殖層の個体数が減少していくことが予想されるように，年齢ピラミッドの形から，個体群の将来的な成長や衰退などの変化を予想することができる。

3 × 群れに関する前半の記述は正しい。群れが大きくなると，個体群密度が高まるため，捕食者に見つかりやすくなったり，食物の不足，排出物の増加などにより生活環境が悪化する。そのため，群れの大きさは，群れることの利益と，群れることの不利益のバランスによって決定される。

4 ○ 記述のとおりである。生態的地位（ニッチ）が類似していると，種が異なっていても，食物やすみかをめぐって競争が起き，その結果，一方の種が著しく個体数を減少させる。たとえば，ニッチが類似するヒメゾウリムシとゾウリムシを同じ容器内で飼育すると，ヒメゾウリムシは生存し，ゾウリムシの個体数は著しく減少する。
一方，ニッチがある程度異なる種どうしであれば共存は可能である。ゾウリムシと，光合成によってエネルギーを獲得するミドリゾウリムシとを同じ容器内で飼育すると，両種は共存することができる。

5 × 相利共生に関する記述は正しい。たとえば，アリとアブラムシ，クマノミとイソギンチャクの関係である。一方は利益を受けるものの他方は不利益を受ける関係は寄生であり，利益を得るほうの生物を寄生者，不利益を被るほうの生物を宿主という。たとえば，カイチュウとヒト，ヤドリギと樹木

LEC東京リーガルマインド 2024-2025年合格目標 公務員試験 本気で合格！過去問解きまくり！ 191
⑧自然科学Ⅱ

の関係である。なお，**片利共生**とは，一方は利益を受けるものの他方は利益も不利益も受けない関係のことである。たとえば，コバンザメとサメ，カクレウオとナマコの関係である。

【コメント】
　生態系に関するさまざまな用語の理解が問われていたが，具体的な場面を考えながら解くことで，選択肢を絞っていくことができたと思われる。

正答 4

memo

第1章 生物

SECTION 7 生物 生態系

実践 問題 74 基本レベル

頻出度 地上★ 国家一般職★ 東京都★ 特別区★★
裁判所職員★ 国税・財務・労基★ 国家総合職★

問 アズキゾウムシはアズキに産卵し、幼虫はこの豆に食い込んで内部を食べて育つ。図はアズキゾウムシの密度効果を示したものである。すなわち、一定量のアズキの入った同系の容器に異なる数の成虫を入れ、ふ化した次世代の成虫の数を数えてグラフに表してある。これに関する下文の（ア）～（ウ）のうちすべて正しいのはどれか。　　　　　　　　　　　　　　　　　（地上2002）

ふ化した成虫の個体数の増加率が最も高いのは最初に入れた成虫の個体数が（ア）のときであり、入れた成虫の個体数が（イ）を超えると、次世代の成虫の個体数が減少する。最初に10匹入れると次世代に100匹の成虫がふ化する。これに同量のアズキを与えて第3世代をふ化させ、さらに同量のアズキを与えると第4世代の成長は（ウ）になる。

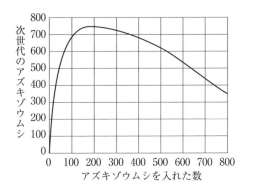

	ア	イ	ウ
1 :	50	200	450
2 :	50	550	450
3 :	50	550	550
4 :	200	200	450
5 :	200	550	550

OUTPUT

チェック欄		
1回目	2回目	3回目

実践 問題 **74** の解説

〈密度効果〉

密度効果とは**個体群密度**（ある個体群の単位空間あたりの個体数）が変化すると，個体の形態や生理・行動に起こる変化のことをいう。個体群密度が小さいほど個体の増加率が高く，密度が大きくなると増加率は低下する。

次世代のアズキゾウムシの増加率が高くなるのは最初に入れた個体数が50匹のときである。したがって，（ア）は50匹である。

次に，設問のグラフにX＝Yの直線を引き，交点を求めると，550匹のところで直線とグラフが交わる。この交点が，アズキゾウムシを入れた数と次世代のアズキゾウムシの数が等しくなる点，すなわち個体群の個体数が平衡に達する点である。このときの個体数を超えると，グラフのように次世代の個体数が最初に入れた個体数より減少する。したがって，（イ）は550匹である。

最後に，最初に10匹の個体から出発したときの個体群の変化を考察すると，問題文にあるように2世代目の個体数は100匹である。100匹に対応する次世代の個体数は700匹であるから，3代目の個体数は700匹である。したがって，4代目の個体数（ウ）は450匹である。

よって，正解は肢2である。

正答 2

SECTION 7 生物 生態系

実践 問題 75 基本レベル

頻出度	地上★	国家一般職★	東京都★	特別区★★
	裁判所職員★	国税・財務・労基★		国家総合職★

問 次のA～Dのうち，植物群落の遷移に関する記述として，妥当な組合せはどれか。
(東京都2004)

A：乾性遷移とは，溶岩台地などの裸地から始まる遷移をいい，裸地に侵入した地衣類やコケ植物の根が岩石の風化を促進することにより，岩石の保水力が衰え，栄養塩類が次第に乏しくなるため，草本類や木本類は侵入できない。

B：二次遷移とは，主に森林の伐採や山火事によって植物群落が破壊された跡地から始まる遷移をいい，すでに土壌が形成されており，根や種子が残っているため，一次遷移に比べて，速い速度で遷移が進む。

C：陽樹林とは，草原や低木の植物群落に，陽樹が侵入して形成される森林をいい，陽樹林の内部では，次第に光の量が多くなり，陽樹の芽生えが次々と生育するため，陰樹の芽生えは生育できない。

D：極相とは，遷移の最後に到達する，大きな変化を示さない安定した植物群落の状態をいい，それぞれの地域の気候条件を反映した植物群落が形成されるため，必ずしも極相が森林になるとは限らない。

1：A，B
2：A，C
3：B，C
4：B，D
5：C，D

OUTPUT

チェック欄		
1回目	2回目	3回目

実践 問題 75 の解説

第1章 生物

〈植物群落の遷移〉

A × 岩石の風化によりわずかな土ができると地衣類やコケ類の侵入により土壌の保水力が上がる。これによって草本類が侵入し，草原となる。

B ○ 記述のとおりである。火山の噴火が多い日本では，その影響を受けた地域で，二次遷移が見られるところが多い。

C × 陰樹は陽樹に比べて弱光下での環境に強いため，陽樹林では陽樹の芽生えが生きられない一方で陰樹の芽生えはよく育つ。したがって，陽樹林は次第に陰樹林に遷移する。

D ○ 記述のとおりである。極相が森林にならない場所として，しばしば山火事が起こる地域，高山帯などがある。

以上より，妥当なものはB，Dとなる。

よって，正解は肢4である。

正答 4

LEC東京リーガルマインド　2024-2025年合格目標 公務員試験 本気で合格！過去問解きまくり！　197
⑧自然科学Ⅱ

SECTION 7 生態系

実践 問題 76 基本レベル

頻出度 地上★　国家一般職★　東京都★　特別区★★
　　　　裁判所職員★　国税・財務・労基★　国家総合職★

問 次の文は，生態系における物質循環に関する記述であるが，文中の空所A〜Cに該当する語の組合せとして，妥当なのはどれか。　　　（特別区2006）

　生産者によってつくられた有機物の総量を総生産量という。その一部は，生産者自身の呼吸により消費される呼吸量で，残りが　A　量になる。さらに，ここから一次消費者によって食べられる被食量と，植物体の枯れ落ちる枯死量とを差し引いた量が，生産者の　B　量になる。一方，一次消費者の場合，摂食量から不消化排出量を差し引いた量が，一次消費者の　C　量となる。

	A	B	C
1	純生産	成長	同化
2	純生産	同化	成長
3	成長	純生産	同化
4	成長	同化	純生産
5	同化	成長	純生産

OUTPUT

チェック欄		
1回目	2回目	3回目

実践 問題 **76** の解説

〈物質循環〉

　生産者は，光合成によって有機物をつくるが，同時に呼吸によって消費する。このとき，光合成によって生産される量と呼吸量の差が純粋な生産量となる。さらに，生態系において1次消費者による被食量や，枯死量を引いた分が，生産者の成長に使われる。また，1次消費者は植物を摂食して，体に必要な有機物を再合成する。これを**2次同化**という。しかし，すべてを同化しているわけではなく，糞などで一部は体外に排出する。つまり，1次消費者の同化量は，摂食量から不消化排出量を引いたものである。

　よって，正解は肢1である。

正答 **1**

第1章 生物

LEC東京リーガルマインド　2024-2025年合格目標 公務員試験 本気で合格！過去問解きまくり！　199
⑧自然科学Ⅱ

SECTION 7 生態系

実践 問題 77 基本レベル

問 生態系における物質収支に関する記述として,妥当なのはどれか。

(特別区2020)

1:総生産量とは,生産者が光合成によって生産した無機物の総量をいう。
2:生産者の純生産量とは,総生産量から現存量を引いたものをいう。
3:生産者の成長量とは,純生産量から枯死量と被食量を引いたものをいう。
4:消費者の同化量とは,生産量から被食量と死亡量を引いたものをいう。
5:消費者の成長量とは,摂食量から不消化排出量を引いたものをいう。

OUTPUT

実践 問題 **77** の解説 ————————————————

〈生態系の物質収支〉

1 ✕ **総生産量**とは，生産者が一定時間に光合成によって生産した全有機物量である。

2 ✕ **純生産量**とは，総生産量から呼吸量を引いたものである。

純生産量＝総生産量－呼吸量

3 ◯ 記述のとおりである。生産者の**成長量**とは，純生産量から枯死量（成長過程で体の一部を枯葉・枯枝として落とす量）と被食量（消費者に食べられる量）を引いたものである。

成長量＝純生産量－（枯死量＋被食量）

4 ✕ 消費者が有機物を摂食・消化し，同化して体内に蓄積するとき，一部の有機物は不消化のまま排出される。したがって，**同化量**とは，摂食量から不消化排出量を引いたものである。

同化量＝摂食量－不消化排出量

5 ✕ 同化量から呼吸量（呼吸によって失う有機物量）を引いたものを**生産量**といい，生産量から被食量と死亡量を引いたものを**成長量**という。

生産量＝同化量－呼吸量

成長量＝生産量－（被食量＋死亡量）

正答 **3**

第1章 SECTION 7 生物 生態系

実践 問題 78 基本レベル

問 次の図は，ある森林生態系における森林面積1m²当たりの1年間の有機物の移動量を示したものの一部である。この森林1m²当たりの1年間の純生産量と生産者の成長量の組合せとして，妥当なのはどれか。　（特別区2012）

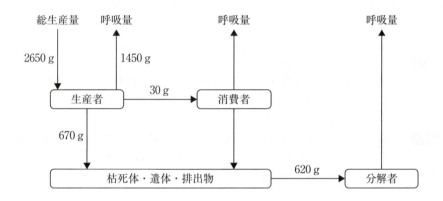

	純生産量	生産者の成長量
1 :	700 g	500 g
2 :	700 g	550 g
3 :	700 g	670 g
4 :	1200 g	500 g
5 :	1200 g	700 g

OUTPUT

実践 問題 78 の解説

〈生態系の物質収支〉

総生産量とは，植物などを主とする生産者が，光合成によって生産する有機物の総量である。そして，総生産量から，生産者が呼吸によって消費した有機物の量を引いたものが純生産量となる。

$$\begin{aligned}
純生産量 &= 総生産量 - 呼吸量 \\
&= 2650 - 1450 \\
&= 1200 \ [g]
\end{aligned}$$

また，純生産量の内訳としては，枯死・落葉などの枯死量，動物などの消費者に食べられた量（被食量），そして生産者の成長量がある。

$$\begin{aligned}
純生産量 &= 枯死量 + 被食量 + 生産者の成長量 \\
生産者の成長量 &= 純生産量 - 枯死量 - 被食量 \\
&= 1200 - 670 - 30 \\
&= 500 \ [g]
\end{aligned}$$

したがって，純生産量は1200g，生産者の成長量は500gとなる。
よって，正解は肢4である。

正答 4

第1章 SECTION 7 生物 生態系

実践　問題79　基本レベル

頻出度　地上★　国家一般職★　東京都★　特別区★
　　　　裁判所職員★　国税・財務・労基★　国家総合職★

問　動物に関する記述のうちで、妥当なのは次のうちのどれか。　（東京都1995）

1：原生動物は、1個の細胞でできており、細胞器官が十分に発達していない動物で、アメーバ、ゾウリムシ、ミジンコは原生動物である。
2：棘皮動物は、淡水域に住み、運動と呼吸の働きをする水管系が発達している動物で、ヒル、カイメン、プラナリアは棘皮動物である。
3：軟体動物は柔らかい体を外とう膜で保護し、えら呼吸をする動物で、貝殻を持つものもあり、ハマグリ、カタツムリ、ナマコは軟体動物である。
4：腔腸動物は、内骨格を持ち、口の奥に腔腸とよばれる消化器官を持つ動物で、クラゲ、ヒトデ、イソギンチャクは腔腸動物である。
5：節足動物は、外骨格で覆われ、複数の体節からなる動物で、動物のなかでは種の数が最も多く、カニ、バッタ、ムカデは節足動物である。

OUTPUT

実践 問題 **79** の解説

〈系統分類〉

1 × アメーバ，ゾウリムシは原生動物（単細胞生物）だが，ミジンコは節足動物の甲殻類（多細胞生物）である。
2 × ヒルは環形動物，カイメンは海綿動物，プラナリアは扁形動物である。棘皮動物の例としては，ナマコ，ウニ，ヒトデなどが挙げられる。
3 × ハマグリ，カタツムリは軟体動物だが，ナマコは棘皮動物である。
4 × クラゲ，イソギンチャクは腔腸動物だが，ヒトデは棘皮動物である。
5 ○ 記述のとおりである。節足動物は，甲殻類（カニ），昆虫類（バッタ），多足類（ムカデ），クモ類などに分けられる。世界中に広く分布し，全動物種の80％を占めるといわれ，なかでも一番多いのが昆虫類である。

【参考】
無脊椎動物の一部を表にまとめておく。

分類	特徴	例
節足動物	足に節がある	エビ，ミジンコ，イナゴ，セミ，ヤスデ，クモ
軟体動物	体が軟らかい	アサリ，ハマグリ，イカ，タコ，カタツムリ
環形動物	環状の体節がある	ミミズ，ゴカイ，ヒル
棘皮動物	体に棘（とげ）がある	ウニ，ヒトデ，ナマコ
扁形動物	体が扁平である	プラナリア，サナダムシ
腔腸動物	腔腸という消化器官をもつ	クラゲ，イソギンチャク，ホヤ，ヒドラ，サンゴ

正答 5

SECTION 7 生物 生態系

実践 問題80 基本レベル

頻出度	地上★	国家一般職★	東京都★	特別区★
	裁判所職員★	国税・財務・労基★		国家総合職★

問 生物の進化に関する記述として最も妥当なのはどれか。

(国税・財務・労基2012)

1：ダーウィンは、従来の自然選択説に対して、用不用の説に基づく進化論を提唱した。これは、生物は環境に適応しようとするが、その結果が子孫に遺伝（獲得形質の遺伝）し、次第に環境に適応した形質をもつ生物が誕生するというものである。

2：古生代末や中生代末には生物が大量絶滅したが、その絶滅の空白を埋めるように別の系統の生物が新たに誕生し繁栄している。古生代末の裸子植物の絶滅後に被子植物が、中生代末の恐竜類の絶滅後にほ乳類が、それぞれ誕生したと考えられている。

3：人類は、中央アジアに生息していた霊長類より進化したものと考えられている。進化の主な要因は氷河期到来による森林の消失と草原の出現で、その結果、大脳、手、耳などの機能が発達したと考えられている。

4：恒温動物の種分化に関しては、温暖な地域では大型化し、寒冷な地域では小型化する傾向がみられる。我が国では、南九州の屋久島に生息するヤクシカやヤクザルは、それぞれシカ類、サル類のなかで最も大きいことがこの例として挙げられる。

5：大陸から離れた島にすむ生物は、ほかの場所へ移動することが難しく地理的に隔離された状態が続くと単一種の集団間に生殖的隔離が起き、種分化が生じることがある。我が国では、海洋島である小笠原諸島において、種分化が起こり、陸産貝類や植物などの固有種が多く見られる。

OUTPUT

チェック欄		
1回目	2回目	3回目

実践 問題 **80** の解説

〈進化論〉

1 × 用不用の説に基づく進化論を提唱したのは，ラマルクである。**用不用説**の説明は正しい。**ダーウィン**は，環境に適応した生存に有利な個体が生き残り，それが遺伝して新しい種ができるという**自然選択説**（自然淘汰説）を提唱した。

2 × 裸子植物が繁栄したのは中生代であるが，現在もイチョウなどがあるように絶滅はしていない。古生代に繁栄した植物はシダ植物である。また，哺乳類の誕生は中生代初期の三畳紀である。

3 × 単一起源説によると，人類はアフリカに生息していた霊長類より進化したものと考えられている。樹上で生活をしていた類人猿の一部が，草原へと進出し猿人となり，その猿人のうちで脳の発達したものが原人へ進化し，さらに現代人の祖先である新人へと進化をした。

4 × 恒温動物は寒冷な地域で大型化し，温暖な地域では小型化する傾向がある。また，温暖な地域の動物は耳などが大きい傾向がある。これは，体積に対する表面積の割合を大きくすることで，体内の熱を早く放出することができるようにするためである。逆に，寒冷地の動物は体積を大きくすることで，表面積の割合を小さくし，体内の熱を放出しにくくし体温を保っている。

5 ○ 記述のとおりである。大陸から離れた島にすむ生物は，ほかの場所へ移動することが難しく地理的に隔離された状態が続くと，その環境に応じて新しい種となることがある。この状態が続き，生物種の遺伝子が変化し，元は同一種であった生物が交配できなくなることがある。このように新しい種ができることを**種分化**という。

正答 **5**

SECTION 7 生物 生態系

実践 問題 81 応用レベル

問 生態系などに関する記述として最も妥当なのはどれか。 （国家総合職2023）

1：生態系内で食物連鎖の下位の一次消費者として個体数が多く，他の生物に大きな影響を与える生物種を，キーストーン種という。例えば，北太平洋に生息するウニは，その数が激減すると，ウニの捕食者のラッコが大幅に数を減らし，その結果，ラッコの捕食者であるシャチが絶滅の危機に瀕することから，キーストーン種の代表例として挙げられている。

2：生態系には，かく乱を受けても，元に戻ろうとする復元力がある。例えば，火山の噴火などによって森林が破壊されても，短期間で樹木が生育し元の植生が回復する。温帯地域では，噴火後の裸地に，タブノキやガジュマルなどの樹種が先駆植物となり，次にクスノキやアカマツなどの樹種が出現し，最後にブナやスギなどの樹種が出現し，極相に達した森林が形成される。

3：特定の物質が，外部の環境や食物に含まれるよりも高い濃度で生物体内に蓄積する現象を生物濃縮という。一般に，生態系で栄養段階の上位の生物ほど高濃度に蓄積するとされているが，フロリゲンや有機水銀などの内分泌かく乱作用のある化学物質は，栄養段階が下位の生物ほど高濃度に蓄積することが知られている。

4：干潟は，海と陸の生態系を結ぶ重要な役割を果たしており，川が運んできた栄養塩類や有機物を干潟で分解する浄化作用を持っている。しかし，栄養塩類が大量に干潟に流れ込むと植物プランクトンが大量に発生し，それを捕食する毒性の動物プランクトンが発生することで，魚類などが中毒死する赤潮の原因となることがある。

5：里山の樹木は陽樹的な性質を持ち，遷移の途中段階の森林で優占する樹木である。そのため，新しい成木が再生するためには，ササなどの下草や，より陰樹的な樹種を取り除くなどの管理が必要である。このような里山の林には，多くの低木や草本などが生育し，昆虫類，両生類，哺乳類などの多様な動物がみられ，生物の多様性が保たれている。

OUTPUT

実践 ▷ 問題 **81** ▷ の解説

チェック欄

1回目	2回目	3回目

第1章 生物

〈生態系〉

1 ✕ キーストーン種は，生態系内の食物網の上位にあり，他の生物の生活に大きな影響を与える生物種のことである。なお，キーストーン（keystone）とは，石造建築物の要石のことであり，それがなくなると全体の構造が崩れてしまうものである。

キーストーン種の代表例としてラッコが挙げられる。北大西洋のアラスカ沿岸では，ラッコが多く生息しているが，1990年代，この海域の一部で，人間による乱獲やシャチによる捕食により，ラッコが急激に減少した。すると，ラッコに捕食されていたウニの個体数が増加し，ジャイアントケルプが減少してしまった。その結果，ジャイアントケルプを産卵場所や隠れる場所としていた魚類や甲殻類の個体数も減少し，それを捕食するアザラシなども姿を消してしまった。

2 ✕ 生態系には，かく乱を受けても，元に戻ろうとする復元力（レジリエンス）があることは正しい。バランスのとれた生態系内では，台風による倒木や小規模な山火事など，さまざまな外部要因によりかく乱されても，復元力がはたらくことで，変動はある範囲内におさまり，生態系のバランスは保たれる。しかし，火山の噴火，外来生物の爆発的な増加，人為的な開発などといった復元力を超える大きなかく乱が起こると，生態系はそれまでのバランスを保てなくなり，元の生態系には戻らずに，新たな生態系へと移行していってしまう。なお，タブノキは極相林における陰樹であり，ガジュマルは亜熱帯から熱帯に分布する。

3 ✕ 生物濃縮についての記述は正しい。生物濃縮が起こりやすい物質には，体内で分解されにくく，体外に排出されにくい性質がある。こうした物質は，食物連鎖を通して，上位の栄養段階の生物の体内で濃縮され，高濃度に蓄積されていく。内分泌かく乱作用のある化学物質（環境ホルモン）も同様に，栄養段階の上位の生物ほど高濃度に蓄積する。なお，フロリゲンは，花芽形成を促進する植物ホルモンである。

4 ✕ 干潟とは，河川が運んできた土砂が堆積し，潮が引くと砂や泥でできた海底が海面上に現れるような場所である。干潟にはプランクトンが多く，それをえさとしている生物も多い。また，水の浄化能力が高いこともあり，近年，干潟の保全が重要視され，人工干潟の造成も試みられている。

栄養塩類などが蓄積して濃度が高くなることを，富栄養化という。富栄養

LEC東京リーガルマインド　2024-2025年合格目標 公務員試験 本気で合格！過去問解きまくり！　209
⑧自然科学Ⅱ

化が進むと,植物プランクトンが増加し,それを食べる動物プランクトンや魚介類も多くすめるようになる。しかし,生活排水の流入などで富栄養化が急速に進行すると,プランクトンが異常に増殖し,海洋では赤潮,淡水ではアオコ(水の華)が発生する。このとき,プランクトン自身の呼吸や,プランクトンの遺体の細菌などによる分解により多くの酸素が消費され,酸素が欠乏した状態となる。また,大量増殖したプランクトンの中には毒素をもつものもいる。その結果,魚介類の生活が厳しくなる。

5 ◯ 記述のとおりである。里山とは,人里の近くにあり,人間によって維持・管理された雑木林や農地,ため池などが混在した地域であり,人間が自然と共生し,生態系の資源を管理しながら継続的に利用してきた一例といえる。里山の雑木林では,定期的に下草刈りや落ち葉かき,伐採が行われることで,極相に達することはなく,人為的に二次遷移が繰り返されている。定期的な伐採などの管理が行われなくなると,雑木林は極相林へと遷移していく。

里山は,さまざまな生物に食料や生息場所,繁殖場所を提供し,生物多様性の高い生態系となっている。しかし,人間が里山を管理しなくなったことで,かつては見られた生物種が著しく減少したり,見られなくなったりした場所もある。人間も生態系のバランスを維持する役割を担っているといえる。

【コメント】
比較的細かな用語も問われていたが,余力があれば押さえておきたい。

正答 5

memo

SECTION 7 生物 生態系

実践 問題 82 応用レベル

頻出度	地上★	国家一般職★	東京都★	特別区★
	裁判所職員★	国税・財務・労基★		国家総合職★

問 表は、日本の医学者・生物学者とその業績の一部を示している。表中の1～5のそれぞれの業績の分野に関する記述として最も妥当なのはどれか。

(国家総合職2021)

	人　名	業　績
1	北里柴三郎	破傷風菌の培養に成功
2	高峰譲吉	アドレナリンの抽出に成功
3	黒沢英一	植物ホルモンであるジベレリンを発見
4	牧野佐二郎	ヒトの染色体が46本であることを発表
5	山中伸弥	ｉＰＳ細胞の作製に成功

1：破傷風菌などの細菌は真核細胞から成る真核生物であり、そのDNAは核膜に包まれている。細菌の細胞内には、光エネルギーを吸収して光合成を行うミトコンドリアや、呼吸によりエネルギーを取り出す役割を担う液胞などの細胞小器官が存在する。北里柴三郎は、培養した破傷風菌から得られた毒素を利用して血清療法を開発し、破傷風の治療と予防に貢献した。

2：食事の摂取によって血糖値が上昇すると、その信号が交感神経を通じて伝わり、アドレナリンやインスリンが分泌される。アドレナリンはインスリンと共に、肝臓に蓄積されているグリコーゲンからグルコースの生成を促進し、血糖値を低下させる。高峰譲吉は、抽出したアドレナリンを血糖降下薬として製剤化し、糖尿病の治療に貢献した。

3：黒沢英一は、イネの成長が通常より促進されるイネ馬鹿苗病の原因菌の培養液からジベレリンを発見した。ジベレリンには成長作用の他に落果促進作用があり、未熟なバナナを放置するとジベレリンの作用により徐々に熟していく。一方、未熟なバナナと成熟したリンゴを密閉容器に入れると、リンゴ由来のエチレンがジベレリンと拮抗し、バナナの成熟を遅らせることができる。

4：染色体に含まれるDNAは、塩基、糖、脂肪酸が一つずつ結合したヌクレオチドが多数鎖状に連なった構造をもつ。DNAを構成する糖はリボースであり、塩基にはアデニン、チミン、グアニン、ウラシルの4種類がある。牧野佐二郎がヒトの染色体の本数を発表して以降、ダウン症候群のような染色体数の異常に起因する疾患の解明が進んだ。

OUTPUT

5：iPS細胞は，分化した体細胞に遺伝子を導入することで細胞を未分化な状態に戻したものであり，様々な細胞に分化する多能性と高い増殖能をもつ。山中伸弥は，iPS細胞の作製でノーベル生理学・医学賞を受賞した。この細胞は再生医療などへの活用が期待されているが，医療応用上の問題として，腫瘍化の可能性も指摘されており，このリスクを軽減するための研究も進められている。

第1章 生物

実践 問題 82 の解説

〈生物学史〉

1 × 破傷風菌などの細菌は原核生物であり，核をもたずDNAは核膜に包まれていない。また，細胞小器官もほとんどもたない。なお，光エネルギーを利用して**光合成**を行うのは**葉緑体**であり，また，**呼吸**によりエネルギーを取り出す役割を担っているのは**ミトコンドリア**である。北里柴三郎が破傷風の血清療法を開発した点は正しい。

2 × **血糖値が上昇**すると，**副交感神経**を通じてすい臓のランゲルハンス島**B細胞**を刺激し，**インスリン**が分泌される。インスリンは肝臓や筋肉に作用し，グリコーゲンの合成を促して**血糖値を低下**させる。なお，**アドレナリン**が分泌されるのは**低血糖時**であり，肝臓や筋肉に作用し，貯蔵されているグリコーゲンの分解を促進することによって，**血糖値を増加**させる。高峰譲吉は，アドレナリン液剤を開発し，現在でも急激な血圧低下に対する昇圧剤などとして用いられている。

3 × 黒沢英一がイネばか苗病から**ジベレリン**を発見した点は正しい。ジベレリンは成長作用があるほか，種なしブドウの処理に用いられる。未熟なバナナと成熟したリンゴを密閉容器に入れると，リンゴ由来の**エチレン**の作用により，バナナの成熟を促進する。

4 × **DNA**は，塩基，糖，リン酸が1つずつ結合したヌクレオチドが多数鎖状に連なった構造をもつ。DNAを構成する糖は**デオキシリボース**であり，塩基には**アデニン**，**チミン**，**グアニン**，**シトシン**の4種類がある。ヒトの染色体が46本であることを報告したのは，アメリカのチョーとレバンである。

5 ○ 記述のとおりである。2012年，**山中伸弥**とジョン・ガードンは，「成熟細胞が初期化され多能性をもつことの発見」により，ノーベル生理学・医学賞を受賞した。

【コメント】
聞いたことのない生物学者の名前が出てきて混乱したかもしれないが，よく見てみると単純な引っ掛け問題である。

正答 5

memo

生物

第1章

章末 CHECK

❓ Question

Q1 リボソームは炭水化物を合成する場である。

Q2 葉緑体は動物にも存在するが，使われることはない。

Q3 ミトコンドリアは発酵の場である。

Q4 酵素は基質を反応させると同時に自身も変化する。

Q5 酵素の最適pHは7である。

Q6 酵素の最適温度は一般に50〜70℃である。

Q7 光合成は光の強さが強いほど二酸化炭素の吸収量が増す。

Q8 植物は蛍光灯の光でも光合成ができる。

Q9 酵母菌の発酵によって生成されるエタノールは，お酒の中に含まれているアルコールである。

Q10 解糖系，クエン酸回路，電子伝達系の中で，最もATPを得ているのは電子伝達系である。

Q11 間脳は感情や感覚の中枢である。

Q12 大脳の視床下部は自律神経の中枢である。

Q13 交感神経が作用していると，心臓の拍動は抑制される。

Q14 交感神経が作用していると，消化器の活動は抑制される。

Q15 ヒトの赤血球は，中央のくぼんだ円盤状の細胞で，核がある。

Q16 慢性的な白血球の減少は貧血を引き起こす。

Q17 マクロファージは白血球の一種であり，細菌などの異物を取り入れて消化する。

Q18 血液を凝固させないためには人肌で温めればよい。

Q19 血しょうは二酸化炭素，尿素などの老廃物を溶かして運び去る。

Q20 白血球の過剰な反応をアレルギー反応といい，花粉症などが例に挙げられる。

Q21 刺激に対して一定方向に移動する行動を刷込みという。

Q22 動物の行動のうち生後獲得した行動を知能という。

Q23 頂芽優勢を促進させる植物ホルモンをジベレリンという。

Q24 根の先端部で合成され，成長を促進する植物ホルモンで，化学成分がインドール酢酸であるものはサイトカイニンである。

Q25 植物の花芽形成が日照時間の長短に左右されることを光周性という。

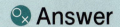

A1	×	リボソームはタンパク質を合成する場である。
A2	×	葉緑体は動物細胞に存在しない。なお，細胞壁も存在しない。
A3	×	ミトコンドリアは呼吸の場である。
A4	×	触媒である酵素は変化しない。
A5	×	たとえば，胃酸内に存在するペプシンという酵素の最適pHは2である（強酸性）。
A6	×	酵素の最適温度は一般に30〜40℃である。
A7	×	光合成の反応において，初めのうちは光の強さが関係するが，最終的には温度と二酸化炭素の濃度が影響してくる。
A8	○	記述のとおりである。
A9	○	記述のとおりである。なお，乳酸菌の発酵によって生成される乳酸は，キムチやヨーグルトに含まれている。
A10	○	電子伝達系では，最大で34分子のＡＴＰを得ている。
A11	×	大脳に関する記述である。
A12	×	間脳に関する記述である。
A13	×	交感神経が作用していると，心臓の拍動は促進される。
A14	○	記述のとおりである。
A15	×	ヒトの赤血球には核がない。その他の記述は正しい。
A16	×	白血球ではなく，赤血球である。
A17	○	記述のとおりである。これを食作用という。
A18	×	血液を凝固させないためには冷やせばよい。これは酵素のはたらきを停止させるためである。
A19	○	記述のとおりである。
A20	○	記述のとおりである。そのほかに喘息なども挙げられる。
A21	×	刺激に対して一定方向に移動する行動を走性という。
A22	×	動物の行動のうち生後獲得した行動を学習という。
A23	×	頂芽優勢を促進させる植物ホルモンをオーキシンという。
A24	×	根の先端部で合成され，成長を促進する植物ホルモンで，化学成分がインドール酢酸であるものはオーキシンである。
A25	○	植物の花芽形成が日照時間の長短に左右されることを光周性という。この性質により，長日植物，短日植物，中性植物に分類される。

第1章 生物

第1章 生物
章末 CHECK

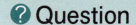

Q26 キクやアサガオは長日植物である。

Q27 気温や降水量などの条件が満たされている地域では，一般に極相は陽樹林の群落となる。

Q28 アリとアリマキは双方が利益を得るため，寄生の関係にある。

Q29 植物の中で維管束が分化していないのは藻類とコケ植物である。

Q30 脊椎動物の中で恒温動物は，は虫類と哺乳類である。

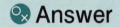

A26 × キクやアサガオは短日植物である。短日植物とは暗期が一定以上の長さになると開花する植物である。

A27 × 気温や降水量などの条件が満たされている地域では、一般に極相は陰樹林の群落となる。

A28 × アリとアリマキは双方が利益を得るため、相利共生の関係にある。

A29 ○ 植物の中で維管束が分化していないのは藻類とコケ植物である。藻類にはクロレラやアオノリがある。

A30 × 脊椎動物の中で恒温動物は鳥類と哺乳類である。

memo

第2章

地学

SECTION

① 地球の内部構造
② 岩石と地層
③ 気象現象
④ 宇宙

第2章 地学

出題傾向の分析と対策

試験名	地上			国家一般職(旧国Ⅱ)			東京都			特別区			裁判所職員			国税・財務・労基			国家総合職(旧国Ⅰ)		
年度	15-17	18-20	21-23	15-17	18-20	21-23	15-17	18-20	21-23	15-17	18-20	21-23	15-17	18-20	21-23	15-17	18-20	21-23	15-17	18-20	21-23
出題数 / セクション	3	3	3				5	3	3	6	6	6	3	3	3	1		1	1	1	1
地球の内部構造			★				★			★	★		★			★					
岩石と地層	★						★	★★	★	★	★	★		★	★						★
気象現象	★	★	★				★	★	★	★	★	★★	★	★	★★				★	★	
宇宙	★	★★	★				★★		★	★★	★★★	★★	★	★						★	

(注) 1つの問題において複数の分野が出題されることがあるため、星の数の合計と出題数とが一致しないことがあります。

　地学は、生物とは異なり、出題される範囲が狭いため、学習したことがそのまま出題される可能性が高い科目である。その中でも出題頻度が高いのが、「気象現象」、「宇宙」の2分野である。すべての分野を学習する余裕がない場合も、この2分野は学習しておくとよいだろう。

※人事院・裁判所より、2024年以降の試験内容変更が発表されています（2023年8月現在）。各自必ず試験実施機関の情報をご確認ください。

地方上級

　例年1問出題される。「宇宙」からの出題が多い。

　知識問題だけではなく、データから考察させる問題が出題されることもある。

国家一般職（旧国家Ⅱ種）

　2012年からは出題されていない。2011年までは2問出題されており、「気象」からの出題が多かった。主として知識問題が出題されていたが、データから考察させる問題や、計算問題が出題されたことがある。

東京都

　2019年、2022年、2023年は一般方式の行政系で1問、技術系で2問、新方式の行政系で1問出題され、2020年、2021年は一般方式の行政系で1問、技術系で2

間の出題で，新方式では出題がなかった。2007年までは出題がなかったが，2008年からは例年出題されている。難易度は標準レベルである。

特別区

2009年から例年2問出題されるようになった。「宇宙」，「地球の内部構造」，「岩石と地層」からの出題が多い。「岩石と地層」では，地球史に関する問題が多い。「気象」からはほとんど出題されていなかったが，2011年，2013年，2017年，2019年，2021年，2022年に出題された。難易度は標準レベルが多い。

裁判所職員

例年1問出題されている。2010年までは，4つないし5つの記述のうち正しいものをすべて挙げるという出題形式であり，1つの記述が4〜5行もあって文章量が多く難易度は高かった。2011年，2016年は穴埋め形式，2012年は並び替え形式，2020年，2022年は正文択一形式，2013年〜2015年，2017年〜2019年，2021年，2023年は正誤の組合せ形式に変わり，それまでと比べて解きやすくなった。

国税専門官・財務専門官・労働基準監督官

2013年〜2015年，2023年は1問の出題であり，2012年，2016年〜2022年は出題されていない。2011年までは2問出題されていた。標準レベルから難問まで広く出題されている。

国家総合職（旧国家Ⅰ種）

2012年，2015年，2016年，2018年，2019年，2021年，2023年は出題されていないが，2013年，2014年，2017年，2020年，2022年は1問出題されている。「気象」と「宇宙」の分野からの出題がやや多い。基礎的な知識を問う，学習効果が高い問題が出題されている。

Advice アドバイス　学習と対策

地学は，出題数が少ないが，出題される範囲が狭く，学習したことがそのまま出題される可能性が高いというメリットがある。地学が出題される試験種を受験する人は，ぜひとも学習してほしい。

地学は，知識問題，計算問題，データの考察問題の3つに大別することができる。知識問題は，出題頻度が高く，対策も容易であるから最優先で学習しよう。計算問題は，敬遠しがちであるが，地学の場合はパターンが少なく，公式にあてはめれば解けるものが多いため，学習しておけば得点できる可能性が高い。データの考察問題も，落ち着いて解答すれば難しくはないものが多い。

第2章 SECTION 1 地学
地球の内部構造

必修問題 セクションテーマを代表する問題に挑戦！

地学の基礎，地球の内部構造について学習していきます。丸暗記
ではなく，イメージをつかむとよいでしょう。

問 地震に関する記述として妥当なのはどれか。 （国税・労基2001）

1：地震の大部分は，異なるプレート間の境界面に存在する断層の活動が原
因となって発生する。プレートは，マントルの上部を緩やかに移動する
厚さ約20キロメートルのアセノスフェアの層を指し，日本列島の地震の
大部分は，ユーラシアプレートの上部に太平洋プレートが乗り上げ，断
層が生じることにより発生する。

2：活断層とは，過去繰り返し発生した大地震の痕跡を地表面で確認するこ
とができ，かつ，今後20年以内に再び活動する可能性の高いとみられる
断層をいう。地震の原因となる活断層は岩盤を上下に移動させる正断層
又は逆断層と呼ばれる型に限られ，活断層の長さが増すほど地震の規模
も小さくなる。

3：地震を表す指標のうち，ある地点での地震の被害の程度を表す「震度」は，
0から7までの8階級設定されており，通常震源から50キロメートル程
度離れた地点で最も大きくなる。一方，地震の大きさを表す尺度が「マ
グニチュード［M］」であり，この値が1増すとそのエネルギーは10倍と
なる。

4：世界的にみると大地震の震源は，環太平洋地震帯，海底にある中央海嶺，
アジア大陸の内部など特定地域に偏って分布している。日本列島周辺で
は，M8以上の巨大地震の大半は海底で発生しているが，内陸を震源と
する地震は震源が浅いものが多いためその規模に比べ被害は大きいこと
が多い。

5：我が国の地震予知の研究は実用化段階に達しており，近い将来巨大地震
が発生する可能性の高いとみられる東海地方を始めとする八つの特定地
域については，本震の前兆となる前震活動を常時観測し，1週間以内に
震度6以上の地震が予測されるような異常を認めた場合は政府が警戒宣
言を発令する体制が採られている。

頻出度	地上★★	国家一般職★	東京都★	特別区★★★
	裁判所職員★★	国税・財務・労基★★		国家総合職★

必修問題の解説

チェック欄

1回目	2回目	3回目

〈地震〉

第2章 地学

1 ✕ 地球は**地殻，マントル，外核，内核**の4層構造になっている。また，マントルは上層部が硬く，その下は軟らかくなっている。このマントル上層部とその上の地殻が硬い層であり，**プレート**または**リソスフェア**という。リソスフェアの厚さは100km程度である。また，その下の軟らかい層を**アセノスフェア**という。

日本付近には，ユーラシアプレート，太平洋プレート，北米プレート，フィリピン海プレートの4枚があり，ユーラシアプレートの下に太平洋プレートが潜り込むことにより発生する地震が多い。

2 ✕ **活断層**とは，新生代第四紀に活動し，今後も活動する可能性がある断層のことである。日本の代表的な活断層に，中央構造線，糸魚川—静岡構造線などがある。活断層には，正断層，逆断層，横ずれ断層があり，断層面が広いほど，また断層の距離が長いほど地震の規模は大きくなる。

3 ✕ 震度は揺れの大きさを表すものであり，日本の震度階級は，**0，1，2，3，4，5弱，5強，6弱，6強，7の10階級**である。また，震源の真上の地表を震央といい，通常，震度は震央で最大になる。

それに対して**地震の規模そのものを表すのがマグニチュード**であり，1つの地震に対して1つの値が決まる。たとえば，2018年の北海道胆振東部地震はマグニチュード6.7，2016年の熊本地震はマグニチュード7.3，2011年の東北地方太平洋沖地震（東日本大震災）はマグニチュード9.0，1995年の兵庫県南部沖地震（阪神・淡路大震災）はマグニチュード7.3である。また，**マグニチュードが1大きくなると地震のエネルギーは約32倍，2大きくなると1,000倍**になる。

4 ○ 記述のとおりである。世界的に見て地震が多いところは，**環太平洋地震帯**(太平洋を取り巻く地域)，アルプス—ヒマラヤ山系（アルプス山脈とヒマラヤ山脈を結ぶ地域），大洋中の海嶺付近，の3つである。

また，マグニチュード8以上の大地震は海溝付近で起きることが多いため，環太平洋地震帯で発生することが多い。しかし，内陸で起きる地震は浅発地震のため，マグニチュードが小さくても被害は大きくなることが多い。

5 ✕ 地震予知は実用段階に達しているとは言いがたい。たとえば，海溝付近で発生する巨大地震は周期性が認められるが，長期的な予知しかできておらず，地震発生の日時を予知するようなことはできない。また，火山の変化から火山付近の地震を予知する研究がされているが，これは局所的なものである。

正答 4

LEC東京リーガルマインド　2024-2025年合格目標 公務員試験 本気で合格！過去問解きまくり！⑧自然科学Ⅱ　225

地学
地球の内部構造

1 地震波

地震は，地球内部にある岩盤が急激に破壊され，ずれが生ずる（これを断層といいます）ときに起こるもので，破壊が起こった場所を震源，その真上の地表を震央といいます。地震波は，その性質によって，いくつかに分類されますが，代表的な地震波をP波，S波といいます。

種類	伝播場所・媒体	速　度	種類
P波	固体・液体・気体	5〜7km／s	縦波
S波	固体	3〜4km／s	横波

2 地球の内部構造

地球の表面から順に内部を見ていくと，地殻，マントル，外核，内核の4層構造になっていて，地殻とマントルの境をモホロビチッチ不連続面（モホ面），マントルと外核の境をグーテンベルク面，外核と内核の境をレーマン面といいます。各層の構造は次のようになります。

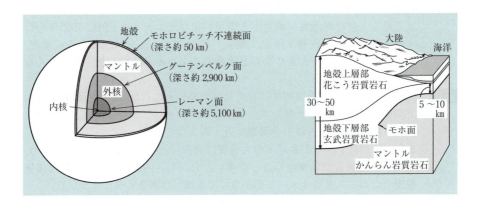

INPUT

名　称		深さ・温度	地震波	状態	構成物質
地殻	上層	0 ～約50km	P波・S波	固　体	花こう岩
	下層	15～800℃			玄武岩
マントル		2,900km 800～4,500℃			かんらん岩
核	外　核	5,100km 4,500～6,000℃	P　波	液　体	鉄・ニッケル
	内　核	6,350km 6,000～6,100℃	P　波	固　体	

第2章 地学

3 プレートテクトニクス

　地殻とマントルを岩石の密度や粘性から分類すると，地殻，マントル上層部（粘性が大きい）とマントル下層部（粘性が小さい）に分けることができ，前者を**リソスフェア**，後者を**アセノスフェア**といいます。リソスフェアは硬くてほとんど変形せずに移動するため**プレート**ともいいます。

　プレートが水平方向に移動するという考えに基づく理論を**プレートテクトニクス**といい，プレートの生成，移動，沈み込みの理論から，地震，火山，造山運動などの地殻変動の現象を説明することができます。

4 地震の大きさ

　地震の規模を表すのに**マグニチュード M** が使われます。たとえば，最大振幅が1㎝（$10^4 \mu$m）のとき，マグニチュードは4です。マグニチュードが1大きくなると地震のエネルギーは約32倍になり，**マグニチュードが2大きくなるとエネルギーは1,000倍**になります。

　また，各観測地点での揺れの大きさを表すのに**震度**が使われています。1996年から震度は10階級に分かれています（0～7，さらに震度5と6は強と弱）。震度は，震央からの距離によって異なり，一般的に，震央から遠くなると震度は小さくなります。

第2章 SECTION 1 地学
地球の内部構造

実践 問題 83 基本レベル

問 次は地震に関する記述であるが，ア〜エに当てはまるものの組合せとして正しいのはどれか。 （国Ⅱ2002）

　地震が起こると，まず初めに小刻みな振動があり，続いて揺れの大きな振動を生じる。初めの小刻みな振動を初期微動といい，続く大きな振動を主要動という。初期微動に対応する地震波は，P波といい，　ア　である。一方，主要動に対応する地震波は，S波といい，　イ　である。P波はS波よりも早く伝わるため，震源から遠ざかるにつれて，両地震波の到達時刻の差（初期微動継続時間）は大きくなる。

　我が国では，ある特定の地点での地震の揺れの大きさは，10段階の震度階級で表しており，最高震度である　ウ　では，耐震性の高い住宅でも，大きく破壊することがある。一方，地震によって放出されるエネルギーの大きさすなわち，地震の規模を表す尺度としてマグニチュードという単位が用いられる。マグニチュードが1増すごとにエネルギーは　エ　になる。深刻な被害をもたらす規模の地震は一般にマグニチュードが6以上であるとされ，地下の岩石のエネルギーに耐える力の制約から，最大でもマグニチュードが9を超える規模の地震はありえないといわれる。

	ア	イ	ウ	エ
1：	横波	縦波	震度7	約10倍
2：	横波	縦波	震度9	約32倍
3：	横波	縦波	震度7	約32倍
4：	縦波	横波	震度9	約10倍
5：	縦波	横波	震度7	約32倍

OUTPUT

実践 問題83 の解説

〈地震〉

ア 縦波 P波は，振動方向と進行方向が同一の縦波である（下図参照）。なお，縦波は疎密の状態が伝わっていく波であるため，疎密波ともよばれている。

イ 横波 S波は，振動方向と進行方向が垂直の横波である（下図参照）。なお，横波はねじれの状態を伝えていく波ということもできる。

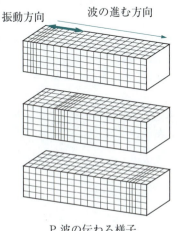

P波の伝わる様子

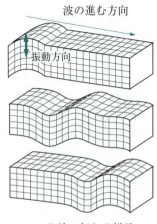

S波の伝わる様子

ウ 震度7 現在，わが国の震度階級は震度0，1，2，3，4，5弱，5強，6弱，6強，7の10段階で表すこととなっている。したがって，最高震度は震度7である。

エ 約32倍 マグニチュード M と地震で放出されるエネルギー E の間には，

$$\log_{10} E = 1.5M + 4.8$$

の関係があり，マグニチュード M が1大きくなると，放出されるエネルギー E は約32倍（＝$\sqrt{1000}$倍）大きくなる。

よって，正解は肢5である。

正答 5

地球の内部構造

実践 問題 84 基本レベル

頻出度 地上★★ 国家一般職★ 東京都★ 特別区★★★
裁判所職員★★ 国税・財務・労基★★ 国家総合職★

問 地震に関する記述として,妥当なのはどれか。 (特別区2014)

1：地震が発生した場所を震央,震央の真上の地表点を震源,震央から震源までの距離を震源距離という。
2：Ｓ波による地震の最初の揺れを初期微動といい,最初の揺れから少し遅れて始まるＰ波による大きな揺れを主要動という。
3：地震による揺れの強さを総合的に表す指標を震度といい,気象庁の震度階級は,震度0から震度7までの10階級となっている。
4：地震の規模を表すマグニチュードは,1増すごとに地震のエネルギーが10倍になる。
5：海洋プレートが大陸プレートの下に沈み込む境界面をホットスポットといい,その付近では巨大地震が繰り返し発生する。

OUTPUT

実践 問題 84 の解説

〈地震〉

1 ✕ 地震が発生した場所を<u>震源</u>、震源の真上の地表点を<u>震央</u>、震源から観測点までの距離を震源距離という。震央から震源までの距離は震源の深さである。

2 ✕ <u>P波</u>による地震の最初の揺れを初期微動といい、最初の揺れから少し遅れて始まる<u>S波</u>による大きな揺れを主要動という。P波による初期微動が到達してからS波による主要動が到達するまでの時刻の差を<u>初期微動継続時間</u>といい、これを測定することにより<u>大森公式</u>を用いて震源距離を計算することができる。

3 ○ 記述のとおりである。<u>地震による揺れの強さを総合的に表す指標を震度</u>といい、気象庁の震度階級は、<u>0、1、2、3、4、5弱、5強、6弱、6強、7の10階級</u>となっている。1995（平成7）年の阪神・淡路大震災などをきっかけとして、被害の判定をより細かく行うため、1996年に震度5と6がそれぞれ弱と強に分けられた。

4 ✕ 地震の規模を表すマグニチュードは、1増すごとに地震のエネルギーが<u>約32倍</u>になり、2増すごとに地震のエネルギーが1,000倍になる。

5 ✕ 海洋プレートが大陸プレートの下に沈み込む境界面は海溝やトラフとなっている。その付近では巨大地震が繰り返し発生する。たとえば日本海溝付近では、2011年の東北地方太平洋沖地震、1994年の三陸はるか沖地震、1968年の十勝沖地震、1896年の明治三陸地震などが発生している。なお、<u>ホットスポットとは、高温になったマントル物質が上昇するホットプルームが、プレートを突き破って火山などとなっているものをいう</u>。ハワイ諸島や天皇海山群などが知られている。

正答 **3**

地球の内部構造

実践 問題 85 基本レベル

問 下の図は，ある観測点における地震計の記録であり，震源からの距離D〔km〕とPS時間（初期微動継続時間）T〔秒〕との間には，D＝8Tの関係がある。この観測点から震央までの距離が12kmであるとき，震源の深さとして，最も妥当なのはどれか。ただし，観測点は地表にあり，地震波速度は一定とする。

（東京都2022）

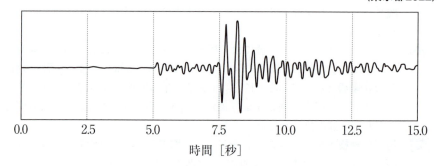

1：14km
2：16km
3：18km
4：20km
5：22km

OUTPUT

実践 問題 85 の解説

〈地震〉

図より，初期微動は5.0秒から7.5秒までであるから，ＰＳ時間(初期微動継続時間)は，

7.5－5.0＝2.5［秒］

である。

このとき，震源からの距離Ｄ［km］とＰＳ時間Ｔ［秒］の関係が，Ｄ＝８Ｔであるから，

Ｄ＝８×2.5＝20［km］

である。

観測点から震央まで12kmであるから，震源の深さを x［km］とすると，

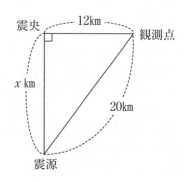

$x^2 + 12^2 = 20^2$
$x^2 = 20^2 - 12^2$
    $= (20+12)(20-12)$
    $= 32 \times 8$
    $= 256$

$x > 0$ より，$x = 16$［km］

よって，正解は肢２である。

【コメント】

この直角三角形の辺の長さの比は，12：20＝3：5より，辺の長さの比が3：4：5である直角三角形になっていることに気づくと，容易に計算できた。

正答 2

SECTION 1 地球の内部構造

実践 問題 86 基本レベル

[問] 震源で地震が発生してから地震波が観測点に達するまでの時間を走時という。図は、地殻内で起きたある地震の最初の波（P波）の走時を縦軸に、震央から各観測地点までの距離を横軸にとったものである。下文の下線部分ア～ウの正誤を正しく示しているのはどれか。　　　　　　　　　　　（地上2001）

「グラフは震央距離 I [km] で折れ曲がっており、折れ曲がりの前のa部分と後のb部分とでは、P波の平均伝達速度が異なっている。平均伝達速度の速い方は ア a部分である。

　地震波の伝達速度は、地殻内よりその下のマントル内の方が速い。このため、P波が震源から地殻内の最短距離を通って観測点に到達する場合（直接波という）と、震源からいったんマントル内に入り、マントル上部を伝わってから再び地殻内を通って観測点に達する場合（屈折波という）では、伝達速度が異なる。屈折波の走時を示しているのは イ b部分である。

　グラフの折れ曲がる位置 I は地震の震源の深さや地殻の厚さによって変化する。地殻の厚さが広範囲にわたって一定の場合、地殻内で起きた地震は震源の深い方が I の震源からの距離は ウ 短くなる。」

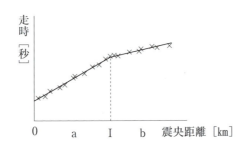

	ア	イ	ウ
1 :	正	正	誤
2 :	正	誤	正
3 :	誤	正	正
4 :	誤	正	誤
5 :	誤	誤	誤

OUTPUT

実践 問題 86 の解説

〈地震〉

ア × 地下には**地震波の伝わる速さの不連続になる面**があり、これを**モホロビチッチ不連続面（モホ面）**という。深さは大陸では30〜50km、海底では5〜10kmである。モホ面より上の層を地殻といい地震波の伝わる速さは小さく、モホ面より下の層はマントルで地震波は速く伝わる。
P波は震央距離aの範囲では、地殻の層を伝わる遅い直接波が先に到達するが、bの範囲では、屈折波が先に到達する。したがって、bのほうが平均伝達速度は速いといえる。

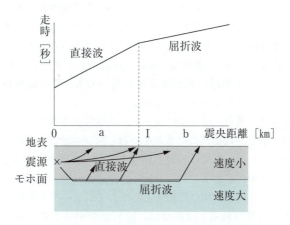

イ ○ 記述のとおりである。アで説明したとおり、b部分では平均の地震波伝達速度が大きくなっており、これは地震波伝達速度の大きいマントルを通過してきたためである。したがって、屈折波の走時を示しているのは、b部分であり、イは正しい。

ウ ○ 記述のとおりである。震源が深い場合よりも浅い場合のほうが、屈折波がいったんマントルまで到達するのにかかる時間が長い。したがって、震源が浅い場合のほうが屈折波が直接波に追いつくのに時間がかかるといえ、震源からIまでの距離も長くなる。したがって、逆に震源の深いほうがIの震源からの距離は短くなるため、ウは正しい。

よって、正解は肢3である。

正答 3

第2章 SECTION 1 地学
地球の内部構造

実践 問題 87 基本レベル

頻出度
- 地上 ★★
- 国家一般職 ★
- 東京都 ★
- 特別区 ★★★
- 裁判所職員 ★★
- 国税・財務・労基 ★★★
- 国家総合職 ★

問 地震に関する記述として最も妥当なのはどれか。　　（国税・財務・労基2015）

1：地震発生と同時に、地震波であるP波とS波は震源から同時に伝わり始めるが、縦波であるP波の方が横波であるS波より速く伝わる。両者の波の観測点への到達時刻の差を初期微動継続時間といい、震源から観測点までの距離に比例してこの時間は長くなる。

2：地球内部は地殻、マントル、核の三つに分けられる。マントルは、地震が発生した際にS波が伝わらないことから固体であると推定され、核は、P波の伝わる速度がマントルに比べて速いことから液体であると推定されている。

3：世界で起きる地震は、プレート内部の地殻深部で起きるものが多い。我が国で地震の発生が多いのは、日本列島全体が太平洋プレートの上にあるからであり、アルプス－ヒマラヤ地域で比較的発生が多いのも、この地域がユーラシアプレートの中央に位置しているからである。

4：地震の大きさは、通常、マグニチュードと震度で表される。マグニチュードは地震の規模を示し、地震波のエネルギーは、マグニチュードが1大きくなると約2倍になる。一方、震度は地震の強さを示し、震度が1大きくなると、地震の伝達範囲は4倍に広がる。

5：断層は地震による地層のずれで発生し、ずれ方によって正断層と逆断層の二つのいずれかに分類される。逆断層は、断層面が滑りやすく地震が発生するたびにずれる断層で活断層とも呼ばれる。一方、正断層は一度ずれると断層面が固着するので、再び地層がずれることはない。

OUTPUT

実践 問題 87 の解説

〈地震〉

1 ○ 記述のとおりである。P波は縦波であり、横波であるS波よりも速く伝わる。P波が伝わってから、S波が伝わるまでの時間を**初期微動継続時間**といい、**震源からの距離に比例してこの時間は長くなる。**

2 × マントルは、地震のS波が伝わるため固体であると推定され、上部マントルは、かんらん岩からなり、下部マントルは、緻密な結晶構造をもつ鉱物になっていると考えられている。核は、外核（深さ約2,900〜5,100km）と内核（約5,100km以上）に分かれており、いずれも鉄とニッケルが主成分であるが、外核は液体、内核は固体の状態になっている。**液体である外核は、S波は伝わらず、P波のみが伝わるが**、その速度はマントルに比べて遅い。

3 × 世界で起きる地震は、プレートの境界に沿って起きるものが多い。わが国の巨大地震は、ユーラシアプレートに対して太平洋プレートやフィリピン海プレートが沈み込むことによって、発生している。また、アルプス－ヒマラヤ地域では、ユーラシアプレートとアフリカプレート、ユーラシアプレートとインド・オーストラリアプレートが衝突することにより、大きな地震が起きている。

4 × マグニチュード M は、地震によって放出されるエネルギー E の大きさを対数で表した指標であり、$M = \dfrac{1}{1.5} \log_{10} E + c$（$c$ は定数）という関係がある。したがって、**マグニチュード M が1大きくなると、地震エネルギー E は約32（$=\sqrt{1000}$）倍**になる。一方、震度は、地震の振動の強さを表す指標であり、その強さは、震源からの距離とともに弱まっていくが、地盤の状態によっても変化する。したがって、震度は、地震の伝達範囲とは直接的には関係ない。

5 × **断層**はずれの方向によって**正断層、逆断層、横ずれ断層**に分類されるが、ずれの回数や頻度はその分類とは無関係である。**活断層**とは、最近数十万年の間に繰り返し活動したもので、今後も活動する可能性がある断層をいい、前述の断層の形態と関係はない。

正答 **1**

第2章 SECTION 1 地学
地球の内部構造

実践 問題 88 基本レベル

問 液状化現象に関する次の文章の空欄ア～ウに当てはまる語句の組合せとして，妥当なのはどれか。 （東京都2016）

　液状化現象とは，地震発生で繰り返される振動により，水を大量に含んだ砂層において砂粒子間の結合がはずれ，地下水の圧力が ア なり，砂粒子が水中に イ する状態になることをいう。この状態になると，比重が小さい下水道のマンホールなどが ウ ，地滑りが発生したり，港の岸壁がせり出したりする場合がある。

	ア	イ	ウ
1：	高く	沈殿	浮き上がったり
2：	高く	沈殿	沈み込んだり
3：	高く	浮遊	浮き上がったり
4：	低く	浮遊	浮き上がったり
5：	低く	沈殿	沈み込んだり

OUTPUT

実践 問題 **88** の解説

チェック欄		
1回目	2回目	3回目

〈液状化現象〉

　液状化現象とは，地震発生で繰り返される振動により，水を大量に含んだ砂層において砂粒子間の結合がはずれ，地下水の圧力が ア：高く なり，砂粒子が水中に イ：浮遊 する状態になることをいう。この状態になると，比重が小さい下水道のマンホールなどが ウ：浮き上がったり ，地滑りが発生したり，港の岸壁がせり出したりする場合がある。

　よって，正解は肢3である。

第2章　地学

正答 **3**

SECTION 1 地学 地球の内部構造

実践 問題 89 基本レベル

頻出度	地上★★	国家一般職★	東京都★★	特別区★★★
	裁判所職員★★	国税・財務・労基★★		国家総合職★

問 地震と地球の内部構造に関する次の文中ア〜エに入る語句を正しく選んだのはどれか。
(地上2014)

地震が起こるとP波とS波が発生し、地球内部を伝わる。P波は波の進行方向に振動する縦波で固体、液体、気体中を伝わる。S波は波の進行方向と直角に振動する横波で ア 中のみ伝わる。P波とS波で観測点に先に到達するのは イ である。

図Ⅰのように、震央と地球の中心と観測点を結んでできる中心角を角距離とすると、P波は103°〜143°にはほとんど伝わらず、S波は103°以遠には伝わらない。このことは地球の内部構造と関係がある。

図ⅡはP波の伝わり方を模式的に示したものである。図よりP波はマントルと外核の境界で曲がって伝わっている。これより、P波が伝わらない地点があることが説明できる。

波の速さが速い層から遅い層へと入射する波は、進行方向が境界から遠ざかる方向へ曲がる。③の曲がり方より、波の伝わる速さはマントルよりも外核のほうが ウ ことがわかる。

これより、マントルは ア 、外核は エ であると推定される。

図Ⅰ

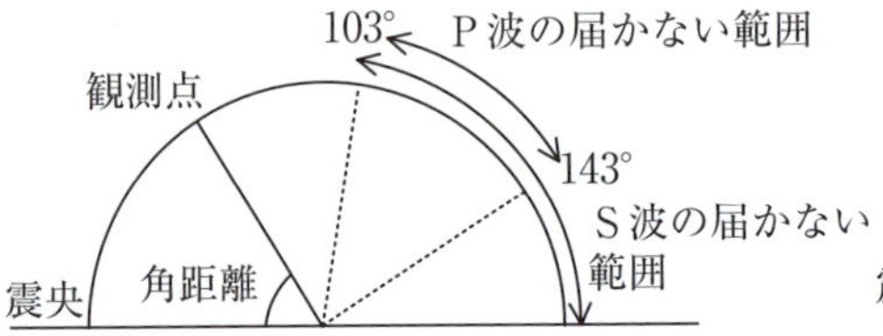

図Ⅱ

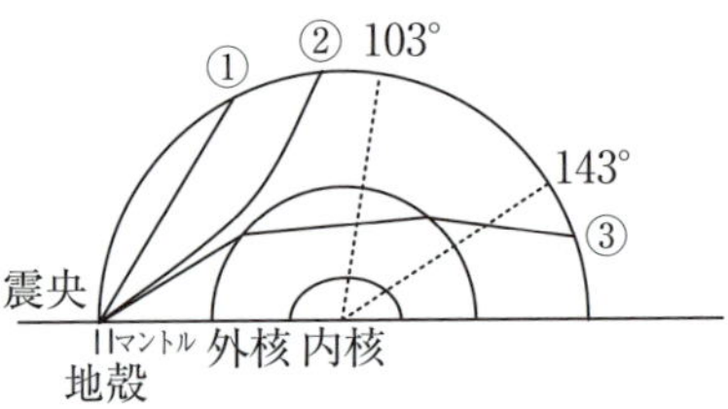

	ア	イ	ウ	エ
1：	液体	P波	遅い	固体
2：	液体	S波	速い	固体
3：	固体	P波	速い	液体
4：	固体	P波	遅い	液体
5：	固体	S波	速い	液体

OUTPUT

実践 問題 **89** の解説

〈地球の内部構造〉

　地震が起こるとP波とS波が発生し，地球内部を伝わる。P波は波の進行方向に振動する縦波で固体，液体，気体中を伝わる。S波は波の進行方向と直角に振動する横波で ア：固体 中のみ伝わる。P波とS波で観測点に先に到達するのは イ：P波 である。P波とS波の到達時間の差を初期微動継続時間といい，大森公式を用いれば観測点から震源までの距離を求めることができる。

　地震波の伝わり方を調べることによって，地球の内部構造を推定することができる。問題の図Ⅰのように，震央と地球の中心と観測点を結んでできる中心角を角距離とすると，P波は103°〜143°にはほとんど伝わらず，S波は103°以遠には伝わらない。

　問題の図ⅡはP波の伝わり方を模式的に示したものである。図よりP波はマントルと外核の境界で曲がって伝わっている。これより，P波が伝わらない地点があることが説明できる。

　波の速さが速い層から遅い層へと入射する波は，進行方向が境界から遠ざかる方向へ曲がる。③の曲がり方より，波の伝わる速さはマントルよりも外核のほうが ウ：遅い ことがわかる。

　これより，マントルは ア：固体 ，外核は エ：液体 であると推定される。この境界をグーテンベルク不連続面といい，深さ約2,900kmである。

　よって，正解は肢4である。

正答 4

SECTION 1 地学 地球の内部構造

実践 問題 90 基本レベル

問 地球の内部構造に関する記述として，妥当なのはどれか。 （特別区2020）

1：地球の内部構造は，地殻・マントル・核の3つの層に分かれており，表層ほど密度が大きい物質で構成されている。
2：マントルと核の境界は，モホロビチッチ不連続面と呼ばれ，地震学者であるモホロビチッチが地震波の速度が急に変化することから発見した。
3：地殻とマントル最上部は，アセノスフェアという低温でかたい層であり，その下には，リソスフェアという高温でやわらかく流動性の高い層がある。
4：地球の表面を覆うプレートの境界には，拡大する境界，収束する境界，すれ違う境界の3種類があり，拡大する境界はトランスフォーム断層と呼ばれる。
5：地殻は，大陸地殻と海洋地殻に分けられ，大陸地殻の上部は花こう岩質岩石からできており，海洋地殻は玄武岩質岩石からできている。

OUTPUT

実践 問題 90 の解説

〈地球の内部構造〉

1 × 地球の内部構造は，地殻・マントル・核の3つの層に分かれていることは正しい。一般に，構成する物質が変化すると，密度は不連続的に変化し，同じ層の中では，上に積み重なる岩石の重さが深さとともに増加するため，深くなればなるほど密度は増していく。地球の密度は，深さ約2,900km（マントルと外核の境界），約5,100km（外核と内核の境界）を境に密度が急激に変化している。なお，地球の平均密度は，約5.5 g/cm³である。

2 × モホロビチッチ不連続面は，地殻とマントルの境界である。地震学者であるモホロビチッチが地震波の速度が変化することより発見し，マントルでは，地殻よりも地震波の速度が速くなる。なお，マントルと核の境界は，グーテンベルク面である。

3 × 地殻とマントル最上部は，リソスフェアという低温でかたい層であり，その下には，アセノスフェアという高温でやわらかく流動性の高い層がある。深くなるにつれて地球内部の温度は高くなり，マントル上部で岩石の融点に近づき，流れやすい性質をもつようになり，地震波速度が遅くなるのがアセノスフェアである。プレートテクトニクスでプレートとよんでいるのは，リソスフェアの部分である。

4 × 地球の表面を覆うプレートの境界には，拡大する境界，収束する境界，すれ違う境界の3種類があることは正しい。中央海嶺はプレートが拡大する境界にできる大地形であり，プレートが生まれている場所である。海溝は収束する境界であり，海洋プレートが大陸プレートの下に沈み込んでできる。また，大陸プレートどうしが衝突するヒマラヤ山脈のような地形も収束する境界である。すれ違う境界は，プレートが互いに水平にすれ違っている境界で，中央海嶺を横断して軸をずらしているトランスフォーム断層が例である。

5 ○ 記述のとおりである。大陸地殻は厚さ約30～50kmで，花こう岩質岩石の上部地殻と，玄武岩質岩石の下部地殻に分けられる。海洋地殻は厚さ5～10kmで，ほとんどが玄武岩質岩石でできている。

正答 5

第2章 SECTION 1 地学
地球の内部構造

実践　問題 91　基本レベル

問 地球の内部構造に関する記述として最も妥当なのはどれか。　（国Ⅰ2007）

1：地球の内部深くに入るにつれ，その場所より上の物質の重さを受けて圧力が高くなる。また，温度も高くなっていくが，これは地球の内部から地表に向かって熱が伝えられていることを意味している。この熱量の指標となる地殻熱流量は，大陸においては一般に，古い安定地塊よりも新しい変動帯で大きくなっている。

2：地震波には，地震発生時に最初に伝わるＰ波と，Ｐ波に比べて少し遅れて伝わる揺れのやや小さいＳ波があるが，それらの伝わり方から，地球の内部構造を探ることができる。Ｐ波は波の伝わる方向に物質が振動する横波で，Ｓ波は波の伝わる方向と直角方向に物質が振動する縦波である。

3：地球の全体積の約50％をマントルが占めている。マントルはＰ波もＳ波も伝わるので液体で，上部には高速度層と呼ばれる流動しやすい部分がある。上部マントルの岩石はかんらん岩で，主要構成元素はMg，Fe，Si，Oである。

4：地球内部の深さ5,100km以深の核は，深さ5,600kmまでの外核とそれ以深の内核とに分けられる。外核はＳ波が伝わらないので固体の状態であると推定され，内核はＰ波の速度が外核に比べて速いので液体であると考えられている。また，核の主成分は鉄とニッケルであると推定されている。

5：地殻の厚さや構成岩石は，陸と海とでは異なっており，海の地殻は一般に厚さ30〜40kmで，玄武岩質の上部地殻と花崗岩質の下部地殻からなる。一方，陸の地殻は通常薄い堆積層の下に，厚さ５km程度の花崗岩質の層がある。

OUTPUT

実践 問題 **91** の解説

チェック欄		
1回目	2回目	3回目

〈地球の内部構造〉

1 ○ 記述のとおりである。なお，圧力や温度は層が変わっても極端な値の変化はない。つまり，圧力や温度は連続した値をとるということができる。これに対し，地震波の速度や密度は，層が変わるごとに極端な変化が見られ，不連続な値をとる。

2 × P波は地震の際最初に感じるカタカタとした揺れであり，初期微動といわれている。S波は初期微動の後に来る大きな揺れであり，これを主要動という。P波が先に来るのは**P波のほうがS波より速い**からであり，その速度はP波が5〜7km/sで，S波が3〜4km/sである。また，**P波は縦波，S波は横波**である。

3 × マントルは地球の約84％を占めている。また，**マントルは流動性のある固体**である。マントルの最上部では，地震波速度が低下する層（70km〜250km）があり，これを低速度層とよんでいる。低速度層では温度が相対的に高く，岩石のうち融点が低いものが部分的に溶融しているか，流動性が増加した状態になっていると考えられている。

4 × S波はゆがみを伝える横波であり，固体しか通らない。S波は2,900kmより深いところは伝わらないことが知られており，このことから2,900km以深に液体の外核があると考えられている。また，P波が深さ5,100kmで速度が大きく変化している（増加している）ことから，5,100km以深は固体の内核であると考えられている。

5 × **大陸地殻**は30km〜60kmあり，**上層は花こう岩質岩石，下層は玄武岩質岩石**からなる。一方，**海洋地殻**は5km〜10kmと薄く，**玄武岩質岩石**からなる。

正答 1

2024-2025年合格目標 公務員試験 本気で合格！過去問解きまくり！
⑧自然科学Ⅱ

第2章 SECTION 1 地学
地球の内部構造

実践　問題 92　応用レベル

問 地球の重力に関する次の記述のうち、妥当なのはどれか。　（地上1996）

1：重力は地球の質量による引力（万有引力）によるものである。
2：ジオイドは地下の物質にまったく影響されないため、山の高さなど各地点の高さの測定に利用される。
3：地殻が厚い地域ではブーゲー異常（重力異常）は正となり、地殻の薄い地域では負となる。
4：アイソスタシーが成り立っているとき、海上におけるブーゲー異常は、深さに比例して大きく正となる。
5：地球は赤道半径が極半径より短いだ円形のため、重力は赤道の近くになるほど大きくなる。

OUTPUT

実践 問題 92 の解説

〈重力〉

1 × 地球の重力は、地球の中心方向にはたらく**万有引力**と、地球の自転による**遠心力**との合力にほぼ等しい。そのため、遠心力が極大となる赤道付近の重力が最も小さく、遠心力がはたらかない極の重力が最も大きくなっている。

2 × **ジオイド**とは、地球全体を一続きの平均海水面で覆ったときにできる曲面であり、鉛直線（その場所における重力の方向）に垂直な面である。そして、この鉛直線は、地形や地下の密度分布に影響を受けるため、ジオイドは起伏のある面となる。したがって、本肢はジオイドが地下の物質による影響を受けないとしている点が妥当でない。なお、山の高さなどはジオイドを基準に測定されており、この点については本肢の記述は妥当といえる。

3 × 一般に、**ブーゲー異常**が正であれば、地下に密度の大きい物質があり、逆にブーゲー異常が負であれば、地下に密度の小さい物質がある。地殻の厚い地域では密度の小さい地殻が深くまで存在するため、ブーゲー異常は負となる。逆に、地殻の薄い地域では、ブーゲー異常は正となる。

4 ○ 記述のとおりである。海上におけるブーゲー補正は、海水を岩石で置き換えて計算をする。海上におけるブーゲー異常は、多くの場合、深さに比例して大きな正の値となる。

5 × **地球は、赤道半径が極半径より長い回転楕円体**である。したがって、地球の中心方向にはたらく万有引力の大きさは、極のほうが赤道よりも大きくなる。

正答 4

| 第2章 | **2** | 地学 |
| SECTION | | **岩石と地層** |

必修問題 セクションテーマを代表する問題に挑戦！

暗記量の多いセクションです。具体的な岩石の名称，化石の名称を覚えましょう。

問 地球の歴史は先カンブリア時代に始まり，古生代・中生代・新生代を経て現在に至る。次の記述のうち，妥当なものはどれか。

(地上2010)

1：地球の誕生当初は大気や海洋がなく，地表は氷に覆われていた。太陽の活動が活発になるとともに氷が融け，先カンブリア時代には海洋ができあがった。

2：生物が初めて誕生したのは先カンブリア時代初期である。先カンブリア時代は，原始的な単細胞生物のほか，多細胞生物であるアンモナイトや三葉虫も登場し，繁栄した。

3：古生代には生物の多様化が急速に拡大した。無脊椎動物のほか，脊椎動物の魚類，両生類，は虫類も登場した。また，シダ植物が大形化し，森林が形成された。

4：中生代にはは虫類の恐竜が繁栄し，鳥類や哺乳類も登場した。人類が誕生したのもこの時期であり，狩猟に用いられたとされる石器がこの時代の地層から数多く発見された。

5：新生代初期には地球の気温が上昇し，これにより恐竜が絶滅した。新生代は気候が最も安定し温暖な時期であり，氷期はなく，哺乳類が種類・数ともに飛躍的に増加した。

必修問題の解説

〈地質時代〉

1 ✕ 地球は約46億年前に誕生したが，誕生当初の地球（原始地球）は，氷で覆われてはいなかった。原始地球には大気や海洋がなかったが，衝突する隕石に含まれているガスが大気となった。また，そのガスが冷えて水になり，海洋が発生した。なお，地球全体が氷で覆われる状態を「全球凍結」といい，過去に少なくとも2度の全球凍結があったと考えられている。

2 ✕ 地球に生物が初めて出現したのは，約38億年前の先カンブリア時代前期である。その後，先カンブリア時代後期には多細胞生物も出現しているが，三葉虫が繁栄したのは古生代であり，アンモナイトが繁栄したのは中生代である。
三葉虫は古生代を代表する生物であり，特に古生代前期に繁栄した。また，アンモナイトは中生代を代表する生物であり，特に中生代ジュラ紀に繁栄し，中生代白亜紀末に絶滅した。

三葉虫

3 ○ 記述のとおりである。古生代には多様な生物が出現し，繁栄した。古生代前期に繁栄した三葉虫は，節足動物であり，無脊椎動物である。また，デボン紀に繁栄した魚類（カッチュウ魚）は脊椎動物であり，地球上に初めて出現した脊椎動物はこれらの魚類である。その後，魚類から進化した両生類，両生類から進化したは虫類も出現した。
また，植物では石炭紀に大形のシダ植物が繁栄した。世界的にはこのシダ植物の化石を石炭として利用している。

カッチュウ魚

4 ✕ 中生代ジュラ紀には大型は虫類の恐竜が繁栄し，恐竜から進化した始祖鳥が出現した。始祖鳥は「鳥類の祖先」とよばれ，鳥類とは虫類の中間の存在と考えるのが一般的である。
また，中生代三畳紀に哺乳類が出現した。しかし，人類の出現は約700万年前で，新生代新第三紀である。

5 ✕ 恐竜が絶滅したのは，中生代白亜紀末に巨大隕石が衝突したのが原因である。新生代は哺乳類が繁栄した時代であり，新生代新第三紀に人類が出現し，第四紀に繁栄した。
また，新生代第四紀には氷河時代があり，氷期と間氷期が繰り返されていた。

正答 **3**

S ECTION 2 岩石と地層

1 火山と火成岩

(1) 火山

火山は，マグマの粘性によって，噴火の仕方，火山の形が決まります。代表的な火山の分類は，次表のようになります。

マグマの種類	玄武岩質	安山岩質	流紋岩質
粘性	←低い（さらさらしている）		（ねばねばしている）高い→
温度	←高い		低い→
噴火の仕方	←穏やかな噴火が多い ←溶岩を流す		激しい爆発的噴火をしやすい→ 火砕流などが起きる→
火山の形	溶岩台地 （ペジオニーテ） デカン高原（インド） 盾状火山 （アスピーテ） マウナロア（ハワイ）	成層火山 （コニーデ） 富士山	溶岩ドーム 溶岩円頂丘 （トロイデ） 昭和新山・有珠山

(2) 火成岩の種類

火成岩は，その組織と二酸化ケイ素 SiO_2 の含有量で分類されています。

① **塩基性岩**…黒っぽい色です。鉱物は，斜長石，輝石，かんらん石の組合せです。
② **中性岩**…中間色です。鉱物は，斜長石，角閃石，輝石が主な組合せです。
③ **酸性岩**…白っぽい色です。鉱物は，石英，カリ長石，黒雲母の組合せです。

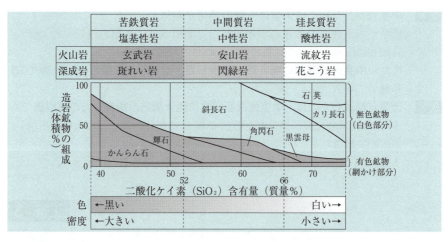

INPUT

2 堆積岩の種類

堆積岩の分類は，堆積物の起源や種類によって，次のようになります。

岩石分類	主な岩石名	構成物質
砕屑岩	泥岩，砂岩，礫岩	岩石の破片
火山砕屑岩	凝灰岩，凝灰角礫岩	火山噴出物
化学岩	岩塩，石灰岩，チャート	海水などの溶解物
生物岩	石灰岩，チャート	生物の遺体

3 地層の重なり方

(1) 地層累重の法則

堆積物は下から上に重なり地層を形成します。地層が見られる場合は，褶曲などで逆転していない限り，下の単層が古く，上の単層が新しくなります。これを**地層累重の法則**といい，地層の新旧を決めるときの大原則です。

(2) 整合・不整合

1枚1枚の単層が，大きな地殻変動もなく，連続して堆積したものを**整合**といいます。

また，一度水中で堆積した地層が，隆起や海面低下により陸化し，風化・侵食を受けた後で，再び沈降してその上に地層が堆積する場合を**不整合**といいます。

(3) 褶曲，断層

地層が，圧力を受けて曲げられた構造を**褶曲**といいます。地層が，圧力や張力を受けて割れ目に沿ってずれた構造を**断層**といいます。

第2章 SECTION 2 地学 岩石と地層

4 地球史

地質時代（100万年前）			生物		できごと
			動物	植物	
新生代	第四紀	完新世 0.01	哺乳類・鳥類時代	現代人	被子植物時代	氷河時代
		更新世 2.6		人類・マンモス ナウマンゾウ		人類の出現
	新第三紀	鮮新世 中新世 23		デスモスチルス		アルプス造山運動
	古第三紀	漸新世 始新世 暁新世 66		ビカリア 貨幣石		
中生代	白亜紀 || 146	は虫類（恐竜）時代	イノセラムス アンモナイト 始祖鳥	裸子植物時代	恐竜・アンモナイト絶滅
	ジュラ紀 || 200			イチョウ ソテツ	
	三畳紀（トリアス紀） || 252				
古生代	ペルム紀（二畳紀） || 299	両生類時代	紡錘虫（フズリナ）	ロボク リンボク フウインボク	超大陸パンゲア 三葉虫・紡錘虫絶滅
	石炭紀 || 359			シダ植物時代	シダ植物の大森林 →世界各地の石炭
	デボン紀 || 416	魚類時代	カッチュウ魚 クサリサンゴ		脊椎動物の上陸
	シルル紀 || 444			藻類・菌類時代	植物の上陸
	オルドビス紀 || 488	無脊椎動物時代	筆石, サンゴ		
	カンブリア紀 || 541		三葉虫		三葉虫など多様な生物の出現（カンブリア爆発）
先カンブリア時代	原生代		2,500	真核生物			エディアカラ生物群 縞状鉄鉱層の形成
	始生代（太古代）		4,000	原核生物			ストロマトライト（光合成生物） 最古の岩石（40億年前）
	冥王代		4,600	無生物			地殻・海洋の形成 地球の誕生

memo

SECTION ② 地学
岩石と地層

実践 問題 **93** 〈基本レベル〉

頻出度	地上★★　　　国家一般職★　　　東京都★　　　特別区★★
	裁判所職員★　　国税・財務・労基★★　　国家総合職★

問 表は火成岩の種類とその造岩鉱物について示しているが，A～Eに当てはまるものの組合せとして妥当なのはどれか。 (国Ⅱ2000)

有色鉱物の体積比 (％)	超苦鉄質岩	苦鉄質岩	中性岩	珪長質岩
	70	40	20	
SiO₂含有量 (重量比) による区分	超塩基性岩 (A)	塩基性岩	中性岩	酸性岩 (B)

SiO_2含有量（重量比）による区分：超塩基性岩（ A ）←‑‑‑‑‑‑‑‑‑‑‑‑‑‑‑‑→ 酸性岩（ B ）

岩石の種類	火山岩		玄武岩	(C)	流紋岩
	深成岩	かんらん岩	斑れい岩	閃緑岩	花こう岩

造岩鉱物（体積比）

有色鉱物
- (多) かんらん石 ――――――――――― (少)
- (多) (D) ――――――――― (少)
- (多) 角閃石 ――――― (少)
- (少) 黒雲母(多)

無色鉱物
- 斜長石
- (少) 正長石(多)
- (少) (E)(多)

	A	B	C	D	E
1：	少	多	安山岩	輝石	石英
2：	少	多	安山岩	石英	磁鉄鉱
3：	少	多	角閃岩	輝石	磁鉄鉱
4：	多	少	片麻岩	磁鉄鉱	石英
5：	多	少	片麻岩	石英	輝石

OUTPUT

実践 問題93 の解説

〈岩石〉

A 　**少**　火成岩は，二酸化ケイ素（SiO_2）含有量の少ないほうから超苦鉄質岩（超塩基性岩），苦鉄質岩（塩基性岩），中性岩，珪長質岩（酸性岩）に分類される。したがって，超苦鉄質岩側にあたるAには，SiO_2含有量「少」が入る。

B 　**多**　Aの解説より，珪長質岩側にあたるBには，SiO_2含有量「多」が入る。

C 　**安山岩**　火山岩で中性岩（SiO_2含有量が質量％にして約52～66％）にあたるものは**安山岩**であるから，Cには「安山岩」が入る。なお，片麻岩は，堆積岩が広域変成作用を受け，その結果，無色鉱物と有色鉱物が縞状に並ぶ構造になった広域変成岩である。

D 　**輝石**　玄武岩，**斑れい岩**などの苦鉄質岩に多く含まれる有色鉱物は，かんらん石と輝石である。したがって，Dには「輝石」が入る。

E 　**石英**　流紋岩，花こう岩などの珪長質岩に多く含まれる無色鉱物は，石英，正長石（カリ長石），斜長石であるから，Eには「石英」が入る。

よって，正解は肢1である。

正答 **1**

SECTION 2 岩石と地層

実践 問題 94 基本レベル

問 岩石は，その成因などによっていくつかの岩種に分類されるが，分類と岩石の組合せとして正しいのは，次のうちどれか。 （裁事・家裁2002）

1：火山岩 —— 安山岩・玄武岩・石灰岩
2：堆積岩 —— 泥岩・砂岩・礫岩
3：変成岩 —— 千枚岩・頁岩・片麻岩
4：深成岩 —— 斑れい岩・閃緑岩・凝灰岩
5：生物岩 —— 珪藻岩・石炭・花こう岩

OUTPUT

実践 問題 **94** の解説

〈岩石〉

1 × 火成岩のうち，マグマが地表付近で急激に冷え固まってできた岩石を**火山岩**という。そして，本肢の「安山岩」「玄武岩」は火山岩である。しかし，「**石灰岩**」は，サンゴや紡錘虫の遺骸などが堆積してできた**堆積岩**であり，火成岩ではない。したがって，本肢は，「石灰岩」を挙げている点が誤っている。

2 ○ 記述のとおりである。泥岩は粒径 $\frac{1}{16}$ ㎜以下，砂岩は粒径 $\frac{1}{16}$ 〜 2 ㎜，礫岩は粒径 2 ㎜以上の砕屑物が堆積してできた**堆積岩**である。したがって，本肢は3つとも堆積岩を挙げており，正しい。

3 × 堆積岩などが，マグマの貫入による熱を受けたり，地殻変動により高温・高圧の状況に置かれたりすると，新しい鉱物が再結晶することがある。そして，このようにしてできた新しい岩石を**変成岩**という（前者を接触変成岩，後者を広域変成岩という）。

本肢の「**千枚岩**」は，岩石が一定方向に圧力を受けて鉱物の結晶が一定方向に配列したものであり，（広域）変成岩にあたる。また，「**片麻岩**」は，岩石が高温な状態に置かれた結果，無色鉱物と有色鉱物が交互に並んだものであり，これも（広域）変成岩にあたる。

しかし，頁岩は，泥岩のうち，はがれやすい性質をもつもので，粒径 $\frac{1}{16}$ ㎜以下の砕屑物が堆積してできた堆積岩であるから，本肢は誤っている。

4 × マグマが地下深くでゆっくりと冷え固まってできた岩石を**深成岩**という。そして，本肢の「斑れい岩」「閃緑岩」は，深成岩である。しかし，「**凝灰岩**」は，火山砕屑物が堆積した堆積岩である。したがって，本肢は，「凝灰岩」を挙げている点で誤っている。

5 × 生物の遺骸が堆積してできた堆積岩を**生物岩**という。本肢の「珪藻岩」は主として珪藻の殻からできた生物岩であり，「石炭」も植物の遺骸からできた生物岩である。しかし，「**花こう岩**」はマグマが冷え固まってできた火成岩であるから，本肢は「花こう岩」を挙げている点で誤っている。

正答 **2**

SECTION 2 岩石と地層

実践 問題 95 基本レベル

問 地球の岩石に関する記述として，妥当なのはどれか。 （東京都2019）

1：深成岩は，斑晶と細粒の石基からなる斑状組織を示し，代表的なものとして玄武岩や花こう岩がある。
2：火山岩の等粒状組織は，地表付近でマグマが急速に冷却され，鉱物が十分に成長することでできる。
3：火成岩は，二酸化ケイ素（SiO_2）の量によって，その多いものから順に酸性岩，中性岩，塩基性岩，超塩基性岩に区分されている。
4：火成岩の中で造岩鉱物の占める体積パーセントを色指数といい，色指数の高い岩石ほど白っぽい色調をしている。
5：続成作用は，堆積岩や火成岩が高い温度や圧力に長くおかれることで，鉱物の化学組成や結晶構造が変わり，別の鉱物に変化することである。

OUTPUT

チェック欄		
1回目	2回目	3回目

実践 問題 **95** の解説

〈岩石〉

1 × 深成岩は，粒の大きさがそろった結晶からなる等粒状組織を示し，代表的なものとして斑れい岩，閃緑岩，花こう岩がある。なお，火山岩は，斑晶と細粒の石基からなる斑状組織を示し，代表的なものとして玄武岩，安山岩，流紋岩がある。

2 × 火山岩の斑状組織は，地表付近でマグマが急速に冷却され，鉱物が十分に成長することができないことで生成される。一方，深成岩の等粒状組織は，地下深くでマグマがゆっくり冷え固まり，鉱物が十分に成長することができることで生成される。

3 ○ 記述のとおりである。火成岩は，最も多く含まれている二酸化ケイ素 SiO_2 含有量により，多いものから順に酸性岩，中性岩，塩基性岩，超塩基性岩に区分される。これにより，火山岩は SiO_2 の多いものから，流紋岩，安山岩，玄武岩に分類され，深成岩は花こう岩，閃緑岩，斑れい岩，かんらん岩に分類される。また，SiO_2 が多い酸性岩は，相対的に無色鉱物の占める割合が多くなり，密度が小さな白っぽい岩石になる。

4 × 岩石中に含まれるかんらん石，輝石，角閃石，黒雲母などの有色鉱物の占める割合を色指数といい，色指数の高い岩石ほど黒っぽい色調をしている。また，有色鉱物は鉄 Fe やマグネシウム Mg を多く含むため，密度が大きくなる。

5 × 変成作用についての記述である。変成作用は，マグマの熱で周囲の岩石が加熱されて起こる接触変成作用と，広い領域の岩石が地下深部の高温高圧下にもたらされることで起こる広域変成作用とに分類することができる。泥岩などが接触変成作用を受けると硬くて緻密な岩石であるホルンフェルスができ，石灰岩が接触変成作用を受けると粗粒な方解石からなる結晶質石灰岩（大理石）ができる。広域変成作用によって，片麻岩，結晶片岩ができる。

なお，続成作用は，海底や湖底などの堆積物が長い時間をかけて圧縮されたのち，粒子間に炭酸カルシウム $CaCO_3$ や二酸化ケイ素 SiO_2 などの新しい鉱物ができて，粒子どうしを固結する作用のことである。これにより堆積岩が形成される。

正答 **3**

第2章 地学

問 各種岩石に関する記述として最も妥当なのはどれか。　（国税・労基2006）

1：花こう岩は，マグマがゆっくり冷えて固まってできた深成岩の一つであり，石英，長石，黒雲母などの鉱物の結晶が集まってできている。その石材は御影石とも呼ばれ，敷石や石垣などに使用されている。

2：かんらん岩は，マグマが地表に流れて固まってできた火山岩の一つであり，急激に固まったため，規則的な割れ目（節理）がみられる。石材は黒色をしており，硯や碁石の原料として使用されている。

3：大理石は，火山噴火に伴ってマグマが粉々の状態になったものが，湖などに堆積してできた火山砕屑岩の一つである。我が国では，磨崖仏など屋外に設置する石像の材料として，古来より使用されている。

4：片麻岩は，サンゴや貝類などの炭酸カルシウムの殻が堆積して固まってできたチャートが，変成作用を受けてできた結晶質の変成岩である。その石材は大谷石とも呼ばれ，門塀や石垣などに使用されている。

5：玄武岩は，陸上又は水中の侵食で形成された岩石片が集積した堆積岩の一つで，砂岩よりその粒が大きいものである。我が国では，コンクリートやアスファルトに混ぜる原料の一つとして使用されている。

OUTPUT

実践 問題 **96** の解説

チェック欄		
1回目	2回目	3回目

〈岩石〉

1 ○ 記述のとおりである。**花こう岩**は，全体に白っぽく，その中に黒雲母の黒点がゴマのように見られる。御影石ともよばれ，墓石などにも利用されている。

2 × **かんらん岩**はマントル上部に存在する岩石で火山岩ではない。かんらん岩の組成はかんらん石，輝石からなり，密度は約3.2g/cm^{3}である。碁石の黒は那智黒石（**粘板岩**）が使われている。また，硯の材料も粘板岩である。

3 × **大理石**とは，石灰岩が接触変成作用を受けて，方解石の結晶の集合体である結晶質石灰岩となったものの一般的呼称である。敷石，柱，装飾用石材などに利用されている。また，磨崖仏とは，一般に岩壁などに建造されたものをいい，移動させることはできない。

4 × **片麻岩**は，酸性の火山岩や長石を含む泥岩・砂岩が広域変成作用を受けたもので，有色鉱物と無色鉱物が交互に配列して縞状の模様をつくっている。大谷石とは，浮石凝灰岩の一種で軟らかく加工しやすいため，古くから外壁や土蔵に使われている。

5 × **玄武岩**は，マグマが地表に噴出して急激に固まった火山岩の一種である。黒色でありかつ緻密で，斑晶はあまりはっきりしていない。組成は，かんらん石，輝石などである。コンクリートやアスファルトに混ぜるのは砂や砂利である。

第2章 地学

正答 **1**

SECTION 2 岩石と地層

実践 問題 97 基本レベル

問 火山マグマに関する次の記述のうち，正しいのはどれか。 (国Ⅱ 1996)

1：マグマが冷えて固まってできた岩石を火成岩という。岩石の化学組成は同じでも花コウ岩のように地下の深い場所でゆっくり冷やされると白っぽいものになり，玄武岩のように地表で急激に冷やされると黒っぽいものになる。

2：火山帯の地下数kmの地殻中には，H_2O，CO_2，SO_2からなる高温の気体で満たされた空間があり，この気体をマントルという。これが岩石を溶かしながら上昇してマグマとなり，地表に噴出したのが火山である。

3：SiO_2が少ないマグマは粘性が低いため流れやすく，溶岩の噴火は穏やかであるが，SiO_2が多くなるにつれて粘性も高くなり，溶岩の噴出が爆発的になる。

4：噴火前には火山性地震の回数の増加や震源の深化，地中温度の上昇による磁鉄鉱の磁性の強化，火山帯の近傍の地盤の沈下などが生じ，これらを測定して噴火の予知に役立てている。

5：日本列島付近の上空には南北方向の季節風が吹いているため，火山灰層は火口の南北側に厚く分布することが多い。関東ローム層と呼ばれる赤土層，九州地方のシラスと呼ばれている白色の堆積層はその例である。

OUTPUT

チェック欄		
1回目	2回目	3回目

実践 問題 **97** の解説

〈火山〉

1 × 地表で急激に冷やされた火山岩の中でも，流紋岩のように白っぽい色の岩石がある。また，岩石の色は造岩鉱物により決まり，有色鉱物含有率が高い塩基性岩は**黒っぽい色**，低い酸性岩は**白っぽい色**となる。

2 × **マントル**とはモホ面から深さ2,900kmまでの部分の名称である。マントルは固体で，マグネシウムに富むかんらん岩およびそれが高温・高圧下で変化した物質を主成分とする。

3 ○ 記述のとおりである。SiO_2含有率によりマグマの性質が変化し，火山の形や噴火形態などが決まってくる。SiO_2が多いマグマで形成された火山の例として**溶岩円頂丘（鐘状火山）**，SiO_2が少ないマグマで形成された火山の例として**盾状火山**が挙げられる。

4 × 火山の噴火前，地中温度が上昇すると磁性は弱くなり，火山帯近傍の地盤は隆起する。

5 × 季節風は季節により風向きが変化する風である。日本付近の上空には**偏西風**が吹いている。そのため，火山灰は火山の東側に広がっていることが多い。

【参考】

造岩鉱物を色で分けると以下のようになる。

①**無色鉱物**：白あるいは無色の鉱物

石英，長石（カリ長石，斜長石）など

②**有色鉱物**：黒緑色あるいは黒色の鉱物

黒雲母，角閃石，輝石，かんらん石

第2章 地学

正答 **3**

LEC東京リーガルマインド　2024-2025年合格目標 公務員試験 本気で合格！過去問解きまくり！　263
⑧自然科学Ⅱ

SECTION 2 岩石と地層

実践　問題 98　基本レベル

問　日本の火山に関する次の説明文中のA～Eの空欄に入る語句の組合せとして最も適当なのはどれか。
（裁事2011）

　日本列島にある多くの火山は，島弧の中軸から内側に弧状に分布している。しかも，北海道から中部日本までの火山は，日本海溝とほぼ平行し，それから300～400km島弧側に分布する。つまり，（　A　）プレートが沈み込んで，プレート境界面の深さ100～150kmの位置に火山が分布するといってよい。これは，沈み込む海洋プレートとともに地下深部へ持ち込まれた物質や海水がマグマに転じる物理化学条件が，深度100～150kmだからである。その日本列島の火山分布において，もっとも海溝側の分布限界を結んだ線を（　B　）という。一方，西南日本の火山は南海トラフにほぼ平行し，（　C　）プレートの運動に関連していると考えられる。

　日本の火山の多くは，爆発的な噴火をするものが多い。それは，日本の火山を形成するマグマが安山岩～デイサイト質で粘性が（　D　），揮発性成分を（　E　）ことによる。また，成層火山やカルデラが多いことも，日本の火山の特徴である。

	A	B	C	D	E
1：	ユーラシア	火山フロント	フィリピン海	低く	ほとんど含まない
2：	ユーラシア	ホットスポット	北アメリカ	高く	多く含む
3：	太平洋	火山フロント	フィリピン海	低く	ほとんど含まない
4：	太平洋	火山フロント	フィリピン海	高く	多く含む
5：	太平洋	ホットスポット	北アメリカ	低く	多く含む

OUTPUT

実践 問題 98 の解説

〈火山〉

地球上の火山は、海嶺、ホットスポット、プレートの衝突する場で見られる。日本の火山はプレートどうしの衝突で発生するパターンである。

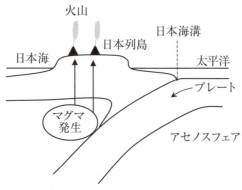

① プレートどうしがぶつかり合う。
② 圧力が発生し水分を含んだ岩石が融解することで、マグマが発生する。
③ マグマが浮上し、火山を形成する。

上図に示すように、マグマが発生するのは2つのプレートが衝突する場所での軽いプレート側である。つまり、重いプレート側には火山はできない。この火山分布は上から見るとはっきりしており、境界線を引くことができる。これを<u>火山フロント（火山前線）</u>（B）という。

これを平面で見たとき、日本列島の火山およびプレートの関係は図のようになる。一般的には大陸プレートと海洋プレートでは海洋プレートが重い。また、太平洋プレートとフィリピン海プレートでは太平洋プレートのほうが重い。

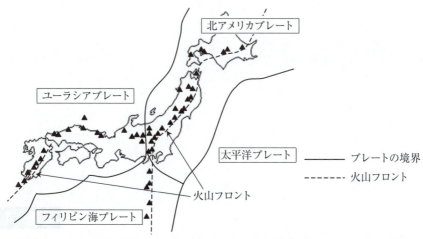

Section ② 地学
第2章
岩石と地層

　図より，北海道から中部日本までは太平洋プレート（A）の沈み込みが，西南日本はフィリピン海プレート（C）の沈み込みが関連していることがわかる。

　火山の噴火は，マグマの粘性とそれに含まれている揮発性成分（主に水）の含有量によって決まる。日本の浅間山や桜島に代表される爆発的な噴火は，マグマの粘性が高く（D），揮発性成分を多く含む（E）ために起こる。逆に粘性が高く，揮発性成分が少ないと爆発的な噴火は起こらず溶岩ドーム（溶岩円頂丘）が形成される。日本では昭和新山が代表例である。

　以上より，A：太平洋，B：火山フロント，C：フィリピン海，D：高く，E：多く含むとなる。

　よって，正解は肢4である。

正答 **4**

memo

第2章 地学

SECTION 2 岩石と地層

実践 問題 99　基本レベル

問 火山に関する記述として，妥当なのはどれか。　（特別区2018）

1：粘性の低い溶岩がくり返し大量に流出すると，ハワイ島のマウナロア山のような成層火山が形成される。
2：噴火により大量のマグマが噴出すると，マグマ溜まりに空洞が生じ，地表が陥没して凹地ができることがあるが，このような凹地をカルデラという。
3：溶岩や火山砕屑物が交互に積み重なると，富士山のような円錐形の盾状火山が形成される。
4：粘性が高いと溶岩は流れにくく，厚い溶岩流となり，盛り上がった溶岩台地と呼ばれるドーム状の高まりをつくる。
5：一度の噴火でできた火山を複成火山といい，休止期をはさむ噴火をくり返してできた火山を単成火山という。

OUTPUT

実践 問題 99 の解説

〈火山〉

1 × **火山の形を決める主な要因は，マグマの粘性**である。粘性の低い玄武岩質の溶岩が繰り返し大量に流出すると，**ハワイ島のマウナロア山**のような山腹の傾斜がゆるやかな**盾状火山**が形成される。噴火は長期間起こり，大規模な火山となる。

2 ○ 記述のとおりである。大規模な噴火や火砕流の発生などにより大量のマグマが放出され，マグマ溜まりに空洞が生じ，地表が陥没して中央部にできる大きな凹地を**カルデラ**という。**阿蘇山**などが典型例で，カルデラが湖になったものとして十和田湖，支笏湖などがある。

3 × やや粘性が高い安山岩質の溶岩や火山砕屑物が交互に積み重なると，羊蹄山や岩木山のような円錐形の**成層火山**が形成される。また，富士山は，世界でも珍しい玄武岩質の成層火山である。

4 × 粘性が高いと溶岩は流れにくいことは正しいが，溶岩がドーム状に盛り上がりできる地形は，**溶岩ドーム**（**溶岩円頂丘**）であり，**昭和新山**などはその典型例である。**溶岩台地**は，粘性が低い玄武岩質の溶岩が繰り返し流出することでできる地形で，インドの**デカン高原**などはその典型例である。

5 × 一度の噴火でできた火山を単成火山といい，休止期をはさむ噴火を繰り返してできた火山を複成火山という。溶岩ドーム（溶岩円頂丘）の多くが単成火山であり，溶岩台地，盾状火山，成層火山，カルデラ火山などは複成火山である。

正答 **2**

頻出度	地上★★	国家一般職★	東京都★★	特別区★
	裁判所職員★★	国税・財務・労基★★	国家総合職★	

問 火山に関する記述として，妥当なのはどれか。　　　　（東京都2020）

1：火砕流は，噴火によってとけた雪など多量の水が火山砕屑物と混ざって流れ下る現象である。
2：大量の火山灰や軽石が一度に大量に噴出すると，インドのデカン高原のような大規模な溶岩台地が形成される。
3：ハワイ式噴火は，粘性の高いマグマが間欠的に爆発的噴火を引き起こすものであり，例としてハワイ島のマウナロア火山の噴火がある。
4：粘性が低い玄武岩質のマグマが繰り返し噴出すると，富士山のような円錐形の成層火山が形成される。
5：ホットスポットは，アセノスフェア内の特に温度の高い狭い部分から高温のプルームが上昇して火山活動を行う地点である。

OUTPUT

チェック欄		
1回目	2回目	3回目

実践 ▶ 問題 100 の解説

〈火山〉

1 ✕ **火砕流**は，高温の火山砕屑物や火山ガスが高温のまま高速で山腹を流れ下る現象である。火砕流の速度は時速100kmm以上となることもあるため，1991年の雲仙普賢岳の噴火では死者43名を出した。他の火山災害としては，溶岩流や有毒ガスの放出などがある。また，本肢のような現象は，融雪型火山泥流とよばれており，北海道の十勝岳で発生したことがある。

2 ✕ 大量の火山灰や軽石が一度に大量に噴出すると，地下のマグマ溜まりに空洞ができ，その上にある山体が陥没することで，火山性の凹地形である**カルデラ**が形成される。なお，**溶岩台地**は，粘性の低い玄武岩質の溶岩が繰り返し大量に流出することにより形成され，傾斜がゆるやかであり，インドの**デカン高原**などがある。

3 ✕ ハワイ式噴火は，高温で二酸化ケイ素SiO_2の含有量が少なく，粘性が小さい玄武岩質マグマがおだやかに噴火し，溶岩を繰り返し大量に流出する。なだらかな傾斜で裾野が広い火山ができ，代表例にハワイ島のマウナロア火山，キラウエア火山がある。

4 ✕ 粘性の小さい玄武岩質の溶岩が堆積してできたなだらかな傾斜の火山は，**盾状火山**である。**成層火山**とは，溶岩と火山砕屑物が交互に積み重なってできた円錐形の火山のことで，代表例に富士山，浅間山がある。

5 ○ 記述のとおりである。プレートの境界以外にも火山活動が活発な地域があり，地下にマグマの供給源がある。このような場所を**ホットスポット**という。たとえば，ハワイ島では，玄武岩質マグマが上昇することにより，マウナロア火山，キラウエア火山が形成されている。

ホットスポットの位置はほとんど変化しないが，プレートは年に数cm程度動くため，火山島や海山はプレートに乗ってホットスポットから徐々に離れていくことから，**ホットスポットから離れるほど古い時代に形成**されたものであるといえる。

正答 5

第2章 地学

第2章 SECTION ② 地学
岩石と地層

実践 問題 101 基本レベル

頻出度	地上 ★★	国家一般職 ★	東京都 ★★	特別区 ★
	裁判所職員 ★★	国税・財務・労基 ★★		国家総合職 ★

問 日本の火山に関する次の記述のうち，妥当なのはどれか。　　　（地上2017）

1：日本のおよそ100の活火山はすべて気象庁によって24時間体制で監視・観測されており，そのすべての活火山において噴火のおそれがあるときは，気象庁によって噴火速報が出される。

2：主な活火山については，気象庁により警戒が必要な範囲と住民等のとるべき防災対応が噴火警戒レベルとして発表されている。火山が噴火すると噴火警戒レベルは5に引き上げられ，噴火が収まっても最低5年は引き下げられることはない。

3：火山が噴火すると噴火速報が発表され，避難指示が出される。これは火山の噴火前に噴火を予測して出されることはない。

4：富士山は有史上何度か噴火した記録があり，活火山であるが，過去300年間噴火していないので今後は噴火しないものと考えられ，観光資源としての開発が進んでいる。

5：火山では地熱による発電が行われており，再生可能エネルギー中でも風力等と比べて気象条件などの影響を受けにくいが，地熱発電は日本の発電電力量の1％に満たない。

実践 問題 101 の解説

〈日本の火山〉

1 × **活火山**は,「概ね過去1万年以内に噴火した火山及び現在活発な噴気活動のある火山」と定義されており,2023年9月現在,日本の活火山の数は111である。そのうち,50の火山が24時間体制で常時観測・監視されている。また,噴火のおそれがあるときに出されるのは「噴火警報・予報」である。

2 × **噴火警戒レベル**は,火山活動の状況に応じて警戒が必要な範囲と防災機関や住民等のとるべき防災対応をレベル1から5の5段階に区分して発表される指標である。2015年5月に噴火した口永良部島は,初めてレベル5の「避難」が適用され,2019年6月にはレベル2の「火口周辺規制」に引き下げられたが,2019年10月にはレベル3の「入山規制」に引き上げられ,2021年7月にはレベル2に引き下げられ,2022年9月にはレベル1の「活火山であることに留意」に引き下げられ,2023年6月にはレベル2を経て,レベル3に引き上げられた。

3 × たとえば,2000年にあった有珠山の噴火では,有感の群発地震を契機に,緊急火山情報が出され,住民が事前に避難したため,噴火によるけが人や犠牲者は出なかった。噴火速報は,2014年9月の御嶽山噴火において50人以上の死者が出たことを契機に,2015年8月から開始された。噴火速報は,登山者などに知らせるために火山が噴火したときに出され,噴火を予測して出されることはない。ただし,普段から噴火している火山の通常規模の噴火や,規模の小さい噴火の場合には出されない。また,噴火から身を守るための情報であるが,避難指示までは含まれない。

4 × 富士山は,1707年の宝永噴火以来,噴火をしていないけれども,過去にも350年以上活動を休止していたこともあるため,引き続き噴火の可能性はあると考えられている。富士山は,2013年に世界遺産に登録されたこともあり,観光資源としての開発は進められている。

5 ○ 記述のとおりである。火山のマグマに近い高温の地下から蒸気や熱水を取り出して,地熱発電が行われているが,日本において適地のほとんどが国立・国定公園内にあるため,地熱発電所を建設することが困難であったり,温泉事業者の反対運動もあり,地熱発電はなかなか進まない現状である。

【コメント】
　時事的な動向も踏まえつつ,火山についてのさまざまな知識をつけておきたい。

正答 5

SECTION 2 岩石と地層

実践 問題 102 基本レベル

問 火山活動に関する記述A～Dのうち,妥当なもののみを挙げているのはどれか。 (国税・財務・労基2013)

A:マントルの一部が溶けて発生したマグマは,まわりの岩石より密度が小さく,液体であるため移動しやすいので,上昇する。マグマは,一時,火山の下のマグマ溜りに蓄えられる。マグマにはH_2OやCO_2などの揮発性成分も含まれており,マグマ溜りの中でその圧力が高まると,岩石を打ち破ってマグマが地表に噴出する。

B:火山の噴火の仕方や形状は様々であり,マグマの粘性やその成分の量と関係が深い。マグマの粘性は,一般にSiO_2成分が多くなるほど小さくなる。粘性の小さな溶岩が流出してできるのが溶岩円頂丘(溶岩ドーム)であり,我が国では阿蘇山のものが有名である。一方,粘性の大きな溶岩が噴出して形成された火山を盾状火山といい,我が国では有珠山が有名である。

C:火山は世界各地に存在するが,ハワイのようにプレートの境界に存在する火山島を除き,その多くはプレート内部に分布するものである。我が国の火山は主に太平洋プレート内部に位置するが,活火山は桜島や雲仙岳,三原山など少数であり,大多数は100年以上噴火記録のない富士山や浅間山など活火山には分類されない火山である。

D:マグマが固まってできた岩石が火成岩であり,その固まり方によって多様な岩石ができる。深成岩はマグマが深いところでゆっくり固まったものであり,同じような粒度をもつ鉱物からなる等粒状組織を示すことが多い。一方,火山岩は,地表や地表近くでマグマが急速に冷えて固まってできたものであり,斑晶と石基からなる斑状組織を示す。

1:A,B
2:A,C
3:A,D
4:B,C
5:C,D

OUTPUT

実践　問題 102 の解説

〈火山〉

A ○ 記述のとおりである。マントルの一部が溶けて発生したマグマは，まわりの岩石より密度が小さいため，浮力によって上昇し，マグマ溜まりに蓄えられる。マグマには，水 H_2O や二酸化炭素 CO_2，二酸化硫黄 SO_2 などの揮発性成分が溶けた状態で存在している。マグマ溜まりの中でこれらの圧力が高まると，岩石を打ち破ってマグマが地表に噴出する。

B × マグマの粘性は一般に SiO_2 成分が少なくなるほど小さくなる点，粘性の大きさと火山の種類について，誤りである。火山の噴火の仕方や形状は，マグマの粘性や成分と関係が深い。SiO_2 成分が少なく粘性の小さな溶岩は傾斜を速く流れることから，ゆるい傾斜をもつ溶岩台地や**盾状火山**となる。代表的な盾状火山にはハワイのマウナロアやキラウエアがある。それに対し，SiO_2 成分が多く粘性の大きな溶岩は，流れにくいため，火口から盛り上がり**溶岩円頂丘（溶岩ドーム）**となる。代表的な溶岩円頂丘には昭和新山がある。また，阿蘇山は大型カルデラで有名である。

C × ハワイの火山はプレート内部の**ホットスポット**に位置するが，わが国の火山はプレートの境界に位置する点で，誤りである。現在，地球上にある活火山は800程度であり，そのうちの100程度が日本に分布していることから，日本は火山大国である。富士山や浅間山も活火山であり，ほかにも三原山，雲仙岳，桜島，有珠山などがある。

D ○ 記述のとおりである。マグマが冷えて固まってできた岩石を**火成岩**という。火成岩は，その固まり方によって深成岩と火山岩に分けられる。**深成岩**は，**マグマが深いところでゆっくりと固まったもので**，ほぼそろった粒度をもつ鉱物からなる**等粒状組織**を示す。**火山岩**は，**地表近くでマグマが急速に冷えて固まってできたもの**であり，細かい石基と大粒な斑晶からなる**斑状組織**を示す。

以上より，妥当なものはA，Dとなる。
よって，正解は肢 3 である。

正答　3

SECTION 2 地学 岩石と地層

実践 問題103 基本レベル

問 火山活動と災害に関する記述として，最も妥当なのはどれか。（東京都2023）

1：火山がある場所はプレート運動に関係し，海嶺・沈み込み帯といった境界部に多いが，ハワイ諸島のようなプレート内部でも火山活動が活発なアスペリティと呼ばれる場所があり，その場所はプレートの動きにあわせて移動する。

2：水蒸気噴火は，マグマからの熱により熱せられた地下水が高温高圧の水蒸気となって噴出する小規模な噴火で，日本では人的被害が発生したことはない。

3：粘性が低い玄武岩質マグマの噴火では，山頂の火口や山腹の割れ目から溶岩が噴出し溶岩流となり，時速100km以上の高速で流れることもあるため，逃げることは難しい。

4：高温の火砕物が火山ガスとともに山体を流れる火砕流は，流れる速度が遅いため，逃げ場さえあれば歩いて逃げることもできることが多い。

5：都の区域内で住民が居住している火山島のうち，特に活発に活動している伊豆大島と三宅島では，過去の噴火で住民が避難する事態が発生したことがある。

OUTPUT

実践 問題 **103** の解説

〈火山活動と災害〉

1 ✗ 火山がある場所はプレート運動に関係し，中央海嶺やその一部であるアイスランド島のようなプレート発散境界，日本列島のような沈み込み帯を含む収束境界が多いことは正しい。ハワイ諸島や北アメリカ大陸のイエローストーンのようなプレート内部でも火山活動が活発な地点は，**ホットスポット**とよばれる。ホットスポットの上をプレートが移動することで，その上に新しい火山が次々にできて火山列を形成する。なお，アスペリティは，通常は固着しているが，地震時に大きくずれる領域のことである。

2 ✗ 水蒸気噴火は，マグマの熱により沸騰した高温の水蒸気が爆発する噴火である。水の気化による体積の激増が爆発につながる。小規模な水蒸気噴火では，前兆現象による判断が難しいこともあり，2014年の御嶽山の噴火では，水蒸気爆発による噴石が登山者を襲い，死者・行方不明者合わせて60名を超える犠牲者が出た。

3 ✗ 溶岩流についての前半の記述は正しい。**溶岩流**は，流れる速度が遅いため，逃げ場さえあれば歩いて逃げることもできることが多いが，建物への被害は免れない。ハワイ島は，粘性が低いマグマがなだらかな山体を形成し，島の面積を増加させてきた。

4 ✗ 火砕流についての前半の記述は正しい。**火砕流**は，時速100km以上の高速で流れることもあるため，逃げることは難しく，また，きわめて破壊的である。1991年の雲仙普賢岳噴火では，溶岩ドームの崩壊によって火砕流が発生し，多くの民家や田畑が失われ，報道関係者ら43名が犠牲となった。

5 ○ 記述のとおりである。1983年の三宅島噴火では，山腹を流れ下った溶岩流が集落を襲い，400戸近くの家屋が埋没・焼失した。緊急避難が円滑に行われたことで，幸い死傷者は出なかった。1986年の伊豆大島噴火でも溶岩流が流れ出し，島民全員が避難する事態となった。2000年にも三宅島は噴火し，二酸化硫黄SO_2を主成分とする大量の火山ガスの発生により，全島避難となり，避難解除まで4年半を要した。

【コメント】
災害については，時事的な話題と結びつけて理解しておきたい。

正答 5

SECTION 2 岩石と地層

実践 問題 104 基本レベル

問 次の文は，地層に関する記述であるが，文中の空所A～Cに該当する語の組合せとして，妥当なのはどれか。 (特別区2023)

　地層が波状に変形した構造を褶曲といい，波の山の部分を A ，波の谷の部分を B という。
　地層には，上の地層は下の地層より新しいという地層累重の法則があり，下から上へ連続的に堆積して形成される重なりの関係を C という。

	A	B	C
1	背斜	向斜	整合
2	向斜	背斜	整合
3	背斜	向斜	断層
4	向斜	背斜	断層
5	生痕	流痕	断層

実践 問題104 の解説

〈地層〉

　岩石や地層が曲げられている構造を褶曲といい、山のように曲げられている背斜（A）、谷のように曲げられている向斜（B）がある。褶曲は、数cm～数10kmに及ぶものまで、さまざまな規模で見られる。

　海底などに運ばれた堆積物は水平に堆積し、上に積み重なっていくため、古い地層は下位に、新しい地層は上位に重なることを、地層累重の法則という。ただし、その後の地殻変動により、地層が逆転しているときは成り立たない。

　地層は通常、あまり時間をかけずに下から上へと連続的に堆積し、このような重なりを整合（C）という。一方、隆起や侵食を受け、下位の地層と上位の地層の間に不連続面ができる重なりを不整合といい、その境界面を不整合面という。不整合の上下の地層がほぼ平行な平行不整合、傾斜して接している傾斜不整合がある。

　なお、地層や岩石がある面を境にずれている構造を断層といい、岩盤のずれ方により分類される。断層面より上の岩盤を上盤、断層面より下の岩盤を下盤といい、断層面に沿って、上盤がずり落ちたものを正断層、上盤がずり上がったものを逆断層という。正断層は両側から引っ張る力、逆断層は両側から圧縮する力がはたらいて形成される。海溝はプレートが沈み込む境界であるから、地震の際には逆断層ができやすい。また、水平方向にずれた断層は横ずれ断層といい、右横ずれ断層と左横ずれ断層がある。

　このような不整合や断層は、かつての地殻変動を知る手がかりとなる。

　したがって、A：背斜、B：向斜、C：整合となる。

　よって、正解は肢1である。

正答 1

SECTION 2 岩石と地層

実践 問題 105 基本レベル

頻出度	地上★	国家一般職★	東京都★	特別区★
	裁判所職員★	国税・財務・労基★		国家総合職★

問 地層の形成に関する次のA～Dの記述のうち，妥当なもののみを全て挙げているものはどれか。　　　　　　　　　　　　　　　（裁判所職員2021）

A：変成作用とは，堆積物が上に堆積した地層の重みで次第に水が絞り出され，固結していく際に粒子間に新しく沈殿した鉱物によって接着され，硬い堆積岩に変わっていくことである。

B：級化層理とは，混濁流が堆積してできた地層でよく見られる，下から上に向かって粒子が次第に小さくなっていく構造のことである。

C：不整合とは，岩石に力が加わって生じた割れ目に沿って，その両側が移動し，ずれを生じることである。

D：地層累重の法則とは，上にある地層ほど新しく堆積したものになることをいう。

1：A，B
2：A，C
3：B，C
4：B，D
5：C，D

OUTPUT

チェック欄		
1回目	2回目	3回目

実践 問題 **105** の解説

〈地層〉

第2章 地学

A × **続成作用**についての記述である。二酸化ケイ素SiO_2，炭酸カルシウム$CaCO_3$などからなる粒子間に新しく沈殿した鉱物（石英，方解石など）によって，粒子どうしが接着される。なお，**変成作用**は，火成岩や堆積岩が，高い温度，高い圧力に長く置かれると，鉱物どうしの化学反応が生じて，変成岩ができる作用のことである。変成作用は，**接触変成作用**と**広域変成作用**に分けられる。

B ○ 記述のとおりである。混濁流は，流速が遅くなると，粒子の大きいものから順に堆積する。これは，砂や泥の粒子は，水や空気の中を落下するときに抵抗を受けるため，粒子の小さなものほどゆっくりと落下するからである。また，砂や泥が混濁流によって流れ，海底に堆積してできた地層を，タービダイトという。

C × 断層についての記述である。断層は，岩盤のずれ方によって分類される。断層面の上側（上盤）がずり落ちたものを**正断層**，その逆のものを**逆断層**，水平方向にずれたものを**横ずれ断層**という。また，地震は，断層を境にして地盤が急激に動くことにより発生する。なお，**不整合**は，長い時間を隔てて堆積するときに，下位の地層が侵食を受けていたり，下位の地層と傾斜が異なっているときの境界のことをいう。

D ○ 記述のとおりである。**地層累重の法則**は，地層が地殻変動によって逆転していないときは，常に成り立つ。地層が堆積した後に，褶曲や断層によって，変形や傾斜して逆転することにより，上にある地層が下にある地層より時代が古いこともある。堆積後の地殻変動などの環境を地層から推定するために，地層が堆積した順番を判定することを地層の上下判定という。

以上より，妥当なものはB，Dとなる。

よって，正解は肢4である。

【コメント】

いずれも，地層に関する基本用語であるから，しっかりと定義の違いを押さえておきたい。

正答 4

SECTION 2 岩石と地層

実践 問題106 基本レベル

問 次の文は，地層と化石に関する記述であるが，文中の空所A～Cに該当する語の組合せとして，妥当なのはどれか。　　　　　　　　　　(特別区2008)

　進化の速度が速く，種類としての存続期間が限定されていて，しかも地理的分布が広い生物の化石は，地層ができた時代を決め，離れた地域に発達する地層の新旧を比較するのに役立つ。このような化石を　A　といい，例えば，　B　は古生代後期の重要な　A　である。

　一方，生物は環境に適応して生息しているため，ある限定された環境だけに生息している生物の化石は，地層の堆積時の環境を知る上で有効である。このような化石を　C　といい，例えば，造礁性サンゴは浅いきれいな暖かい海にだけ生息するので，よい　C　となる。

	A	B	C
1	示準化石	紡錘虫（ぼうすい）	生痕化石（せいこん）
2	示準化石	紡錘虫	示相化石
3	示準化石	カヘイ石	示相化石
4	示相化石	カヘイ石	生痕化石
5	示相化石	ビカリア	生痕化石

OUTPUT

実践 問題106 の解説

〈化石〉

化石を分類すると，
- 時代の特定に役立つ <u>示準化石</u>（A）
- 場所の特定に役立つ <u>示相化石</u>（C）

がある。たとえば，<u>紡錘虫（フズリナ）</u>（B）は古生代（石炭紀）に栄えた生物であり，その化石のある地層はその年代のものだと推測するのに役立つ。

なお，生痕化石とは，足跡や巣穴など，生活行動が残ったもののことを指す。

よって，正解は肢2である。

【補足】
示準化石と示相化石の代表例

示準化石	マンモス，アンモナイト，始祖鳥，三葉虫，リンボク，筆石
示相化石	サンゴ，有孔虫，メタセコイア，シジミ

正答 2

SECTION 2 岩石と地層

第2章 地学

実践 問題107 基本レベル

問 次は地質時代に関する記述であるが，A～Dに当てはまるものの組合せとして最も妥当なのはどれか。 （国税・労基2011）

地質学においては，地層や化石をもとに，地球の歴史を解き明かす試みがなされている。

進化の速度が速く，種類としての存続期間が限定されていて，しかも地理的分布が広い生物の化石は，その地層ができた時代を決めるのに有効である。このような化石を　A　といい，紡錘虫（フズリナ）は　B　後期を特徴づける　A　として知られている。

また，その生物が生息していた当時の自然環境を知る手掛かりとなる化石を　C　と呼び，その例として，温暖で浅い海にしか繁殖しない造礁サンゴなどがある。ただし，　C　となり得るには，それらの化石が元の生息地に近いところで化石となることが必要である。

岩石や鉱物に含まれる　D　元素は，一定の割合で崩壊して他の元素に変わっていくが，その速度は，それぞれ元素によって決まっている。これを利用することで，岩石や鉱物ができてから何年経過したかを測定できるようになり，地質時代の相対的な新旧関係を示す相対年代を，絶対年代（数値年代）で表現することが可能となった。

	A	B	C	D
1	示準化石	古生代	示相化石	放射性
2	示準化石	中生代	示相化石	揮発性
3	示準化石	中生代	示相化石	放射性
4	示相化石	古生代	示準化石	放射性
5	示相化石	中生代	示準化石	揮発性

OUTPUT

実践 問題 107 の解説

〈化石〉

　進化の速度が速く，種類としての存続期間が限定されていて，しかも地理的分布が広い生物の化石は，その地層ができた時代を決めるのに有効である。このような化石を示準化石（A）という。例として，紡錘虫（フズリナ）は古生代（B）後期，三葉虫は古生代，アンモナイトは中生代，マンモスは新生代の示準化石である。

　また，その生物が生息していた当時の自然環境を知る手がかりとなる化石を示相化石（C）とよぶ。示相化石となるためには，化石となっている古生物が特定の環境や場所でしか生息できず，その古生物が生息地に近いところで化石となっている必要がある。造礁サンゴは水温20℃以上の浅い海にしかすむことができず，シジミは淡水と海水が混じる河口に生息しているため，これらの化石が発見された地域の当時の水温や環境などが推測できる。

　岩石や鉱物に含まれる放射性（D）元素は，一定の割合で崩壊して他の元素に変わっていくが，その速度は，それぞれ元素によって決まっている。元の放射性元素の数が半分になるまでの時間を半減期という。この半減期を利用することによって，岩石や鉱物ができてから何年経っているかを測定することができる。たとえば，炭素の同位体^{14}Cは，半減期が約5,730年であり，ある年の^{12}Cと^{14}Cの存在比を基準とすることで，その測定物が何年前のものであるのかを推測することができる。

　以上より，A：示準化石，B：古生代，C：示相化石，D：放射性となる。
　よって，正解は肢1である。

正答 1

問 地質時代に関する記述として，妥当なのはどれか。 （東京都2016）

1：三畳紀は，新生代の時代区分の一つであり，紡錘虫（フズリナ）が繁栄し，は虫類が出現した時代である。
2：ジュラ紀は，中生代の時代区分の一つであり，アンモナイト及び恐竜が繁栄していた時代である。
3：第四紀は，新生代の時代区分の一つであり，頭足類及び始祖鳥が出現した時代である。
4：デボン紀は，中生代の時代区分の一つであり，三葉虫及び多くの種類の両生類が繁栄していた時代である。
5：白亜紀は，新生代の時代区分の一つであり，無脊椎動物が繁栄し，魚類の先祖が出現した時代である。

OUTPUT

チェック欄		
1回目	2回目	3回目

実践 問題 **108** の解説 ―――――――――――――――――

〈地質時代〉

1 × 　三畳紀（トリアス紀）は中生代の時代区分の１つであるため，誤りである。三畳紀は，は虫類や裸子植物が繁栄した。また，紡錘虫（フズリナ）が繁栄したのは古生代のペルム紀（二畳紀）であり，は虫類が出現したのは古生代の石炭紀である点も誤りである。

2 ○ 　記述のとおりである。ジュラ紀は中生代の時代区分の１つであり，アンモナイトや恐竜が繁栄した時代である。は虫類から鳥類が出現した時代でもある。

3 × 　第四紀は新生代の時代区分の１つであることは正しい。しかし，始祖鳥は中生代ジュラ紀に出現したと考えられ，オウムガイ類やアンモナイト類などが含まれる頭足類の仲間の中で最も古いものは古生代に出現している点で誤りである。新生代第四紀は約260万年前から現在までの期間であり，氷期と間氷期が繰り返される氷河時代である。沖積平野が形成された。

4 × 　デボン紀は古生代の時代区分の１つであるため，誤りである。デボン紀には魚類が繁栄し，両生類や裸子植物の祖先が出現した。三葉虫は古生代前期に繁栄し，両生類は古生代後期に繁栄した。

5 × 　白亜紀は中世代の時代区分の１つであるため，誤りである。白亜紀には被子植物が出現し，大型恐竜が栄えた。白亜紀末期になると，著しい環境の変化のために恐竜やアンモナイトは絶滅した。これは巨大隕石がメキシコのユカタン半島近辺に衝突したために起こったと考えられている。無脊椎動物が繁栄し，魚類の祖先が出現した時代は，古生代のカンブリア紀である。

第２章　地学

正答 2

LEC東京リーガルマインド　2024-2025年合格目標 公務員試験 本気で合格！過去問解きまくり！　287
⑧自然科学Ⅱ

SECTION 2 岩石と地層

実践 問題109 基本レベル

問 地球の歴史に関する次のA～Fの記述を，年代の古い順に並べたものとして最も適当なのはどれか。 (裁事2012)

A 地球史の中で最大規模の大量絶滅で，フズリナや三葉虫などが滅んだ。
B ロボクやリンボクなどのシダ植物が繁栄し，大気中の酸素濃度は現在のレベルを超えるまでに上昇した。それらの植物の遺体は，世界各地で石炭として利用されている。
C 脊椎動物が初めて陸上に進出した。
D シアノバクテリアが繁茂し，光合成によって生じた酸素は海中の鉄イオンと反応して，縞状鉄鉱層が形成された。
E 北半球に巨大な氷床（ローレンタイド氷床）が形成され，氷期と間氷期が周期的に繰り返した。
F 陸上では恐竜類，海中ではアンモナイトなどの多くの動物がほぼ同時期に絶滅した。

1： B→D→C→E→A→F
2： B→D→E→A→C→F
3： D→B→C→A→F→E
4： D→C→A→B→E→F
5： D→C→B→A→F→E

OUTPUT

実践 問題 **109** の解説

〈地質時代〉

A 地球史の中で今までに5回、生物種の数が短期間に激減したことがあったことが確認されている。このような事件を**大量絶滅**という。5回の中で最大規模の大量絶滅が起こったのは、古生代ペルム紀（二畳紀）末（2億5,200万年前頃）であり、フズリナや三葉虫、古生代型サンゴなど古生代に栄えていた生物が絶滅した。これは、ペルム紀にすべての大陸が衝突して**超大陸パンゲア**が形成され、海洋で酸素が欠乏するなど地球環境が大きく変化したことが原因だといわれている。

B 古生代シルル紀に陸上に進出したシダ植物は、デボン紀に入ると大型化した。その後、石炭紀（3億5,900万～2億9,900万年前）には、ロボクやリンボク、フウインボクなどのシダ植物が繁栄して大森林を形成し、大気中の酸素濃度は現在のレベルを超えるまでに上昇した。これらの大型シダ植物の遺体は、世界各地で大炭田を形成し、石炭として利用されている。

C 生物は海洋で誕生し、しばらくは陸上には生物はいなかったが、古生代シルル紀になると陸上にあがる植物が現れた。次いで、デボン紀（4億1,600万～3億5,900万年前）に入ると、魚類から進化した両生類のイクチオステガが、脊椎動物として初めて陸上に進出した。

D 太古代までの地球の大気と海洋には、酸素はほとんど含まれていなかった。27億年前になって光合成を行う**シアノバクテリア**が出現し、大気と海洋中の酸素が増え始めた。原生代（25億～5億4,100万年前）に入るとシアノバクテリアが繁茂し、光合成によって生じた酸素が海中の鉄イオンと反応して**縞状鉄鉱層**が形成された。これらの縞状鉄鉱層は、西オーストラリアやカナダなどで鉄鉱床として採掘されている。

E 新生代第四紀（260万年前～現在）に入ると、寒冷で氷河が拡大する**氷期**と、温暖で氷河が縮小する**間氷期**とが、周期的に繰り返すようになった。氷期には、北ヨーロッパ、グリーンランド、北アメリカを広く覆う巨大な氷床（ローレンタイド氷床）が形成され、海面は大きく低下した。一方、間氷期には氷河が溶け、海面が大きく上昇した。第四紀には主な氷期が4回あったが、現在は最後の氷期が終わってから1万年ほど経っている。

F 中生代白亜紀末（6,600万年前頃）には、陸上では恐竜類、海中でアンモナイトなどの多くの生物がほぼ同時期に絶滅した。これは、メキシコのユカタン半島付近に巨大な隕石が落下・衝突したことによって、地球環境が大

SECTION ② 地学 岩石と地層

きく変化したことが原因であると考えられている。恐竜などの大型は虫類が絶滅したことによって，小型であった哺乳類が大型化・多様化し，現在の繁栄へとつながっている。

以上より，A〜Fの記述を年代の古い順に並べると，

D → C → B → A → F → E

となる。

よって，正解は肢5である。

正答 **5**

memo

第2章 地学

SECTION 2 岩石と地層

地学

実践 問題 110 基本レベル

頻出度 地上★★　国家一般職★　東京都★★　特別区★★
　　　　裁判所職員★★　国税・財務・労基★★　国家総合職★

問 表は，地質時代と絶対年代を示したものであるが，この地質時代と古生物に関する記述として最も妥当なのはどれか。 （国Ⅰ2004改題）

先カンブリア時代	古生代						中生代			新生代		
	カンブリア紀	オルドビス紀	シルル紀	デボン紀	石炭紀	ペルム（二畳）紀	三畳（トリアス）紀	ジュラ紀	白亜紀	古第三紀	新第三紀	第四紀

△4600　△541　　　　　　　　　　　△252　　　　△66　　△2.6　（×100万年前）

1：先カンブリア時代は，無生物時代から単細胞生物が現れた時代の総称である。無生物の期間はこの時代の大部分の約40億年を占めていると考えられている。先カンブリア時代末には細菌などの生物が出現したが，緑藻類やクラゲ類などの多細胞生物は，カンブリア紀まで出現しなかった。

2：古生代には多くの生物が出現し，最初は三葉虫が繁栄した。その後，魚類が繁栄する一方，陸上ではシダ植物，両生類及びは虫類が出現した。しかし，ペルム（二畳）紀末には，三葉虫を始めとする多くの生物の種類が絶滅した。

3：中生代は，は虫類やアンモナイト類が栄えた。特に白亜紀は，陸上では恐竜のほか，マンモスなどの巨大なほ乳類が，また，海中ではアンモナイト類とヌンムリテス（カヘイ石）などが共存するなど，豊かな生物相を形成していた。しかし，白亜紀末には恐竜を始めとする多くの生物の種類が絶滅した。

4：新生代古第三紀の初期には鳥類の祖先である始祖鳥が出現し，飛行により急速に世界各地に分布を広げた。また，新生代新第三紀に入ると主に裸子植物を摂食するゾウ類やウマ類などのほ乳類が出現した。

5：新生代第四紀は，人類の時代とも呼ばれ，類人猿から人類が進化した。第四紀の始まりは，猿人が出現した時期と定義されており，以前は10万年前からとされていたが，最近，南アフリカや東アフリカからネアンデルタール人などの猿人の化石が相次いで発見されたことにより約260万年前まで遡ることとなった。

OUTPUT

実践　問題110 の解説

〈地質時代〉

1 ✕ 先カンブリア時代は，46億年前から約40億年続いているが，生物の誕生は30数億年前のため，無生物の時代は10億年以下である。先カンブリア時代の後期にはかなり進化した化石が多く見られ，原生動物や無脊椎動物，藻類などが発見されている。

2 ○ 記述のとおりである。古生代初期のカンブリア紀，オルドビス紀には，三葉虫や筆石などが繁栄した。その後，デボン紀になると魚類が繁栄し，陸上では昆虫類や両生類，シダ植物が現れた。石炭紀に入るとシダ植物が大いに繁栄した。しかし，ペルム（二畳）紀には多くの生物の絶滅，衰退が起こり，三葉虫や筆石も絶滅した。

3 ✕ 中生代には，アンモナイト，は虫類，裸子植物が繁栄し，鳥類や哺乳類，被子植物なども出現した。また，白亜紀末には大絶滅があり，恐竜やアンモナイトなどが絶滅した。しかし，**マンモス**など巨大哺乳類の繁栄は新生代第四紀であり，ヌンムリテス（貨幣石）の繁栄も新生代古第三紀である。

4 ✕ 新第三紀には，哺乳類が大型化し，繁栄したが，哺乳類が出現したのは中生代三畳（トリアス）紀である。始祖鳥は中生代ジュラ紀に出現した。また，新生代に繁栄した植物は被子植物である。

5 ✕ 第四紀は「人類の時代」とよばれるが，人類が出現したのは約700万年前であるから，新生代新第三紀である。

正答 **2**

SECTION 2 岩石と地層

実践　問題 111　応用レベル

問　岩石や鉱物に関する記述として最も妥当なのはどれか。　　　　（国Ⅱ2011）

1：岩石をつくる鉱物を造岩鉱物といい，主に炭素と金属元素で形成されている。炭素を多く含むものは濃い色をしているので有色鉱物，炭素をあまり含まないものは透明ないし白色なので無色鉱物と呼ばれる。

2：地表や海底にたまった堆積物が固まった岩石を堆積岩と呼び，砂岩，泥岩，大理石などがある。また，マグマの熱や圧力によって，堆積岩が別の岩石につくりかえられたものを変成岩と呼び，石灰岩からは凝灰岩，玄武岩からはチャートがそれぞれつくられる。

3：火成岩のうち深成岩は，マグマがゆっくり冷え固まってできるため，鉱物の結晶が大きな粒となってすきまなく集まっている等粒状組織となる。火成岩のうち火山岩は，マグマが地表付近で急に冷えてできるため，大きな結晶と小さな結晶とからなる斑状組織となる。

4：ダイヤモンドと石墨（黒鉛）はどちらも炭素からなる鉱物であり，結晶構造も同一であるが，その密度や硬度が大きく異なることから，別の鉱物として扱われ，両者は互いに多形の関係にある。同様に石英とカンラン石，黄鉄鉱と磁鉄鉱が，それぞれ多形の関係にある。

5：鉱物に必ず含まれる放射性同位体は，長い間に放射線を吸収し，別の放射性同位体に変化する。もとの半分の量になるまでの時間を半減期といい，放射性同位体の種類にかかわらず半減期は同一であるため，このことを利用して，鉱物が今から何年前にできたのかを推定するのに用いられる。

OUTPUT

実践　問題 111 の解説

〈岩石〉

1 ×　岩石をつくる鉱物を造岩鉱物という。造岩鉱物の化学組成の大部分は、ケイ素、酸素、および金属元素で構成されるケイ酸塩鉱物である。
有色鉱物とは、FeやMgを多く含み、濃い色をしているものをいい、無色鉱物とは、AlやSiを多く含み、淡い色をしているものをいう。

2 ×　砂岩や泥岩は堆積岩だが、大理石（結晶質石灰）は石灰岩からできる変成岩である。なお、**凝灰岩やチャートは堆積岩**であり、**玄武岩は火山岩**であり、いずれも変成岩ではない。

3 ○　記述のとおりである。等粒状組織からなる深成岩には、花こう岩、閃緑岩、斑れい岩がある。斑状組織からなる火山岩には、流紋岩、安山岩、玄武岩がある。なお、斑状組織を構成する大きな結晶を**斑晶**、小さな結晶を**石基**という。

4 ×　化学組成が同じでありながら、結晶構造が異なるために、物理的性質（密度や硬度など）が異なる鉱物がある。これを、互いに**多形**（または**同質異像**）の関係にあるという。ダイヤモンドと石墨（黒鉛）、方解石とアラレ石の関係などが代表例である。石英とカンラン石、黄鉄鉱と磁鉄鉱は、化学組成が異なるため、多形の関係にはない。

5 ×　**放射性同位体**は、長い間に放射線を放出し、別の放射性同位体に変化する。放射性同位体の**半減期**は、放射性同位体の種類によって異なる。たとえば、^{235}Uの半減期は7.04×10^8年と長いが、^{14}Cの半減期は5,730年と短い。

正答 **3**

SECTION 2 岩石と地層

実践　問題 112　応用レベル

問 地層に関する記述として最も妥当なのはどれか。　（国家総合職2022）

1：地層の堆積物は、砕屑粒子や火山噴出物、生物の遺骸などから成り、上に堆積した堆積物の重みにより、長い時間をかけて圧縮され、堆積岩へと変化する。堆積岩は、砕屑岩、火成岩、化学岩の3種類に大別され、このうち、砕屑岩は砕屑物の粒径により礫岩、砂岩、泥岩に、火成岩は火山岩と深成岩に、化学岩は凝灰岩、チャート、珪藻土に分けられる。

2：地層の堆積時や堆積後の未固結の段階で、変成作用により単層の内部構造が形成される。水中では、細かい粒子が先に堆積し、その後、粗い粒子が徐々に堆積するため、単層の内部では粒子が上から下に向かって細かくなる傾向がみられる。このような構造を、平行葉理（平行層理）という。

3：ほぼ水平に堆積した地層が、地殻変動などによって圧力を受けて、波状に変形した構造を褶曲といい、山状に盛り上がった部分を向斜、谷状に窪んだ部分を背斜という。また、地層がある面で断ち切られ、その面に沿って両側がずれているものを断層といい、地層に圧縮する力が働いて生じる断層を正断層、引っ張る力が働いて生じる断層を逆断層という。

4：離れた地域に露出する地層を比較して、それらが同じ時代の地層であると確かめることを、地層の対比という。狭く限られた範囲でみられる岩塩層などの地層は、過去の同時堆積面を追跡する重要な手段となり、このように対比に役立つ地層を鍵層という。また、ある時代の地層からしか産出しない示相化石による対比も行われる。

5：地層中の岩石の年齢は、その中に含まれる放射性同位体の壊変（崩壊）を利用して測定される。放射性同位体の半減期は、それぞれの放射性同位体について一定である。ある岩石の中に含まれる放射性同位体と、壊変によってできた安定同位体の原子の量を比較することにより、その岩石ができてからの時間を知ることができる。

OUTPUT

実践 > 問題 **112** の解説

〈地層〉

1 ✗ **堆積岩**は，風化や侵食によってばらばらになった岩石の砕屑粒子（礫，砂，泥）や，火山から噴出した火山噴出物，生物の遺骸などからなる粒子がたまったもの，化学的に沈殿したものからなる堆積物が固結したものである。堆積岩は，**砕屑岩**，**火山砕屑岩**（火砕岩），**生物岩**，**化学岩**の4種類に大別される。

砕屑岩は，粒径が2 mm以上の礫，2 mm～$\frac{1}{16}$ mmの砂，$\frac{1}{16}$ mm以下の泥の堆積物により分類され，それぞれ**礫岩**，**砂岩**，**泥岩**となる。**火山砕屑岩**（火砕岩）は，火山灰からできた**凝灰岩**，火山礫からできた火山礫凝灰岩，火山岩塊からできた凝灰角礫岩などに分類される。**生物岩**は，サンゴ，紡錘虫（フズリナ），有孔虫，貝殻などの石灰質（炭酸カルシウム成分）の殻をもつ生物からできた**石灰岩**，放散虫などのケイ質（二酸化ケイ素成分）の殻をもつ生物からできた**チャート**，ケイ藻などのケイ質（二酸化ケイ素成分）の殻をもつ生物からできたケイ藻土に分類される。**化学岩**は，海水中に溶けている炭酸カルシウム$CaCO_3$が沈殿してできる**石灰岩**，二酸化ケイ素SiO_2が沈殿してできる**チャート**，乾燥地域で水が蒸発することで，塩化ナトリウム$NaCl$が沈殿してできる岩塩，硫酸カルシウム$CaSO_4$が沈殿してできる石こうに分類される。

2 ✗ 海底や湖底などに沈殿した堆積物が，長い時間をかけて堆積岩になるまでの過程は**続成作用**である。混濁流（乱泥流）の流速が遅くなると，粒子の大きいもの（粗い粒子）から順に堆積を始めるため，単層の内部では粒子が下から上に向かって細かくなる傾向となる。このような構造を**級化層理**（級化成層）という。なお，単層の内部の細かな配列を**葉理**（ラミナ）といい，層理面に平行な平行葉理，層理面と斜交する**斜交葉理**（クロスラミナ）がある。

3 ✗ 褶曲の成因は正しいが，山状に盛り上がった部分が**背斜**，谷状にくぼんだ部分が**向斜**である。たとえば，アルプス山脈，ヒマラヤ山脈は，大陸プレートどうしの衝突によって大規模な褶曲構造が見られる。
地層に引っ張る力がはたらいて生じ，**上盤が下盤に対してすべり落ちた断層を正断層**，圧縮する力がはたらいて生じ，**上盤が下盤に対してのし上がった断層を逆断層**という。また，水平方向にずれた**横ずれ断層**があり，断層

の向こう側の岩盤が右にずれた右横ずれ断層，断層の向こう側の岩盤が左にずれた左横ずれ断層に分類される。

4 × 地層の対比については正しい。短期間で広範囲に堆積し，**地層の対比に役立つ地層**である鍵層の例は，火山灰が堆積した凝灰岩層である。火山灰は，一度の噴火で短期間に広範囲に堆積し，火山によって鉱物組成が異なることから，周囲の地層と明確に区別できるため，地層の対比に有効である。また，**ある時代の地層からしか産出しない示準化石**による対比も行われる。なお，**示相化石**は，**地層が堆積した環境を示す化石**である。

5 ○ 記述のとおりである。岩石中に含まれる放射性同位体は，常に一定の速さで崩壊して安定な同位体へと変わっていく。**放射性同位体の原子数が半分になるまでに要する時間を半減期**といい，それぞれの放射性同位体ごとに一定であるため，岩石中に残っている放射性同位体と，安定な同位体の原子数の比を調査することで，岩石ができてからの時間を知ることができる。

正答 **5**

memo

SECTION 2 岩石と地層

実践　問題 113　応用レベル

問 わが国の地質に関する次のA～Eの記述の正誤の組合せとして最も適当なものはどれか。　　　　　　　　　　　　　　　　　　　　　（裁判所職員2014）

A：地質学的観点からみたとき，東北日本と西南日本の境界は中央構造線である。
B：日本海は新第三紀になって開き，このとき，東北日本は反時計回りに，西南日本は時計回りに回転した。
C：四万十帯は典型的な付加体であり，その形成年代は白亜紀～新第三紀である。
D：中央日本では西南日本から続いた地質の帯状構造が屈曲している。これは，伊豆火山弧が北方に衝突しているためである。
E：秋吉台でみられる石灰岩にはフズリナ類の化石が含まれており，中生代に海山で形成されたものと考えられている。

	A	B	C	D	E
1	誤	正	誤	正	正
2	誤	正	正	正	誤
3	正	誤	誤	正	正
4	正	誤	正	誤	正
5	正	正	誤	正	誤

OUTPUT

チェック欄		
1回目	2回目	3回目

実践 問題 **113** の解説 ────────────────────

〈岩石・地層〉

A ✕ 地質学的観点から見たとき，**東北日本と西南日本の境界は糸魚川－静岡構造線**である。糸魚川－静岡構造線は，中部地方を南北に走っている断層帯であり，新潟県糸魚川市から諏訪湖を経て静岡県に至っている。また，糸魚川－静岡構造線の東側にある地溝帯を**フォッサマグナ**といい，これが境界とされることもある。これに対し，**中央構造線とは，関東地方から紀伊半島，四国北部を経て九州地方まで東西に走っている断層帯**であり，西南日本では中央構造線に平行に帯状の地質構造が分布している。

B ◯ 記述のとおりである。日本海は新第三紀の中頃（1,500万年前頃）になって開き，このとき，東北日本は反時計回りに，西南日本は時計回りに回転した。これによって東北日本と西南日本の間にフォッサマグナが形成された。この頃，日本海沿岸やフォッサマグナ地域では激しい火山活動が発生し，**グリーンタフ変動**とよばれる。

C ◯ 記述のとおりである。四万十帯は典型的な付加体であり，その形成年代は白亜紀〜新第三紀である。海洋プレートが海溝で沈み込むときに，海洋プレート上の堆積物がはぎとられて大陸プレートに付け加えられたものを付加体という。

D ◯ 記述のとおりである。中央日本では西南日本から続いた地質の帯状構造が北側に屈曲している。これは，伊豆火山弧が北方に衝突しているためである。伊豆半島は，かつて南方にある火山島であったが，フィリピン海プレートの北上に伴って本州に衝突し，半島となった。

E ✕ 秋吉台は山口県東部にある石灰岩でできたカルスト台地である。ここで見られる石灰岩にはフズリナ類（紡錘虫）やサンゴの化石が含まれており，古生代石炭紀〜ペルム紀に海山で形成されたものと考えられている。**フズリナは，石灰質の殻をもつ有孔虫であり，古生代石炭紀〜ペルム紀の示準化石**である。

よって，正解は肢 2 である。

第 2 章 地学

正答 **2**

3 地学
気象現象

第2章 SECTION

必修問題

セクションテーマを代表する問題に挑戦！

気象について学習していきます。丸暗記ではなく，理解しながら
覚えるとよいでしょう。

問 気象に関する記述として最も妥当なのはどれか。

（国税・財務・労基2023）

1：我が国では，梅雨の末期に大雨や集中豪雨が発生する場合がある。これは，
   オホーツク海高気圧と北太平洋高気圧（太平洋高気圧）の間に発生して
   いる梅雨前線に向けて，北太平洋高気圧側からの暖かく湿潤な空気が吹
   き込むことが原因である。

2：エルニーニョ現象とは，平年よりも強い偏西風によって赤道太平洋の暖
   水層が西部に偏り，赤道太平洋中・東部の海面水温が低くなる現象である。
   エルニーニョ現象が発生すると，北太平洋高気圧が強くなるため，我が
   国では，梅雨明けの早期化や夏の平均気温の上昇がみられる。

3：我が国において，台風とは，北太平洋西部で発生した熱帯高気圧のうち，
   平均風速が一定以上になったものを指す。台風の内部では，対流圏下層
   の空気が時計回りに中心に吹き込み，対流圏上層から反時計回りに吹き
   出すため，台風の中心部は最も風が強い。

4：フェーン現象とは，水分を含んだ空気塊が山にぶつかり，山頂付近で雲
   を形成し，山を下った先で雨を降らせる現象である。我が国では，日本
   海側から山脈を越えて太平洋側に吹き込むフェーン現象が多く発生し，
   その際は，太平洋側で雨が降る。

5：我が国の冬は，日本列島の北部で温度が下がり低気圧が発達することに
   よって南高北低型の気圧配置となり，北西の季節風が吹く。南高北低型
   の気圧配置では，大陸側からの湿潤な空気が吹き込むことにより日本海
   側で大雪を降らす一方で，太平洋側では晴れた天気が続く。

頻出度 地上★★ 国家一般職★ 東京都★★ 特別区★★★
裁判所職員★★ 国税・財務・労基★ 国家総合職★★

必修問題 の解説

〈気象総合〉

1 ◯ 記述のとおりである。梅雨の末期の7月には，日本周辺の海水温が高まり，**梅雨前線**も日本付近に停滞しがちになるため，熱帯からの気流が湿潤なまま日本列島に流れ込み，山地の斜面で持ち上げられることで集中豪雨が発生しやすい。地球温暖化の進行に伴い，海水温が上昇し，大気中の水蒸気量も増加しつつあるため，日本でも**線状降水帯**を伴う集中豪雨の発生が増加傾向にある。

2 ✕ 低緯度域では貿易風が東から西へ吹くため，通常，暖かい海水がインドネシア周辺の西太平洋沖に蓄積し，ペルー沖の東太平洋では，深層から冷水がわき上がり，海面水温が低くなる。しかし，**何らかの原因で貿易風が弱まると，西へ吹き寄せられていた暖水が東へ広がり，ペルー沖の冷水のわき出しが弱まることで，海面水温が平常よりも高くなり，エルニーニョ現象**が発生する。エルニーニョ現象が発生すると，熱帯赤道域の対流活動が弱まり，夏季には太平洋高気圧の勢力が弱まり，日本付近は冷夏になる傾向となる。また，冬季にはシベリア高気圧の張り出しが弱まるため，日本付近は暖冬になる傾向となる。

なお，エルニーニョ現象とは反対に，**貿易風が異常に強まり，ペルー沖の海面水温が通常よりも低くなった状態が続くことを，ラニーニャ現象**という。ラニーニャ現象が発生すると，西太平洋熱帯域の対流活動が強まり，夏季には太平洋高気圧の勢力が強まり，日本付近は猛暑になる傾向となる。また，冬季にはシベリア高気圧の張り出しが強まるため，日本付近は厳冬になる傾向となる。

3 ✕ **台風とは，北太平洋西部または南シナ海に存在する熱帯低気圧のうち，最大風速が17.2 m/s 以上**になったものである。熱帯低気圧は，存在する地域によって，台風，ハリケーン，サイクロンなどよばれ方が異なる。なお，日付変更線など境界をまたぐと，ハリケーンから台風のようによび名が変わるものを越境台風という。台風の下層では，台風の中心付近に向かって反時計回りに風が吹き込み，台風の上層では時計回りに風が吹き出している。このとき，強い遠心力がはたらくため，台風の中心部には風が吹き込めなくなり，台風の目ができる。海面から蒸発した水蒸気は，台風の中心付近で上昇し，凝結して積乱雲となるときに，潜熱が放出されて空気が暖まることにより上昇気流がさらに強まることで，台風は発達する。なお，

熱帯低気圧は温度がほぼ一定の熱帯気団内で発達するため，前線を伴わないが，中緯度まで北上し，温帯低気圧に変化したときには前線が現れる。

4 ✕ **フェーン現象**とは，**水分を含んだ空気塊が山にぶつかり，山を上るときに雲を形成し，山を下った先で高温で乾燥した風が吹く現象**である。日本では，太平洋側に高気圧，日本海側に低気圧があるときに起こりやすく，太平洋側からの高温多湿な空気が山脈を越えて日本海側に吹き降りると，風下側である日本海側の気温が上昇する。また，冬季は日本海側で雪を降らせた空気が山脈を越えて太平洋側に到達すると，太平洋側は晴天で乾燥することが多いことも，一種のフェーン現象といえる。

5 ✕ 冬は強い放射冷却によりシベリアを中心とする強い寒気団が形成され，**シベリア高気圧**が発達する。一方，相対的に暖かい北太平洋上では低気圧が発達することによって**西高東低**型の気圧配置となり，**北西の季節風**が吹く。日本海は，温暖な対馬海流が流れ，その上を冷たく乾いた季節風が通過すると，海面から多量の熱と水蒸気を取り込むことで，積雲が列をなすようにいくつも発達して，筋状の雲が見られる。**日本海で大量に蒸発した水分が日本海沿岸域に大量の雪を降らせ，豪雪による災害をもたらすことがある一方で，太平洋側では乾燥した下降流により，からっ風がもたらされ，乾燥した晴天が続く。**

【コメント】
　日常の気象現象と関連する話題が多いため，実際の気象情報とも関連づけて理解を深めておきたい。

正答 **1**

memo

SECTION 3 気象現象

地学

1 大気圏の区分

大気の層は温度変化に伴い次の図のように5つに分けられます。

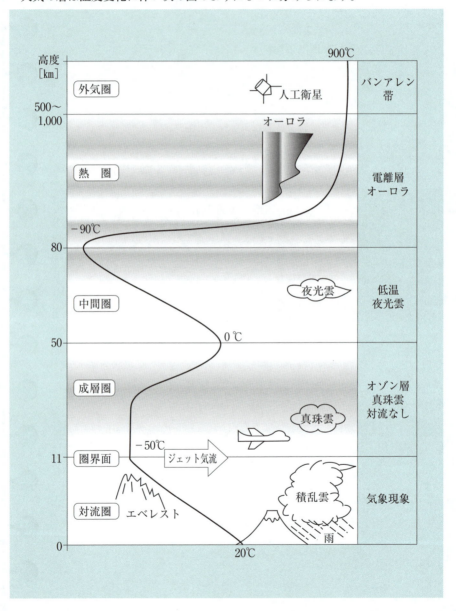

INPUT

2 大気の運動

(1) 上空の風（地衡風）

上空の風は，等圧線と平行に吹いていて，北半球では低圧部を左に見るように吹いています。

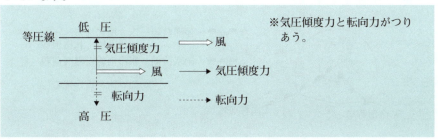

(2) 地上の風

地上の風は，上空の風とは異なり摩擦力がはたらくため，等圧線から25〜35°傾いて吹きます。

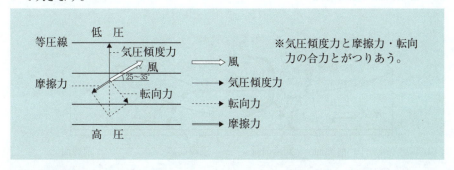

(3) 海陸風

海岸では昼間は海から風が吹き，夜間は陸から風が吹きます。

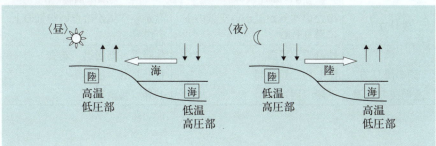

3 低気圧

(1) 温帯低気圧

温帯地方で発生する低気圧を，温帯低気圧とよび，前線を伴っています。

① 温帯低気圧

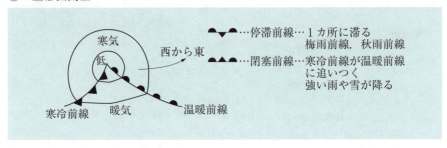

日本付近を通過する温帯低気圧は，右側（東）に温暖前線，左側（西）に寒冷前線を伴います。

② 温暖前線と寒冷前線

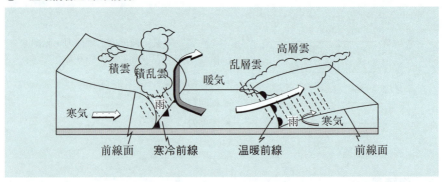

	寒冷前線	温暖前線
成り立ち	冷たい空気が温かい空気の下に潜り込む	温かい空気が冷たい空気の上を滑昇
雲	積乱雲，積雲	乱層雲，高層雲，巻雲
雨の降り方	激しい，短時間	しとしと，穏やか
通過後の気温	下降（雨）	上昇（快晴）

(2) 熱帯低気圧(台風)

熱帯地方で発生する低気圧を熱帯低気圧といい,特に,日本付近を通過する風速17.2m/s以上の熱帯低気圧を台風とよびます。台風は激しい上昇気流に乗った水蒸気が放出する潜熱がエネルギー源となっていますが,中心部の台風の目では下降気流が生じています。

4 日本の天気

気団とは一様な特徴をもつ空気の塊のことで,日本付近に発生する次の4つの気団は,日本の気象に大きな影響を与えています。

◆日本付近の気団

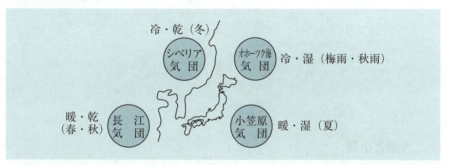

日本の季節変化

季節	気圧配置など	気団名	天気・気温
冬	西高東低の気圧配置,北西の季節風	シベリア	寒冷,太平洋側は乾燥,日本海側は雪
春秋	移動性高気圧	長江	周期的に変わりやすい天候,三寒四温
梅雨秋雨	梅雨前線,秋雨前線	オホーツク海小笠原	断続的な雨
夏	南高北低の気圧配置,南東の季節風	小笠原	蒸し暑い

SECTION 3 気象現象

5 海水の大循環

(1) 海流

　海流は，海洋表面の循環で，主要な流れ（環流）は北半球では時計回りに，南半球では反時計回りに流れています。海流の原動力には，貿易風や偏西風などの風が挙げられます。

(2) 満潮と干潮

　1日に2回，水位が満潮・干潮と交互に変化します。これは，月の引力と地球の遠心力（起潮力）が関係していて，遠心力は月と地球が共通な重心のまわりを回転するために起こるものです。この2つの力を合わせて起潮力といいます。

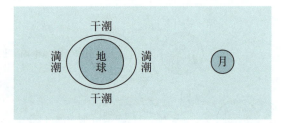

(3) 大潮と小潮

　1カ月に2回，大潮・小潮と交互に水位が変化します。大潮は，満月，新月のとき太陽と月の起潮力が重なり干満の差が大きくなり，小潮は，上弦，下弦のとき月と太陽が90°離れるため起潮力を打ち消し合い，干満の差は小さくなります。

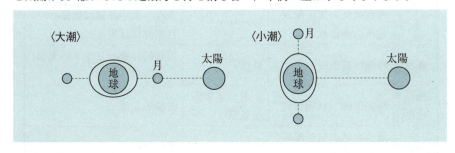

6 フェーン現象

(1) 湿度

　空気中に含まれる水蒸気の量の割合を湿度といいます。一般的に，相対湿度を用い，次の式で表します。

$$相対湿度[\%] = \frac{空気の水蒸気圧}{同温での飽和水蒸気圧} \times 100$$

(2) 露点

気温が下がって、含まれている水蒸気が飽和に達するときの温度を露点といいます。さらに気温が下がると飽和水蒸気圧より余分な水蒸気は凝結して水となります。

(3) 断熱変化

乾燥断熱減率	飽和していない空気塊が上昇するとき	約1℃/100m
湿潤断熱減率	飽和した空気魂が上昇するとき	約0.5℃/100m

(4) フェーン現象

湿った空気塊が山を越えて吹き降りるとき、風下側では気温が上がって乾燥する現象をフェーン現象といいます。下図で説明します。

	高度変化	状況	温度変化
上り	0～400m (400m)	雲が発生していないため、乾燥断熱減率で温度が下がります。	−4℃
	400～2,000m (1,600m)	露点に達し、雲や雨が発生しているため、湿潤断熱減率で温度が下がります。	−8℃
下り	2,000～0 m (2,000m)	頂上までに雨を降らせているため、乾燥断熱減率で温度が上がります。	+20℃

上りでは、温度は4＋8＝12〔℃〕下がることになりますが、下りでは、温度が20℃上がることになり、当初は20℃であった空気の温度が28℃となります。

こうして、風上側より風下側のほうが高温となります。

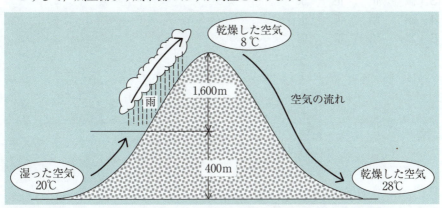

SECTION 3 気象現象

実践 問題 114 基本レベル

頻出度 地上★ 国家一般職★ 東京都★ 特別区★★
裁判所職員★★ 国税・財務・労基★ 国家総合職★★

問 大気やその動き等に関する記述A～Dの正誤の組合せとして正しいのはどれか。
(国Ⅱ2003)

A：大気圏は，その高度による気温変化の様子をもとに下層から上層に向かって，対流圏・成層圏・中間圏・熱圏に区分されているが，このうち対流圏及び成層圏では大気の温度は平均して100mにつき約1.5℃ずつ減少していく。

B：大気中の空気塊が凝結高度以上に上昇すると，飽和水蒸気量を超えた余分の水蒸気は大気中に浮かぶ微粒子を核として水滴や氷晶になる。このようにしてできた粒子を雲粒といい，雲粒が無数集まって浮かんでいるものが雲である。

C：大気は，太陽放射はよく通すが地球放射はよく吸収するため，地球から大気圏外へ放出する熱を抑制して地球の気温を保つ働きをする。これを大気の「温室効果」といい，大気中に含まれる二酸化炭素や水蒸気などの温室効果気体の働きによるものである。

D：北半球で発生する台風の内部では，対流圏上層の空気が反時計まわりに渦巻きながら中心に吹き込み，下降して対流圏下層から時計まわりに回転しながら吹き出している。

	A	B	C	D
1	正	正	誤	誤
2	正	誤	誤	正
3	誤	正	正	誤
4	誤	誤	正	正
5	誤	誤	誤	正

OUTPUT

実践 問題 114 の解説

〈大気圏〉

A × 大気の温度変化は，次のようになる。

対流圏…0.6〜0.7℃/100mの割合で低下する。これは太陽放射が空気を素通りして地表を温めることにより，熱源が下になってしまうことによる。そして，もう1つの理由として，上空では膨張により気温が下がってしまうということが挙げられる。

成層圏…下部は等温，上部は0.2〜0.3℃/100mの割合で上昇する。この温度上昇はこの層に存在するオゾン層が紫外線を吸収してしまうためである。

中間圏…気温は0.2〜0.3℃/100mの割合で減少する。しかし，対流は生じていない。

熱　圏…X線や紫外線を吸収するため，急激に温度が上昇する。

B ○ 記述のとおりである。雲も霧も大気中の余分な水蒸気が微粒子を核とし，凝結して生じる。両者の違いは地表面に接地しているかどうかで決まる。雲では普通−15℃くらいまでは液体として，水粒子の状態で存在する。

C ○ 記述のとおりである。大気は波長の短い短波放射はあまり吸収しないが，波長の長い長波放射はよく吸収する。大気は吸収した熱を宇宙と地表に再放射するため，地表は太陽放射のほかに大気放射も受けることになる。これが**温室効果**である。この効果をもつ気体を温室効果ガスといい，水蒸気，二酸化炭素，オゾン，メタン，フロン，一酸化二窒素などがある。その効果は存在量が重要であり，一番効果が高いのは水蒸気であり，次が二酸化炭素である。

D × 北半球でも南半球でも，台風を含む低気圧は，対流圏下層から中心に向かって吹き込み，上層から吹き出す。雲は下降流では生じない。また，**北半球では進行方向右向きに力を受けるため，時計回りに吹き出し，反時計回りに吹き込む**。これは南半球では反対になる。

よって，正解は肢3である。

正答 3

第2章 SECTION ③ 地学 気象現象

実践 問題 115 基本レベル

問 地球のエネルギー収支に関する記述として最も妥当なのはどれか。

(国Ⅱ2007)

1：緯度が高い地域では，太陽放射の入射量の方が地球放射の放射量より大きく，緯度が低い地域ではその反対に地球放射の放射量の方が大きい。
2：経度が大きい地域では，太陽放射の入射量の方が地球放射の放射量より大きく，経度が小さい地域ではその反対に地球放射の放射量の方が大きい。
3：太陽放射は主に地球の昼の面に入射するが，地球放射も地球の昼の部分からのものがそのほとんどを占め，波長が短い可視光線から波長の長い赤外線まで幅広い波長に及んでいる。
4：太陽放射は主に地球の昼の面に入射するが，地球放射は地球の昼の部分からも夜の部分からも放射されており，地球放射で主に放射されるのは赤外線である。
5：太陽放射は主に地球の昼の面に入射するが，地球放射はそのほとんどが昼の大陸の部分から放射され，地球放射で主に放射されるのは赤外線である。

OUTPUT

実践 問題 115 の解説

〈熱収支〉

1 × 太陽は地球の大きさに対して十分遠くにあると考えることができるため、太陽光線は地球に平行に当たると考えてもよい。すると、地球自体が球形のため曲率があり、地球の単位面積あたりに当たる太陽光線の量は低緯度地域（赤道付近）のほうが高緯度地域（極付近）より多くなる。したがって、本肢の記述は逆である。

2 × 経度の大小は、太陽放射の入射量と関係がない。関係があるのは、緯度の大小である。

3 × 地球放射は主に赤外線域の電磁波として放射されるが、それは地球の昼夜とは関係がない。夜間の放射冷却を考えればわかる。

4 ○ 記述のとおりである。**太陽放射**は表面温度が約5,800Kであるため、紫外線、可視光線、赤外線の領域の電磁波として地球に届くが、紫外線域、赤外線域は地表に届くまでに大気に吸収される。一方、地球の表面温度は太陽のそれと比べて十分低いため、**赤外線域の電磁波が放射**される。

5 × 地球放射は昼夜、大陸・海洋関係なく放射される。

正答 **4**

第2章 SECTION 3 地学
気象現象

実践 問題 116 基本レベル

問 海抜０mで26℃であった空気塊が，山の斜面に沿って押し上げられ，海抜600mから雲をつくり，2000mの山頂まで上昇した。この空気塊が，山頂付近で雲水を雨としてすべて降らせてしまい，反対側の斜面を海抜０mまで下ってきたときの温度として妥当なのはどれか。

ただし，乾燥断熱減率（水蒸気で飽和していない空気塊の上昇に伴う温度降下）を１℃/100m，湿潤断熱減率（水蒸気で飽和した空気塊の上昇に伴う温度降下）を0.5℃/100mとする。　　　　　　　　　　　　　　（国Ⅰ 2004）

1：31℃
2：33℃
3：35℃
4：37℃
5：39℃

OUTPUT

実践 問題 **116** の解説

〈フェーン現象〉

海抜600mまでは乾燥断熱減率約1℃/100mで温度が減少するから,
　－1×6＝－6［℃］
海抜600mから2,000mまでの1,400mは湿潤断熱減率約0.5℃/100mで温度が減少するから,
　－0.5×14＝－7［℃］
山頂を越えてから海抜0mまでの2,000mまでは乾燥断熱減率約1℃/100mで温度が上昇するから,
　＋1×20＝＋20［℃］
したがって, 初めに26℃であった空気塊は, 反対側の斜面を下ったとき,
　26－6－7＋20＝33［℃］
となる。
よって, 正解は肢2である。

正答 2

SECTION 3 気象現象

実践　問題 117　基本レベル

問　高気圧と低気圧に関する記述A～Dのうち，妥当なもののみをすべて挙げているのはどれか。　　　　　　　　　　　　　　　　　（国Ⅱ2001）

A：空気は気圧の高い方から低い方へ流れるが，地球の自転の影響を受けて転向力（コリオリの力）がはたらくため，北半球の地上付近では，低気圧の場合は中心に向かって反時計回りに吹き込み，高気圧の場合は中心から時計回りに吹き出す。

B：梅雨は，春から夏にかけて，オホーツク海高気圧から吹き出す寒冷な空気と小笠原高気圧から吹き出す温暖で湿潤な空気によって形成される温暖前線によってもたらされる日本特有の現象で，他の国ではみられない。

C：低気圧はすべて海面水温30℃以上の熱帯海上で発生するが，この熱帯低気圧は前線を伴いながら高緯度の温帯や寒帯へ移動し，徐々に水蒸気を失って温帯低気圧に変わっていく。

D：低気圧が西から東へ移動する場合，低気圧の中心から西側では暖気団が冷気団の上を吹き上がって温暖前線を，東側では冷気団が暖気団の上を吹き上がって寒冷前線をそれぞれ形成し，広範囲に強い雨をもたらす。

1：A
2：A，D
3：B
4：B，C
5：C，D

OUTPUT

チェック欄		
1回目	2回目	3回目

実践 問題 **117** の解説 ——————————————————————

〈高気圧・低気圧〉

A○ 記述のとおりである。**北半球では転向力は進行方向直角右向きにはたらく**ため，**低気圧は反時計回りに吹き込み，高気圧は時計回りに吹き出す。**摩擦力のほとんどはたらかないところでは，気圧傾度力と転向力がつりあい，等圧線に平行に風が吹く。この風を**地衡風**という。

B× 暖気団と寒気団の勢力が拮抗し，ほとんど動かない状態にあるときの前線を**停滞前線**という。寒気団の勢力が強いときは，寒冷前線の様相を呈し，暖気団の勢力が強いときは温暖前線の様相を呈する。梅雨前線や秋雨前線がこの典型である。また，梅雨前線，秋雨前線はともに東シナ海を横切って，揚子江流域まで伸びているため，梅雨は日本特有の現象ではない。

C× 熱帯低気圧と温帯低気圧の違いは，発生場所の違いである。熱帯低気圧は，緯度5〜25°の海上に発生し，発達初期においては前線を伴わない。エネルギー源は水蒸気の**潜熱**である。これが発達して**風速が17.2 m/sを超えたもの**を**台風**とよぶ。

一方，温帯低気圧は，寒帯気団と熱帯気団の境界線上である寒帯前線上に発達するものを指す。普段，低気圧とよばれているものである。前線を常に伴い，目をもつことはない。等圧線は楕円形で，熱帯低気圧より直径が大きい。エネルギー源は大気の南北温度差であり，温帯低気圧は南北の温度差が大きくなりすぎることを防ぐ役割がある。

D× 低気圧は，北側に寒気団，南側に暖気団をもつ。北半球では低気圧は反時計回りに吹き込むため，東側では暖気団が寒気団の上を吹き上がり，西側では寒気団が暖気団の下に潜り込む。したがって，寒気団が暖気団の上を吹き上がることはない。

以上より，妥当なものはAのみとなる。

よって，正解は肢1である。

第2章 地学

正答 **1**

LEC東京リーガルマインド　2024-2025年合格目標 公務員試験 本気で合格！過去問解きまくり！　319
⑧自然科学Ⅱ

頻出度	地上★★	国家一般職★	東京都★	特別区★
	裁判所職員★★	国税・財務・労基★		国家総合職★

問 日本の四季の天気に関する記述として、妥当なのはどれか。 （特別区2022）

1：冬は、西高東低の気圧配置が現れ、冷たく湿ったオホーツク海高気圧から吹き出す北西の季節風により、日本海側に大雪を降らせる。
2：春は、貿易風の影響を受け、移動性高気圧と熱帯低気圧が日本付近を交互に通過するため、天気が周期的に変化する。
3：梅雨は、北の海上にある冷たく乾燥したシベリア高気圧と、南の海上にある暖かく湿った太平洋高気圧との境界にできる停滞前線により、長期間ぐずついた天気が続く。
4：夏は、南高北低の気圧配置が現れ、日本付近が太平洋高気圧に覆われると、南寄りの季節風が吹き、蒸し暑い晴天が続く。
5：台風は、北太平洋西部の海上で発生した温帯低気圧のうち、最大風速が17.2 m／s以上のものをいい、暖かい海から供給された大量の水蒸気をエネルギー源として発達し、等圧線は同心円状で、前線を伴い北上する。

OUTPUT

チェック欄		
1回目	2回目	3回目

実践 問題 118 の解説

〈日本の気象〉

1 × 冬になると，日射の弱まるアジア大陸北東部に，冷たく乾燥したシベリア高気圧が発達し，日本の北東海上には発達した低気圧が停滞することで，**西高東低**の気圧配置となる。**シベリア高気圧からの季節風が日本海に吹き込むと**，海面から多量の熱と水蒸気を取り込み，**日本海側に大雪を降らせ**，山を越えた季節風は，再び乾いた風となって平野部に吹き下りるため，**太平洋側は乾燥した晴天が続く**ことが多い。

2 × 春になり，シベリア高気圧が次第に弱まると，偏西風に乗って**移動性高気圧と温帯低気圧が日本付近を交互に西から東に通過**するようになり，三寒四温とよばれる3〜7日くらいの周期で天気が変化することが多い。低気圧が日本海を通過すると，日本付近に強くて暖かい南風が吹き込み，立春後に最初に吹くこの南風を**春一番**といい，春一番が吹く日は気温が上昇する。また，この時期に，中国，モンゴルの砂漠から舞い上がった砂塵が，偏西風に乗って日本周辺に飛来することがあり，**黄砂**とよばれ，健康への影響も指摘されている。

3 × **春から夏の間**になると，日本上空の偏西風は弱まり，移動性高気圧が到来しなくなり，南の海上で夏の太平洋高気圧（小笠原高気圧）が次第に強まり，高温多湿の南寄りの風が吹く。その一方で，北にはオホーツク海高気圧が現れ，冷たく湿った北東風が吹く。この2つの高気圧の境界に停滞前線ができ，これを**梅雨前線**という。**梅雨前線が日本付近に停滞することで，長期間ぐずついた天気が続く。**近年，梅雨後期の7月に，積乱雲が次々と発達する**線状降水帯**の形成などにより，狭い範囲で数時間激しく降る集中豪雨が多く発生し，がけ崩れ，土石流，河川の氾濫などの被害が見られる。

4 ○ 記述のとおりである。7月後半になると，太平洋高気圧の勢力がさらに強まり，梅雨前線が北上して消滅し，**南高北低**の気圧配置が現れる。日本付近は**小笠原気団の太平洋高気圧に覆われ**，太平洋高気圧から**高温多湿の季節風が日本列島に吹き込み**，蒸し暑い晴天が続くようになる。日中は強い日射を受けて暑くなり，大気が不安定になることで，夕立が降ることも多い。

5 × 台風は，**北太平洋西部の海上で発生した熱帯低気圧**のうち，**最大風速が17.2 m/s 以上**のものをいう。**熱帯低気圧のエネルギー源は，暖かい海から供給される水蒸気である**。水蒸気が低気圧中心部の上昇気流の中で凝結するとき，**潜熱を放出して大気を暖め，さらに上昇気流を強めていく**。熱

第2章 地学

LEC東京リーガルマインド 2024-2025年合格目標 公務員試験 本気で合格！過去問解きまくり！ 321
⑧自然科学Ⅱ

帯低気圧は温度がほぼ一定の熱帯気団内で発達するため，**前線を伴わない**。台風は，太平洋高気圧周辺の時計回りの流れに乗って最初は西向きに移動し，やがて北上して日本付近に到達することがある。なお，ハリケーン，サイクロンは，気象学的には台風と同じ種類の低気圧である。

【コメント】
身近な気象現象の原因，気象災害との関連も意識しておくとよい。

正答 4

memo

第2章 地学

第2章 SECTION 3 地学 気象現象

実践 問題 119 基本レベル

問 日本の気象に影響を及ぼす現象についての記述A～Dの正誤の組合せとして最も妥当なのはどれか。　　　　　　　　　　　　　　　　　　（国Ⅱ2006）

A：中緯度地帯の高層大気の動きとしては，ジェット気流があり，地表付近の偏西風とは異なり常に一定の幅で赤道に平行して一定の速度で吹いている。この気流の影響により，高気圧や低気圧は西から東へ移動する。

B：南米ペルー沖の海面の水温は，平年値よりも2～5℃低下することがあり，エルニーニョ現象と呼ばれている。これは，暖流の流れが通常よりも弱まることが原因で発生すると考えられており，この現象が発生した年には日本では，空梅雨などの異常気象になるといわれている。

C：北西太平洋の熱帯海域で発生した熱帯低気圧のうち，最大風速が17.2m/秒以上になったものを台風という。台風は，水温の高い海域を通過する間に多量の水蒸気の供給を受け，その水蒸気が凝結するときに放出するエネルギーで発達しながら北上する。

D：温帯低気圧は，暖気が寒気の上をはい上がる寒冷前線と寒気が暖気の下にもぐり込む温暖前線，又は，温暖前線が寒冷前線に追いついて重なった閉塞前線を伴っている。寒冷前線が通過するときは，広範囲に長い時間雨が降るのが特徴である。

	A	B	C	D
1 :	正	正	正	誤
2 :	正	正	誤	誤
3 :	正	誤	誤	正
4 :	誤	誤	正	正
5 :	誤	誤	正	誤

OUTPUT

実践 問題 119 の解説

〈日本の気象〉

A × 中緯度地方においては，上空に行くと偏西風は強くなり，高さが10km付近で最大となる。このきわめて強い偏西風を**ジェット気流**という。ジェット気流の風速や経路は，季節によって変化する。特に寒帯前線上空付近のジェット気流は，夏よりも冬のほうが赤道に近く，風速も大きくなる。

B × **エルニーニョ現象**とは，**南米ペルー沖の海面の水面が平均値よりも数℃上昇**することをいう。エルニーニョ現象が起こると，日本では長い梅雨や冷夏になるといわれている。

C ○ 記述のとおりである。台風は風速によって熱帯低気圧と区別されているので注意しよう。また，**水蒸気が，積乱雲の中で上昇し凝結するときに放出されるエネルギーを潜熱**という。

D × 寒冷前線と温暖前線の説明が逆である。**暖気が寒気の上をはい上がるのは温暖前線**であり，**寒気が暖気の下に潜り込むのは寒冷前線**である。温帯低気圧は，初めは温暖前線と寒冷前線が離れた状態で発生するが，やがては**寒冷前線が温暖前線に追いついて重なった閉塞前線を伴うようになる。寒冷前線が通過するときには，強い雨が短時間に狭い範囲で降る。**

よって，正解は肢5である。

正答 5

第2章 SECTION 3 地学 気象現象

実践 問題120 基本レベル

問 気圧と気象に関する記述のうち正しいのは次のうちどれか。 （地上2016）

1：地球は空気の層につつまれているが，この空気の重さによって気圧が生じている。海面の高さでの気圧は地球全体の平均をとると約900hPaであり，上空にいくほど気圧は高くなる。

2：気圧の差がある地点間では，気圧の高いほうから気圧の低いほうへ向かって風が吹く。気圧の状態は等圧線で表現されるが，一般に，等圧線の間隔が広いほうが風が強い。

3：低気圧の中心付近では上昇気流が生じる。空気が上昇していくと，膨張して温度が下がり雲を生じる。このため，低気圧が通過するときの天気は曇りや雨になることが多い。

4：気圧と海面の高さには関連があり，低気圧は海水を押すため海面が低下するのに対し，高気圧は海水を吸い上げるため海面が上昇する。発達した高気圧が沿岸部を通過する際，海面が異常に上昇する現象を高潮という。

5：日本付近は，季節によって特徴的な気圧配置となる。たとえば，夏には中国大陸で低気圧が発達して西高東低の気圧配置となり，冬にはオホーツク海で高気圧が発達して南高北低の気圧配置となる。

OUTPUT

実践 問題120 の解説

〈気圧と気象〉

1× 海面の高さでの平均気圧は1013 hPaであるため，本肢は誤りである。また，上空へ行くほど上にのっている空気の重さが減っていくため，気圧は低くなるから，その点も本肢は誤りである。高度が16km上がるごとに気圧は約 $\frac{1}{10}$ になる。そのため，上空約50kmでは気圧は海面の $\frac{1}{1000}$ に，上空約100kmでは気圧は $\frac{1}{1000000}$ になる。

2× 一般的に，等圧線の間隔が狭まるほど風が強くなるため，本肢は誤りである。等圧線は，同じ気圧の地点を結んだ線である。気圧は海面からの高度が上がれば減少するため，観測地点での気圧を海面上の高さでの気圧に補正した値を用いる。風は気圧が高いほうから低いほうへ流れ，気圧差が大きいほど風が強くなる。そのため，等圧線の間隔が狭いほど気圧差が大きくなり，その間に流れる風は強くなる。

3○ 記述のとおりである。大気の対流が起こる，地表から上空約10kmまでを対流圏といい，対流圏では高度が100m上昇するごとに気温が約0.65℃低下する。地表付近で温められた空気塊は膨張し，密度が減少するため上昇する。上空は気圧が低いため，上昇した空気塊はさらに膨張し，水蒸気が凝集して雲や雨となる。そのため，低気圧が通過すると曇りや雨が多くなる。

4× 低気圧は海面を押し上げ，高気圧は海面を下げるため，本肢は誤りである。台風など発達した低気圧が沿岸部に接近すると，低気圧によって海面が吸い上げられる吸い上げ効果や，低気圧の中心に向かって吹く風の影響により，海水が一方向に吹き付けられる吹き寄せ効果によって，潮位が異常に上昇することがあり，この現象を高潮という。

5× 日本付近の季節による気圧配置について誤りである。夏は日本の南東において太平洋高気圧が発達し，南高北低の気圧配置となる。太平洋の南方から暖かく湿った風が吹くため，高温多湿の気候となる。冬は中国大陸北部のシベリア高気圧が発達し，オホーツク海周辺では低気圧が発達するため，西高東低の気圧配置となる。シベリア高気圧は，本来は冷たく乾いた気団であるが，大陸から吹く風が日本海を通過する際に水蒸気を含むため，日本海側では雪が多くなる。また，日本海側に雪を降らせた後，太平洋側では冷たく乾いた風になる。

正答 3

SECTION 3 気象現象

実践 問題 121 〈基本レベル〉

問 日本付近に達する台風についての次のA～Eの記述のうち，明らかに誤っているのは何個あるか。 (裁事・家裁2003)

A：ほとんどの台風は北太平洋西部海洋上に発生した熱帯低気圧から発達する。
B：台風が低緯度にある間は偏東風により西寄りに進むことが多い。
C：日本列島付近に達する経路としては，北太平洋高気圧の西縁に沿い北上する場合が多い。
D：中緯度に達した台風は，一般に偏西風により東寄りに進む。
E：台風の中心部は「台風の目」と呼ばれ，風と雨が最も強い領域である。

1：1個
2：2個
3：3個
4：4個
5：5個

OUTPUT

チェック欄		
1回目	2回目	3回目

実践 問題 **121** の解説

〈台風〉

A○ 記述のとおりである。**台風とは赤道以北，東経180°以西の太平洋に発生した熱帯低気圧のうち，風速17.2 m/s に達したもの**をいう。

B○ 記述のとおりである。低緯度では，台風は**貿易風**（熱帯偏東風）により東から西へと運ばれる。

C○ 記述のとおりである。北緯20～25°付近の北太平洋高気圧の縁辺りに達すると，高気圧から時計回りに噴出する気流に乗って移動していく。

D○ 記述のとおりである。中緯度まで到達すると，**偏西風**に乗って東へと移動していく。

E✕ 台風の中心付近へ吹き込んできた空気は，台風の目の外側で上昇して，上昇気流になる。このため，台風の目は高さ15～17kmにもなる厚い雲で囲まれることになる。また，台風の目では，気圧は著しく低いが，気温は高く風が弱い。そして晴天である。

よって，正解は肢 1 である。

第2章 地学

正答 **1**

LEC東京リーガルマインド　2024-2025年合格目標 公務員試験 本気で合格！過去問解きまくり！　329
⑧自然科学Ⅱ

第2章 SECTION 3 地学
気象現象

実践 問題 122 基本レベル

問 異常気象や気象災害に関する次のア～ウの記述のうち，文中の下線部が2つとも正しいものをすべて選んだものはどれか。　　　　　　　　　　（地上2013）

ア：偏西風は，中・高緯度の上層で年間を通じて吹いている西風である。偏西風は，南北に蛇行しており，この蛇行によって低緯度の熱が高緯度に運ばれる。しかし，大きな蛇行が特定の地域に長期間続くと，同じ天候が続き，異常気象の原因となる。

イ：エルニーニョ現象は，東太平洋の赤道域の海面水温が上昇する現象であり，平年と比べて10度程度の水温上昇が数カ月間続く。エルニーニョ現象が発生すると，日本では夏は猛暑となり，冬は厳寒となりやすい。

ウ：台風や竜巻は強い風を伴い，各地に大きな被害をもたらす。台風は北太平洋西部の熱帯・亜熱帯地域の海上で発生する低気圧で，進行方向に向かって左側の方が右側に比べて風が強い。竜巻は，積雲や積乱雲に伴う下降気流によって生成・維持される強い風を伴う激しい渦で，日本では冬に発生しやすい。

1：ア
2：イ
3：ア，イ
4：ア，ウ
5：イ，ウ

OUTPUT

実践 問題 **122** の解説 ——————————————

チェック欄		
1回目	2回目	3回目

〈異常気象・気象災害〉

ア○ 記述のとおりである。偏西風は，中・高緯度の上層で年間を通じて吹いている西風である。偏西風は，南北に蛇行しており，これを**偏西風波動**という。この蛇行によって低緯度の熱が高緯度に運ばれており，ロスビー循環といわれている。しかし，偏西風の大きな蛇行が特定の地域に長期間続くと，晴れた高温の日が続いたり，雨が降り続いたりするなど同じ天候が続き，干ばつや長雨などの異常気象の原因となる。

イ× 太平洋の赤道域では，東風である貿易風が常に吹いていて海面の暖かい海水は西のほうへ寄せられている。そのため，東太平洋のペルー沖では，深海から冷たい水がわき上がっている。しかし，何かの原因で貿易風が弱まると，暖かい海面の水が西のほうへ寄せられなくなるため，**東太平洋の赤道域の海面水温が上昇**する。これが**エルニーニョ現象**であり，平年と比べて数℃程度の水温上昇が数カ月から１年ほど続く。エルニーニョ現象が発生すると，日本では冷夏や暖冬となりやすい。

逆に，貿易風が強まって**東太平洋の赤道域の海面水温が通常より低くなる**現象を，**ラニーニャ現象**という。

ウ× 台風や竜巻は強い風を伴い，各地に大きな被害をもたらす。

台風は，北太平洋西部の熱帯・亜熱帯地域の海上で発生する低気圧のうち，中心付近の最大風速が17.2m／s以上のものをいう。台風には反時計回りに風が吹き込んでくるから，進行方向に向かって右側では台風の進行速度の分が加わるため，左側に比べて風が強くなる。なお，北太平洋中部・東部や大西洋北部ではハリケーンとよばれ，インド洋や南太平洋ではサイクロンとよばれる。

竜巻は，積雲や積乱雲に伴う上昇気流によって生成・維持される強い風を伴う激しい渦で，日本では７月～10月にかけて多く発生している。

したがって，文中の下線部が２つとも正しいものは，アのみとなる。

よって，正解は肢１である。

第2章 地学

正答 **1**

LEC東京リーガルマインド　2024-2025年合格目標 公務員試験 本気で合格！過去問解きまくり！　331
⑧自然科学Ⅱ

第2章 SECTION 3 地学
気象現象

実践 問題 123 基本レベル

問 大気に関する次の記述のうち、最も妥当なのはどれか。（国税・労基2005）

1：大気は、高度に伴う気温の変化により下から対流圏、成層圏、中間圏、熱圏の四つの層に区分される。対流圏から中間圏までは一貫して気温が下がるが、オゾン層がつくられる熱圏は紫外線を吸収するために非常に熱くなっている。また、空気は対流圏を超えると軽い分子である水素やヘリウムで占められ、窒素を含まなくなる。

2：風は、偏西風帯では上空へ行くほど強くなり、圏界面付近の特に強い流れをジェット気流という。日本付近の上空では、高気圧や低気圧の位置にかかわらず流れる場所のあまり変わらない亜熱帯ジェット気流が吹いており、常時秒速340mを超えることから航空機のスピードアップに利用されている。

3：穏やかな天気の日に、海岸地方では日中は陸上から海へ陸風が吹き、夜間には海から陸上へ海風が吹くことがあり、これらを海陸風という。これは、陸上の温度が1日の間にあまり変化しないのに対し、海面の温度が日中は日射によって高くなり、夜間は放射によって低くなることで気圧差が生じるためである。

4：梅雨前線は、亜熱帯高気圧の小笠原高気圧から吹き出す温かい湿潤な大気と、高緯度にあり寒冷なシベリア高気圧から吹き出す大気の境目にできる温暖前線の一つである。この時期は勢力の強いチベット高気圧が西日本まで覆うため、小笠原高気圧が日本列島の東側に位置し、梅雨前線は日本列島沿岸に生じる。そのため、梅雨が見られるのは日本だけである。

5：夏にオホーツク海高気圧が発生すると、その南部の空気は親潮によって冷やされ、寒冷で湿った気団になる。この高気圧の勢力が強いと、東日本の太平洋側に「やませ」と呼ばれる北東の冷たい風が吹き出し、この風が続くと東北地方に冷夏をもたらすことがある。

OUTPUT

実践 問題 123 の解説

〈大気の運動〉

1 ✗ 対流圏では一貫して気温は下がるが，成層圏では，底部では気温は一定となり，上部では気温は上昇する。また，中間圏では，気温は一貫して減少する。オゾン層は成層圏でつくられる。中間圏まで，大気の組成は変化しない。

2 ✗ **ジェット気流**は2本あり，寒帯前線上空付近の寒帯前線ジェット気流と亜熱帯高圧帯の上空付近の亜熱帯ジェット気流である。ジェット気流は季節によって，風速や経路が変化する。

3 ✗ **海風**と**陸風**の説明が逆になっている。海は暖まりにくく冷えにくい（比熱が大）。逆に，陸は暖まりやすく冷えやすい（比熱が小）。この温度差によって，**日中は海から陸に**，**夜間は陸から海**に風が吹く。

4 ✗ **梅雨前線**は，高温多湿な**小笠原高気圧**と低温で湿った**オホーツク海高気圧**という性質の異なる2つの高気圧からできる停滞前線である。梅雨は，東アジア全体に見られる現象で，ジェット気流が影響している。

5 ○ 記述のとおりである。このオホーツク海高気圧は，肢4の梅雨をもたらすオホーツク海高気圧とは異なるものである。

正答 5

第2章 SECTION 3 地学 気象現象

実践　問題 124　基本レベル

問 次の文は，大気の大循環に関する記述であるが，文中の空所A〜Cに該当する語の組合せとして，妥当なのはどれか。　　　　　　　　　　　　（特別区2019）

　赤道付近で暖められ上昇した大気は，緯度30°付近で下降し，東寄りの風となって赤道に向かう。この風を　A　といい，低緯度地域での大気の循環を　B　循環という。　B　循環による下降流は，地上で　C　を形成する。

	A	B	C
1	貿易風	極	熱帯収束帯
2	偏西風	ハドレー	熱帯収束帯
3	貿易風	ハドレー	熱帯収束帯
4	偏西風	極	亜熱帯高圧帯
5	貿易風	ハドレー	亜熱帯高圧帯

OUTPUT

実践 問題 **124** の解説

〈大気の大循環〉

　赤道で上昇した大気は高緯度へ向かうが，転向力の影響を受け，西風となって東方へ向かう。この大気は緯度30°付近で下降し，**亜熱帯高圧帯**をつくり，地表近くで**貿易風**や**偏西風**となる。貿易風は北半球では北東貿易風，南半球では南東貿易風となって，赤道に戻り，**熱帯収束帯**に収束する。

　このような**低緯度地域の大気の循環**を**ハドレー循環**という。一方，極循環は北極・南極地域の大気の循環をいう。

　以上より，空欄に該当する語を入れると，次のようになる。

　「赤道付近で暖められ上昇した大気は，緯度30°付近で下降し，東寄りの風となって赤道に向かう。この風を A：貿易風 といい，低緯度地域での大気の循環を B：ハドレー 循環という。B：ハドレー 循環による下降流は，地上で C：亜熱帯高圧帯 を形成する。」

　したがって，A：貿易風，B：ハドレー，C：亜熱帯高圧帯となる。

　よって，正解は肢5である。

正答 5

第2章 SECTION ③ 地学
気象現象

実践 問題 125 基本レベル

頻出度　地上★　　国家一般職★　　東京都★　　特別区★★
　　　　裁判所職員★　国税・財務・労基★　国家総合職★★

[問] 次の図は，世界の主な海流を表したものであるが，図中の空所A～Cに該当する海流の組合せとして，妥当なのはどれか。　　（特別区2017）

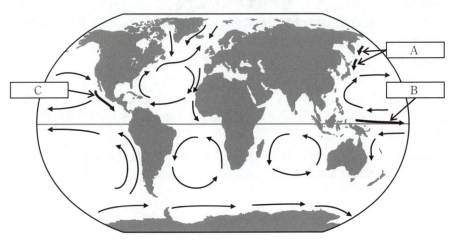

	A	B	C
1	親潮	赤道反流	カリフォルニア海流
2	親潮	赤道反流	メキシコ湾流
3	親潮	北赤道海流	カリフォルニア海流
4	黒潮	北赤道海流	メキシコ湾流
5	黒潮	北赤道海流	カリフォルニア海流

実践 問題 125 の解説

〈世界の海流〉

　海流の向きと強さは，大気大循環と地球の自転の影響によって決まる。**北半球では，中緯度帯では偏西風により西から東に流れ**，転向力により風の右側に流れ，**低緯度帯では貿易風により東から西に流れ**，転向力により風の右側に流れる。南半球では，中緯度帯では偏西風により西から東に流れ，転向力により風の左側に流れ，低緯度帯では貿易風により東から西に流れ，転向力により風の左側に流れる。

A　親潮　日本近海における主な海流は，暖流の黒潮，寒流の親潮である。黒潮は，北太平洋を時計回りに循環するものであり，親潮は，ベーリング海とオホーツク海が源の低温，低塩分の海流である。黒潮と親潮の混合域では，急激な温度変化などにより，よい漁場を形成している。

B　赤道反流　貿易風の影響により，東から西へと流れる北赤道海流と南赤道海流の間，北緯3〜10°あたりを西から東へと流れるのが赤道反流である。これは，北赤道海流と南赤道海流によって，東側の海水が少なくなってしまうため，これを補うために，反対向きの海流ができるからである。

C　カリフォルニア海流　北アメリカ大陸西岸を南下する湧昇性寒流は，カリフォルニア海流である。冷たい海から発生する霧によって，地中海性気候となり，ブドウ栽培が行われている。プランクトンも豊富で，ニシン，タラ，カニなどの好漁場にもなっている。

　よって，正解は肢1である。
　以下に，世界の主な海流を示しておく。

【コメント】
　海流は，地理でも問われるため，しっかりと理解しておきたい。

正答　1

SECTION 3 気象現象

実践 問題126 基本レベル

頻出度
地上★ 国家一般職★ 東京都★ 特別区★★
裁判所職員★ 国税・財務・労基★ 国家総合職★★

問 海洋に関する記述として、妥当なのはどれか。 (特別区2021)

1：海水の塩類の組成比は、塩化ナトリウム77.9%、硫酸マグネシウム9.6%、塩化マグネシウム6.1%などで、ほぼ一定である。

2：海水温は、鉛直方向で異なり、地域や季節により水温が変化する表層混合層と水温が一定の深層に分けられ、その間には、水温が急激に低下する水温躍層が存在する。

3：一定の向きに流れる水平方向の海水の流れを海流といい、貿易風や偏西風、地球の自転の影響により形成される大きな海流の循環を熱塩循環という。

4：北大西洋のグリーンランド沖と南極海では、水温が低いため、密度の大きい海水が生成され、この海水が海洋の深層にまで沈み込み、表層と深層での大循環を形成することを表層循環という。

5：数年に一度、赤道太平洋のペルー沖で貿易風が弱まって、赤道太平洋西部の表層の暖水が平年よりも東に広がり、海面水温が高くなる現象をラニーニャ現象という。

OUTPUT

実践 問題 126 の解説

〈海洋〉

1 × 海水の塩類の組成比は，塩化ナトリウムNaCl 77.9％，塩化マグネシウムMgCl₂ 9.6％，硫酸マグネシウムMgSO₄ 6.1％などで，世界中どこの海でもほぼ一定である。

2 ○ 記述のとおりである。大気と同様に，海水温の鉛直分布も層構造となっている。海水の表層は太陽放射を受けるため水温が比較的高く，風や波により混合されているため上下の温度差も小さく，表層混合層とよばれる。表層混合層の水温，厚さ，塩分は季節や緯度などにより変化する。表層混合層の下に，水温が深さとともに急激に低下する水温躍層があり，それより深部では，水温は低温で一定であり，季節や場所による変化も少なく，深層とよばれる。

3 × 海面を吹き続ける風が，海水の流れを生み出している。北太平洋，北大西洋では，亜熱帯高圧帯のまわりを吹く貿易風と偏西風により，表層に時計回りの亜熱帯循環系が形成され，熱エネルギーを低緯度から中緯度へと運ぶ役割も果たしている。また，南半球では，地球の自転によるコリオリの力が北半球と反対向きのため，反時計回りである。これらの循環を表層循環（風成循環）という。

4 × 水温が低く，塩分が高い海水は，密度が大きいため，海洋の深部に沈み込んで，海洋の表層と深層をめぐる大規模な循環を形成する。このように，温度と塩分の緯度による違いにより引き起こされる海洋の鉛直循環，中深層での水平循環を熱塩循環という。

5 × 平年の状態では，赤道太平洋では，東から西に吹く貿易風により表面付近の暖かい海水が西方に吹き寄せられるため，東部では下から冷たい海水がわき上がっている。しかし，貿易風が何らかの原因で弱まると，表層の暖かい海水が東方まで広がるようになり，冷たい海水の上昇が弱まり，ペルー沖の海面水温が高くなる。こうしたエルニーニョ現象とは反対に，貿易風が強まり，ペルー沖の海面水温が低くなる現象をラニーニャ現象という。統計的には，エルニーニョ現象の年は，日本は暖冬および冷夏になるといわれる。

【コメント】
単に用語を入れ替えたりする形で，誤肢のつくりとしては単純であった。

正答 2

SECTION 3 気象現象

実践 問題127 基本レベル

頻出度 地上★ 国家一般職★ 東京都★ 特別区★★
裁判所職員★ 国税・財務・労基★ 国家総合職★★

問 海洋に関する記述として最も妥当なのはどれか。　（国家総合職2014）

1：海洋は地球の表面積の約60%を占め，陸地よりも温度変化の幅が大きいことから，気候変動の大きな要因となっている。一方，海水は二酸化炭素を吸収する量が少ないため，大気中の二酸化炭素濃度にはあまり影響を与えない。

2：海洋を構成する海水は，一般にその水温によって，海面付近の表層水とその下部の深層水とに分けられる。表層水と深層水の境界付近では，急激な温度低下が見られる。この部分を水温躍層という。

3：海水には塩分が存在しており，平均すると1%の濃度である。塩分の濃度は河川水の流入や海水の温度，蒸発などの原因により，地域や季節によって大きく変化する。例えば日本近海の黒潮では，夏と冬でその濃度に2倍以上の差がある。

4：世界の海流の動きを見ると，いずれも大規模な時計回りの流れとなっている。これは地球の自転によって物体の進行方向に対して右向きの力が働くことによるものである。この力を転向力と呼び，低緯度ほど大きく働く。

5：海水は表層の海流とは別に，表層水と深層水とで上下の循環を形成している。これは赤道付近であたためられた表層の海水が高緯度に向かい，高緯度で深層に沈み込み再び赤道付近に戻るというものであり，おおむね1年をかけて循環するものである。

OUTPUT

実践　問題 127 の解説

〈海水の運動〉

1 ✗　海洋は地球の表面積の約70％を占め、陸地よりも暖まりにくく冷めにくい（比熱が大きい）ことから、温度変化の幅が陸地よりも小さい。海洋は人間の活動により増加した二酸化炭素の30％程度を吸収しており、大気中の二酸化炭素濃度に大きな影響を与えている。現在、海洋の酸性化が生態系に与える影響が懸念されている。

2 ○　記述のとおりである。海洋を構成する海水は、一般にその水温によって、海面付近の表層水とその下部の深層水とに分けられる。表層水と深層水の境界付近では、急激な温度低下が見られる。この部分を水温躍層という。

3 ✗　海水には塩化ナトリウム NaCl や塩化マグネシウム $MgCl_2$ などの塩分が存在しており、平均するとおよそ3.5％の濃度である。塩分の濃度は河川水の流入や海水の温度、蒸発などの原因により、地域や季節によって変化するが、その程度はあまり大きくはない。たとえば日本近海の黒潮や親潮を見ると、夏と冬とで変動する濃度は0.1％以内である。

4 ✗　世界の海流の動きを見ると、北半球では大規模な時計回りの流れとなっており、南半球では大規模な反時計回りの流れとなっている。これは地球の自転によって物体の進行方向に対して北半球では右向きの力がはたらき、南半球では左向きの力がはたらくことによるものである。この力を転向力（コリオリの力）とよび、高緯度ほど大きくはたらく。

5 ✗　海水は表層の海流とは別に、表層水と深層水とで上下の循環を形成している。これは赤道付近で暖められた表層の海水が高緯度に向かい、高緯度で深層に沈み込み再び赤道付近に戻るというものであり、およそ1,000～2,000年をかけて循環するものである。

正答　2

SECTION 3 気象現象

実践 問題 128 基本レベル

頻出度	地上★★	国家一般職★	東京都★★	特別区★★
	裁判所職員★★	国税・財務・労基★		国家総合職★★

問 エルニーニョ現象に関する次の文章の空欄ア〜エに当てはまる語句の組合せとして，妥当なのはどれか。 　　　　　　　　　　　　　　　　　　　　（東京都2015）

　エルニーニョ現象とは，数年に一度，赤道 ア 東部の海面水温が広い範囲にわたって数度上昇する現象である。赤道上の ア の海水は，強い日射によって海面水温が30℃以上になるまで温められている。通常は，この海水は赤道上空を吹く イ によって赤道 ア の西側に吹き寄せられ，一方，赤道 ア の東側では深海から冷たい海水がわき上がっているため，赤道 ア の ウ 水層は東側で薄く西側で厚くなっている。しかし， イ が何らかの原因で エ と赤道 ア 東部の ウ 水層が厚くなって，深海から冷たい海水のわき上がりが少なくなり，エルニーニョ現象となる。

	ア	イ	ウ	エ
1：	大西洋	偏西風	冷	強まる
2：	大西洋	貿易風	暖	弱まる
3：	太平洋	偏西風	冷	強まる
4：	太平洋	貿易風	暖	弱まる
5：	太平洋	貿易風	冷	強まる

直前復習

OUTPUT

実践 問題 128 の解説

〈エルニーニョ現象〉

エルニーニョ現象とは，数年に一度，赤道太平洋で貿易風が弱まり，従来西部に吹き寄せられていた暖水層が東部で厚くなることから，深海からの冷水のわき上がりが弱まり，東部の表面海水温度が広い範囲にわたって数度上昇する状態が続く現象である。

エルニーニョ現象は世界の気候にさまざまな影響を及ぼし，日本では，夏に太平洋高気圧の勢力が弱められ，梅雨明けが遅くなり，冷夏となり，冬は平年よりも季節風が弱くなり，暖冬傾向となる。

また，エルニーニョ現象とは逆に，貿易風が強まると，赤道太平洋域の暖水層が西部に流され，東部の暖水層が薄くなることから，深海から冷たい海水のわき上がりが多くなり，ラニーニャ現象となる。ラニーニャ現象のときは，日本では夏が暑く，冬が寒くなる傾向がある。

したがって，ア：太平洋，イ：貿易風，ウ：暖，エ：弱まるとなる。

よって，正解は肢4である。

正答 **4**

SECTION 3 気象現象

実践 問題129 基本レベル

頻出度	地上 ★★	国家一般職 ★	東京都 ★★	特別区 ★★
	裁判所職員 ★★	国税・財務・労基 ★		国家総合職 ★★

問 エル・ニーニョ現象に関する次の記述のA～Dに当てはまるものの組合せとして妥当なのはどれか。
(国Ⅰ1998)

「南米の西海岸にあるペルー沖では，毎年12月頃より北からの暖流の流入によって水温が上昇し，春とともに解消する。この現象をクリスマスにちなみ，スペイン語でキリストを意味するエル・ニーニョと呼んでいる。一方，数年に1度くらい表面水温が平均値より2～5℃上昇し，また，赤道太平洋中部にまで及ぶ大規模なものとなって，1年以上も続くことがある。これをエル・ニーニョ現象と呼んでいる。

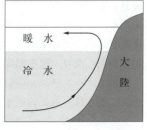

図Ⅰ

通常，この海域を南東貿易風が吹くため，表層の暖水が運ばれ，それを補うように深海から冷水がわき上がっている（図Ⅰ）。南東貿易風が何らかの原因で A なると，暖水層が厚くなるため，わき上がってくる冷水は暖められ，また，冷水の上昇自体は弱まる（図Ⅱ）。これがエル・ニーニョ現象の始まりである。

ペルー沖は，プランクトンを主な餌とするカタクチイワシの漁場になっている。図Ⅱのようになるとプランクトンの量に影響してカタクチイワシの漁獲量が B する現象が生じる。エル・ニーニョ現象を引き

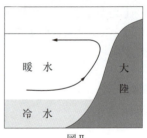

図Ⅱ

起こす南東貿易風が A なることは，東太平洋の地上気圧から西太平洋の地上気圧を引いた値が C なることに関係している。また，エル・ニーニョが発生すると，日本では，夏の北太平洋高気圧が弱くなるために，梅雨の遅れや夏の平均気温の変化が見られ，太平洋西部の熱帯海域では，台風の発生も D なる傾向にある。このように，エル・ニーニョ現象は，太平洋全体に及ぶ気象の変化と対応しており，更には，地球全体の気象の変化とも関係している。」

	A	B	C	D
1 :	弱く	激減	小さく	少なく
2 :	弱く	激増	小さく	多く
3 :	弱く	激減	大きく	多く
4 :	強く	激増	小さく	少なく
5 :	強く	激減	大きく	多く

OUTPUT

実践 問題 **129** の解説 ─────────────

チェック欄		
1回目	2回目	3回目

〈エルニーニョ現象〉

　南米のペルー沖では，南東貿易風の影響で寒流のペルー海流が北上し，転向力の影響を受けながら西に方向を変えて南赤道海流へとつながっていく。ペルー海流が流れた後の場所では，補流として，プランクトンを多く含む深層の冷水が上昇するため，本問の記述のようにペルー沖は世界でも有数の漁場となっている。

　しかし，毎年12月頃より翌年3月頃の間は，南東貿易風の勢いが衰え，寒流のペルー海流の北上はペルー北岸付近までで止まる。そのため，エクアドルからペルー北岸にかけての海域が赤道反流による暖水で占められ，乾燥地域であるペルー沿岸に恵みの雨を降らす。

　一方，数年に一度，暖水の南下がペルー南岸付近まで及び，水温が3〜5℃上昇することがある。この影響で，深層の冷水の上昇は止まり，カタクチイワシの漁獲量は<u>激減</u>（B）し，沿岸部では豪雨による水害が引き起こされる。これは，東太平洋と西太平洋の地上気圧差が<u>小さく</u>（C）なり，南東貿易風が<u>弱く</u>（A）なることによって起こり，**エルニーニョ現象**とよばれる。

　近年の研究の結果，エルニーニョ現象は太平洋の環流の強弱とも連動しており，これが起こると，日本近海を流れる黒潮が弱くなったり，台風の発生量が<u>少なく</u>（D）なったりする。このように，エルニーニョ現象は，太平洋全域，さらには地球全体の気象にも関係している。

　よって，正解は肢1である。

【参考】

　昔は正常な状態とエルニーニョ現象の状態があると考えられていたが，最近では，このほかに，エルニーニョ現象と反対の現象が存在すると考える人が多くなり，前述の地域で海水温が平年より低くなる状態をラニーニャ（「女の子」の意）とよぶようになった。**エルニーニョ現象**や**ラニーニャ現象**は大気の流れを変え，世界各地に異常な高温や低温，多雨や少雨をもたらす。

第2章　地学

正答 **1**

第2章 SECTION 3 地学
気象現象

実践 問題130 〈基本レベル〉

頻出度	地上★	国家一般職★	東京都★	特別区★
	裁判所職員★★	国税・財務・労基★		国家総合職★★

問 地球環境の構造に関する次の記述のうち、正しいのはどれか。　(地上2009)

1：地球には北極をS極、南極をN極とする地磁気があり、太陽から飛来する高エネルギーの荷電粒子が地球に大量に侵入するのを防いでいる。

2：地球の大気は、地球に降り注ぐ太陽光線のほとんどをさえぎる。また、地球から放出される赤外線を吸収するので、大気がない惑星と比べて昼夜の温度差が小さい。

3：海水は海上表面だけが対流しており、深層部は対流していない。そのため、深層部の塩類は蓄積されやすく、場所によって濃度差がある。

4：地球表面は、地殻を主とするプレートで覆われている。プレートが発生するところでは山脈ができ、プレートが沈みこむところでは海嶺や海溝ができる。

5：マントルの下の核は、地殻やマントルと同様に炭素を主成分とする鉱物から構成されており、高温のため外核、内核いずれも液体である。

OUTPUT

実践 問題 130 の解説

〈地学総合〉

1 ◯ 記述のとおりである。**太陽から飛来する高エネルギーの荷電粒子を太陽風**という。太陽風は電気を帯びているため,地球磁場によって曲げられ,地球を避けて通過する。すなわち,地球は磁場によって荷電粒子の侵入を防いでいるといえる。また,太陽風の一部はこの地球磁場によって捉えられ,**バンアレン帯**を形成する。

2 ✕ 太陽光線には,可視光線,X線,紫外線などさまざまな電磁波が含まれている。紫外線の中で波長が短いものはオゾン層で吸収されるが,それ以外は地表に到達する。したがって,大気が太陽光線のほとんどをさえぎるとはいえない。後半の記述は正しい。

3 ✕ 海上表面は**海洋対流圏(混合層)**といい,対流している。深層も,非常にゆっくり循環しているため,深層に塩類が蓄積されやすいわけではない。

4 ✕ プレートは海嶺で発生し,プレートが沈み込むところで海溝ができる。前半の記述は正しい。

5 ✕ 核は外核,内核ともに,鉄・ニッケルを主成分とする金属でできており,**外核は液体**であり,**内核は固体**である。

正答 **1**

SECTION 3 地学 気象現象

実践 問題 131 応用レベル

[問] 地球を構成する物質に関する記述として最も妥当なのはどれか。

(国税・労基2010)

1： 原始地球の大気は，主に酸素（O_2），メタン（CH_4），アンモニア（NH_3）から成っていたが，長い年月をかけて化学反応が進み，現在の大気の組成（H_2O を除いた体積比）は，窒素（N_2）が7割，酸素が2割，二酸化炭素（CO_2）が1割程度となっている。

2： 地表から高度10km付近までは対流圏と呼ばれ，そこから高度50km付近までは，窒素，酸素等の大気成分が分子量の大きさ順におおむね独立した層を成して存在しており，成層圏と呼ばれている。成層圏より上空は大気成分が希薄なため，極めて低温になっている。

3： 地殻中に存在する金属元素を質量パーセントで比較すると，最も多いのはカルシウム（Ca），次いでアルミニウム（Al）となっている。天然では，カルシウムは主に炭酸塩となり石灰石として存在し，アルミニウムはイオン化傾向が極めて小さいため主に単体で存在する。

4： 地殻中に存在する非金属元素を質量パーセントで比較すると，最も多いのは酸素，次いでケイ素（Si）となっている。天然では，ケイ素は酸素と共有結合して二酸化ケイ素（SiO_2）として存在し，これが石英をはじめ多くの鉱物の主成分となっている。

5： 海水1kgには約3gの塩分が溶けており，その大部分は塩化カリウム（KCl）である。塩分濃度は一般に水深が深いほど低くなるが，これは水深が深くなるほど海面からの水分の蒸発による影響を受けにくくなるからである。

OUTPUT

実践　問題 131 の解説

〈地学総合〉

1 ×　現在の地球大気の主成分は，窒素78％（約8割），酸素21％（約2割）であり，二酸化炭素はわずか（約0.04％）しか含まれていない。また，地球ができた頃には酸素 O_2 は存在していなかったと考えられている。シアノバクテリア（ラン藻）が初めて水 H_2O を用いて光合成をした結果，その副産物として酸素が発生したと考えられている。

2 ×　地表から11〜50kmを成層圏という。成層圏にはオゾン層が存在するため，高度が上がるにつれて気温が上昇する。なお，成層圏より上空にある中間圏（50〜80km）では高度が上がるにつれ気温は低下するが，その上にある熱圏（80〜500km）では気温が上昇する。

3 ×　地殻中に存在する金属元素の中で，最も多いのはアルミニウムである。なお，アルミニウムのイオン化傾向は大きいため，天然では酸化アルミニウムを含んだボーキサイトという鉱石として存在している。

4 ○　記述のとおりである。なお，金属もあわせた地殻の構成元素を多い順に5つ挙げると，酸素，ケイ素，アルミニウム，鉄，カルシウムとなる。

5 ×　海水に含まれる塩分濃度は，一般に千分率‰（パーミル）で表される。外洋域の塩分濃度はおよそ35‰であるため，海水1kgには約35gの塩分が溶けていることになる。しかし，塩分の多くは塩化ナトリウム $NaCl$ であり，2番目に多いのは塩化マグネシウム $MgCl_2$ である。塩化カリウムはごくわずかである。

正答 **4**

第2章 SECTION 3 地学 気象現象

実践 問題132 応用レベル

頻出度	地上★	国家一般職★	東京都★	特別区★
	裁判所職員★	国税・財務・労基★		国家総合職★★

問 上昇する空気塊に関する下文のア～ウの｛　｝内で，それぞれ正しいのを選んであるのはどれか。
(地上1995)

　上昇する空気塊は断熱膨張により気温が下がるが，気温低下の割合は空気中の水蒸気が飽和しているか否かで異なる。水蒸気が飽和状態である空気塊中の気温がさらに下がると，余分な水蒸気が凝結し凝結熱が放出される。したがって空気塊中の水蒸気が不飽和の場合のほうが気温低下の割合が　ア｛小さく，大きく｝，このときには100m上昇するごとに1℃下がる。ある地点の地表近くの気温と湿度を測ったところ35℃・60％であった。下のグラフによると，この空気塊1m³中に含まれる水蒸気の量は　イ｛約15g，約23g｝で，この空気塊が上昇して雲ができはじめるのはこれが飽和したときであるから，地表から　ウ｛約1,500m，約1,000m｝の高さである。

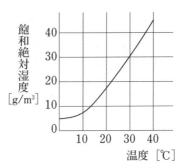

	ア	イ	ウ
1	小さく	約15g	約1,500m
2	小さく	約23g	約1,000m
3	大きく	約15g	約1,000m
4	大きく	約23g	約1,500m
5	大きく	約23g	約1,000m

OUTPUT

実践 問題 132 の解説

〈断熱減率〉

ア **大きく** 空気塊中の水蒸気が，不飽和の場合の気温低下の割合を**乾燥断熱減率**とよび，約1℃/100mである。他方，飽和の場合のそれを**湿潤断熱減率**とよび，約0.5℃/100mである。したがって，水蒸気が不飽和の場合のほうが気温低下の割合は大きい。

イ **約23g** 35℃での飽和水蒸気量は，本問グラフより約38g/m³である。したがって，湿度60%の空気中に含まれる水蒸気の量は，

$$38 \times \frac{60}{100} \fallingdotseq 23 \ [g/m^3]$$

となる。

ウ **約1,000m** この空気塊中の水蒸気が飽和するのは，イの答えとグラフから気温約25℃のときであることがわかる。そして，気温が35℃から25℃へと10℃下がるときは，雲が発生する前（不飽和の場合）の乾燥断熱減率約1℃/100mの割合で気温が下がるため，1,000m上昇していることになる。

よって，正解は肢5である。

正答 **5**

第2章 SECTION 3 地学
気象現象

実践　問題 133　応用レベル

[問] 海抜1000mの平野で，局地的に25℃に熱せられた水蒸気を含む空気塊が断熱的に上昇するとき，高度3000mでその気温が9℃になった。このとき雲ができ始める高度として正しいのは次のうちどれか。　　　　　　（地上1999）

1 : 2000m
2 : 2200m
3 : 2400m
4 : 2600m
5 : 2800m

OUTPUT

実践 問題 **133** の解説

〈断熱減率〉

　水蒸気が飽和しているときの気温の下がり方の割合は，**湿潤断熱減率**約0.5℃/100mであり，不飽和のときは**乾燥断熱減率**約1℃/100mとなっている。
　したがって，雲ができ始める高度を x [m] とすると，x [m] より上で水蒸気が飽和していると考えてよいため，

$$(x - 1000) \times \frac{1}{100} + (3000 - x) \times \frac{0.5}{100} = 25 - 9$$

$$x = 2200 \text{ [m]}$$

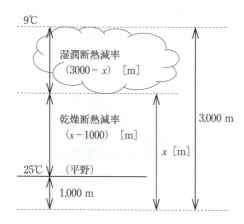

よって，正解は肢 2 である。

正答 2

第2章 SECTION 3 地学
気象現象

実践 問題 134 応用レベル

頻出度	地上★	国家一般職★	東京都★	特別区★
	裁判所職員★	国税・財務・労基★		国家総合職★★

問 フェーン現象の仕組みについて述べた下文ア，イに入る組合せが正しいのはどれか。
(地上2002)

下図のように山の麓から空気塊が斜面にそって上昇すると，断熱膨張により温度が下がり，高度Bで水蒸気が飽和する。さらに空気塊が上昇を続けると，水蒸気が凝結して雲となり，潜熱が発せられる。

このためBから山頂Cまで上昇する間の空気塊の温度の下降率はAからBまでと比べて（　ア　）なる。空気塊は雨や雪を降らせつつ山を越す。山を越えた空気塊が下降し始めると温度が上がり，やがて高度Dで雲が消え，麓Eに達する。空気塊がAから山頂を越えてEに達するまでの空気塊の温度変化は（　イ　）のようになる。

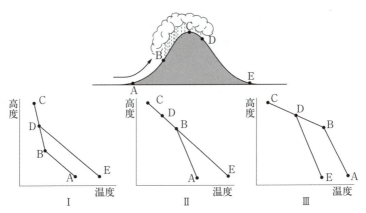

　　ア　　　イ
1：小さく　　Ⅰ
2：小さく　　Ⅱ
3：小さく　　Ⅲ
4：大きく　　Ⅰ
5：大きく　　Ⅲ

OUTPUT

実践 問題 **134** の解説

〈フェーン現象〉

ア 　**小さく**　水蒸気が凝結するとき，凝結熱（潜熱）が放出されるため，空気は暖められる。その結果，雲ができているとき（すなわち水蒸気が飽和しているとき）は空気塊の上昇による気温低下の度合いが緩和されるから，このときの気温の下降率（湿潤断熱減率）は雲ができないときに比べて小さくなる。したがって，アには小さくが入る。

　なお，実際に空気の気温の下降率を測定すると，雲ができているとき（水蒸気が飽和しているとき）では約0.5℃/100m（湿潤断熱減率），雲ができていないとき（水蒸気が飽和していないとき）では約1℃/100m（乾燥断熱減率）となっている。

イ 　Ⅰ　空欄アの解説のとおり，AからBの間では乾燥断熱減率（約1℃/100m）に従って気温が下がり，BからCの間では雲ができているため湿潤断熱減率（約0.5℃/100m）に従って気温が下がる。したがって，単位高度あたりの気温変化はA→BよりもB→Cのほうがゆるやかであるから，高度が縦軸となっている本問グラフ上では，その傾きはB→Cのほうが急になる。この関係を正しく示しているのはグラフⅠのみである。

　また，C→Dではまだ雲があるため，湿潤断熱減率（約0.5℃/100m）に従って気温が上がるのに対し，D→Eでは雲がなくなるため乾燥断熱減率（約1.0℃/100m）に従って気温が上がる。グラフⅠはこの点についても正しく示している。

　したがって，イに入るのはグラフⅠとなる。

よって，正解は肢1である。

正答 **1**

SECTION ③ 地学
気象現象

第2章

実践 問題 **135** 応用レベル

頻出度	地上★	国家一般職★	東京都★	特別区★
	裁判所職員★	国税·財務·労基★		国家総合職★

問 線状降水帯に関する次の文章の空欄に当てはまる語句の組合せとして，妥当なのはどれか。 (東京都2018)

　線状降水帯は，大きさが幅 ア km，長さ イ kmに及び，複数の ウ が線状に並ぶ形態をしている。 ウ の寿命はおよそ1時間であるが，大気の状態により ウ が次々と発生することで線状降水帯は形成され，同じ場所に強い雨を継続して降らせるなど， エ の原因の一つとなっている。

```
       ア        イ         ウ         エ
1： 2～5       5～30     積乱雲     局地的大雨
2： 2～5      50～300    積乱雲     集中豪雨
3： 2～5      50～300    乱層雲     局地的大雨
4： 20～50     5～30     乱層雲     局地的大雨
5： 20～50    50～300    積乱雲     集中豪雨
```

OUTPUT

実践 問題 **135** の解説

〈線状降水帯〉

　日本では，集中豪雨発生時に，線状の降水域がしばしば見られており，2014年8月の広島県での大雨以降，**線状降水帯**という用語が用いられるようになった。線状降水帯の大きさは，幅が20〜50km（ア），長さ50〜300km（イ）で，数時間ほぼ同じ場所にとどまるものである。線状降水帯は，複数の積乱雲（ウ）が線状に並ぶ形態をしているが，明確な分類が難しい場合も数多くある。大きな災害をもたらす集中豪雨（エ）は，線状降水帯によってもたらされることが多いとされているが，集中豪雨の発生原因については，さらに研究が進められている。

　よって，正解は肢5である。

【コメント】

　線状降水帯は，高等学校の教科書にも掲載されるようになった用語である。公務員として防災に関する知識は重要なものであるから，時事的な動向としてしっかりと学んでおきたい。気象庁は「幅20〜50km程度，長さ50〜300km程度」の強い降水を伴う雨域としており，2022年6月1日より，半日程度前から，気象情報において，「線状降水帯」というキーワードを使って呼びかけるようになった。

正答 **5**

SECTION 3 気象現象

実践 問題 136 応用レベル

頻出度
地上★★　国家一般職★　東京都★　特別区★
裁判所職員★★　国税・財務・労基★　国家総合職★★

問 地球環境に関する記述として最も妥当なのはどれか。　（国家総合職2017）

1：1950年代以降，南極上空にオゾンの濃度が極端に低いオゾンホールが現れるようになった。その原因は，冷蔵庫の冷却剤やスプレーの噴射剤などに大量に使用されるようになったフロンが，中間圏で太陽の紫外線によって分解され，フロンから分離したフッ素原子がオゾン分子を分解してオゾン層を破壊することであると明らかにされた。1950年代後半から，フロンの生産規制が国際的に進められてきたことにより，大気中のフロン濃度の増加は止まっている。

2：人間活動による石油や石炭などの化石燃料の消費量の増加に伴い，大気中の二酸化炭素濃度は産業革命以降上昇し続け，現在の二酸化炭素濃度は，地球の歴史上で最も高いレベルにある。二酸化炭素は，太陽からの紫外線を吸収し，その熱を対流圏界面にとどめて地球全体を暖める温室効果をもたらす。過去100年間にわたる全地球平均気温の上昇は，二酸化炭素に代表される温室効果ガスの影響が大きいと考えられている。

3：近年世界各地で起きている砂漠化は，過剰な灌漑や放牧，森林伐採などの人間活動が原因の一つとなっており，大量の砂塵を発生させる。東アジアの砂漠域や黄土地帯から強風により細かい黄砂粒子が大気中に舞い上がり，それが浮遊しつつ降下する現象は，黄砂現象と呼ばれる。この現象は，我が国でも観測されており，春には空が黄褐色に煙ることもある。黄砂は，偏西風に乗って太平洋を越え，アメリカ大陸でも観測されている。

4：降水は通常中性又は弱アルカリ性であるが，化石燃料の燃焼や，自動車の排気ガスなどにより大気中に放出された二酸化硫黄や窒素酸化物が大気中で化学変化を起こし，炭酸となって降水に溶け込む。これは酸性雨と呼ばれ，雨や雪などとして降ることによって環境に影響を及ぼしている。酸性雨は大気汚染の発生源周辺の比較的狭い範囲で発生するため，各国がそれぞれ脱硫装置の設置や硫黄酸化物の規制などの対策を採り，一定の効果を上げている。

5：都市部では，周辺の郊外と比較して温度が上昇するヒートアイランド現象が発生し，東京では，平均気温が100年前と比べて5度以上上昇している。この原因やメカニズムは地球温暖化と同様であるが，ヒートアイランド現象は影響の範囲が都市部を中心とした限定的なものである点で地球温暖化とは異なっている。都市部は，ヒートアイランド現象により下降気流が発生しやすく，特に夏季には高積雲が成長して激しく雨が降ることが多いと考えられている。

OUTPUT

チェック欄		
1回目	2回目	3回目

実践　問題 136 の解説

〈地球環境〉

1 ✕ 高度約10〜50kmまでの範囲を**成層圏**といい，**20〜30km付近にオゾン層は見られ，太陽光からの有害な紫外線を吸収し，生態系を守っている**。オゾン層の破壊は，フロンやハロンなどが原因とされており，紫外線の増加による皮膚がんの増加などが懸念されている。フロンは1930年代に人工的に生成された化合物であり，冷蔵庫・クーラーなどの冷却剤，スプレーの噴射剤，発泡剤の原料などとして大量に使用され，1960年代には，大気中のフロン濃度は急速に増加した。

しかし，1970年代後半に，南極上空にオゾンの濃度が極端に低い**オゾンホール**が発見されたことで，フロンが成層圏の上部で太陽の紫外線によって分解され，フロンから分離した塩素原子がオゾン分子を連鎖的に分解してオゾン層を破壊していることが明らかになった。

1987年にはオゾン層を破壊する物質を規制するモントリオール議定書が採択され，数度改正され，段階的に規制が強化されており，特定フロンのＣＦＣの生産は，先進国は1996年まで，途上国は2010年までに全廃することが目指されていた。指定フロンのＨＣＦＣは，先進国は2020年まで，途上国は2030年までの全廃が取り決められている。1990年代の半ばには，大気中のフロン濃度の増加は止まっているが，南極上空のオゾンの量は，依然として少ない状況が続いている。

2 ✕ **地球温暖化**は，石油や石炭の大量消費により発生した**二酸化炭素などの温室効果ガスが原因**とされ，**海水面上昇や生態系の激変が懸念**されている。大気中の二酸化炭素濃度は，燃料資源の利用により，産業革命以降上昇し続け，第2次世界大戦後に急増している。

燃料資源の主成分である炭素が燃焼されることで二酸化炭素が発生し，二酸化炭素は，地表からの赤外線放射を吸収し，その熱を対流圏界面にとどめて地球全体を暖める温室効果をもたらす。**温室効果ガス**は，二酸化炭素CO_2のほかに，メタンCH_4，一酸化二窒素N_2O，フロン類などがある。最近100年間，全地球平均気温の上昇は約0.7℃であり，自然変動もあるが，温室効果ガスの影響が大きいと考えられるようになった。

3 ◯ 記述のとおりである。**砂漠化**は，**過剰な灌漑や放牧，焼畑農耕，森林伐採**などの人間活動が原因の1つである。砂漠化により，大量の砂塵が発生し，中国やモンゴルの砂漠から発生する砂塵が**黄砂**である。黄砂は春に発生す

第2章 地学

LEC東京リーガルマインド　2024-2025年合格目標 公務員試験 本気で合格！過去問解きまくり！ ⑧自然科学Ⅱ　359

第2章 SECTION 3 地学 気象現象

ることが多い。輸送途中で人為起源の大気汚染物質を取り込んでいることから，健康被害を及ぼすことも指摘されている。黄砂は，偏西風に乗り広範囲に広がり，アメリカ大陸まで到達していることが，衛星画像やモデル計算により明らかになっている。

4 ✗ 酸性雨は，自動車や工場から排出される硫黄酸化物 SO_x や窒素酸化物 NO_x が原因である。大気中の二酸化炭素が溶けるため，降水は通常弱酸性であるが，硫黄酸化物や窒素酸化物が溶け込むことで，pHの値が5.6以下となるような酸性度が高い雨が酸性雨である。酸性雨の原因物質は，風によって輸送されるため，発生源から離れた地域でも酸性雨は発生し，被害は他国に及ぶこともある。

5 ✗ ヒートアイランド現象は，都市部の気温が周辺地域よりも高いことである。都市域では，コンクリートの高層ビルや道路の舗装により，緑地や水面が減少しており，地表からの水の蒸発量が減少している。また，高層建築物が風の流れを妨げることで，冷却が進みにくく，気温が上昇している。日本では，この100年で平均気温は約1℃上昇しているのに対し，東京では約3℃も上昇している。

ヒートアイランドの中心部は低圧となるため，上昇気流による雲が発生しやすい。近年見られる都市型豪雨も，ヒートアイランド現象によって強い上昇気流が発生し，短時間に狭い範囲に大雨を降らせていることによる。

【コメント】
地球環境に関する問題は，化学，生物，社会科学でも出題されるため，仕組みを含めて，しっかりと理解しておきたい。

正答 3

memo

第2章 SECTION 3 地学
気象現象

実践 問題 137 応用レベル

問 海洋で発生する現象に関する記述として最も妥当なのはどれか。（国Ⅱ2010）

1 ：高潮とは，台風などが近くを通るときに，気圧の低下による海面の吸い上げ作用や強風による海岸への海水の吹き寄せ効果などから，天文潮よりも海面が高くなる現象である。

2 ：津波とは，地震にともなって海底が急に変化することによって起こされる波で，外洋での波高は1メートル程度であるが，海岸に近づくと波高は高くなる。ただし，リアス式海岸のような湾に入ると，湾奥に進むにつれてエネルギーは分散され，波高は低くなる。

3 ：潮汐とは，海面の水位が1日に2回高くなったり（満潮），低くなったり（干潮）する現象であるが，そのおもな原因は，海と陸における日中と夜間の温度差によって発生する海陸風によるものである。

4 ：新月の時に太陽と月の引力が重なることで海面の水位が最も高くなることを大潮といい，満月の時に太陽と月の引力が打ち消されるために最も海面の水位が低くなることを小潮という。

5 ：海の波は，波長が水深に比べて小さい波である表面波と，ある程度の深さまで動く波である長波に分けられ，エネルギーだけが動く風浪や潮汐は表面波であるが，海水そのものが移動していく津波などは長波である。

OUTPUT

実践　問題 137 の解説

〈海水の運動〉

1 ○ 記述のとおりである。低気圧では上昇気流が発生するため，この空気の流れが海面を吸い上げる。

2 × 津波の波高は，水深が浅く，水路が狭くなればなるほど高くなる。つまり，リアス式海岸のような入り組んだ地形では水路が狭くなるため，津波の高さは高くなる。

3 × 潮汐を起こす力を**起潮力**という。この起潮力は，月の引力と，月と地球の共通重心を中心に回転することによって生じる遠心力の合力である。

4 × 月と太陽が一直線上に並ぶと，月の起潮力と太陽の起潮力が重なり，干満の差が大きくなる。これは満月と新月のときであり，**大潮**という。また，太陽と月が地球を中心として直角に位置する下弦や上弦のときは，太陽の起潮力と月の起潮力が打ち消し合い，干満の差が小さくなる。これを**小潮**という。

5 × 表面波は，波による水の動きが表面付近に限定される波である。それに対し潮汐による水の移動（潮流）は海域から海域へと起こるものであるため，潮汐は表面波とはいえない。

正答　**1**

第2章 SECTION 4 地学
宇宙

必修問題 **セクションテーマを代表する問題に挑戦！**

地学の頻出分野である天体について学習していきます。太陽系の惑星の特徴はしっかり覚えましょう。

問 A～Hは，太陽系の惑星である水星，金星，火星，木星に関する記述であるが，水星と木星のいずれかに当てはまるもののみをすべて挙げているのはどれか。　　　　　　　　　　　(国Ⅱ2005)

A：自転周期は太陽系の惑星の中で最も短く，質量は地球の約320倍である。

B：地球とは逆向きに，約243日という長い周期で自転している。

C：公転速度は，太陽系の惑星の中で最も速く，約88日で一周する。太陽から受けるエネルギーは，同一面積当たり地球の約6.7倍である。

D：自転周期が24時間37分であり，自転軸は公転面に対して約25°傾いているので，地球のような季節の変化がみられる。

E：二酸化炭素を主とする大気は薄く，大気圧は地球の100分の1以下である。地表は土壌に含まれる酸化鉄のため赤色である。

F：表面は，二酸化炭素を主とする厚い大気におおわれ，その温室効果により表面の温度は460℃に達し，大気圧は表面では90気圧にもなる。

G：ほとんど大気がないため，太陽に面する側（昼）と反対側（夜）の表面温度の差は500℃以上になる。

H：大気活動は活発であり，大気の循環によって縞模様が生じているほか，「大赤斑」と呼ばれる巨大な渦が見られる。

1：A，C，G，H
2：A，D，E，H
3：B，C，E，F
4：B，D，F，G
5：C，D，F，H

直前復習

頻出度	地上 ★★	国家一般職 ★	東京都 ★★	特別区 ★★★
	裁判所職員 ★	国税・財務・労基 ★★		国家総合職 ★★

必修問題の解説

チェック欄		
1回目	2回目	3回目

〈惑星〉

第2章 地学

A 木星　木星は太陽系最大の惑星で，直径は地球の約11倍，質量は約320倍である。また，木星の自転周期は太陽系の惑星の中で最短で，約10時間である。

B 金星　太陽系の惑星は，ほとんどが地球の自転と同じ向き（北極の上から見て反時計回り）に自転しているが，金星だけは逆向きである。また，天王星は自転軸が横だおしになっている。

C 水星　太陽系の惑星は，太陽に近いものほど公転速度が速い。すなわち，水星の公転速度が最も速く，公転周期は約88日である。また，太陽に近いために水星の単位面積が太陽から受ける熱量は，地球の約6.7倍である。

D 火星　太陽系の惑星の中で地球に最も似ている惑星が火星であり，地球と同じように季節の変化がある。なお，火星の極地方には，二酸化炭素が凍ってドライアイスになった極冠とよばれる部分があり，白く輝いている。極冠は，火星の夏には小さくなり，冬には大きくなる。

E 火星　地表が酸化鉄を含んだ赤茶けた土壌で覆われているのは火星であり，その赤茶けた色から火星とよばれる。また，火星は二酸化炭素の薄い大気で覆われており，気圧は地球の$\frac{1}{100}$以下である。

F 金星　二酸化炭素の厚い大気に覆われているのは金星である。また，二酸化炭素は温室効果ガスであるため，温室効果によって金星は高温になっている。金星の気圧は90〜100気圧であり，気温は460〜500℃である。

G 水星　水星には大気がほとんど存在しない。水星は太陽に近いため，太陽風によって大気が吹き飛ばされてしまったと考えられている。このため，昼は直射日光によって約400℃と高温になり，夜は放射冷却によって約−100℃と低温になる。

H 木星　木星は水素とヘリウムを主成分とするガス惑星であり，木星の表面はそのガスによって，縞模様になっている。また，ガスがつくる巨大な渦を大赤斑という。

　以上より，水星と木星についての記述は，A，C，G，Hとなる。
　よって，正解は肢1である。

正答 1

LEC東京リーガルマインド　2024-2025年合格目標 公務員試験 本気で合格！過去問解きまくり！
⑧自然科学Ⅱ　365

SECTION 4 宇宙

地学

1 地球の運動

(1) 地球の自転

地球が自転している証拠としては，以下のような事柄を挙げることができます。

① フーコーの振り子

振り子の振動面は通常一定で変化しませんが，北半球では，北極から見て地球が西から東へ回転しているため，地球上の観測者も回転し，そのため振り子の振動面が東から西へ回転しているように見えます。地球の自転周期は地上のどこでも同じですが，地面の移動距離は場所によって異なるため，振り子の回転する速さは異なることになります。

② 転向力（コリオリの力）

気象現象のセクションで説明したように，地球上で運動する物体を，地球上の人が観察すると，北半球では右にずれるように見えます。これは，運動する物体が右にずれているのではなく，観測者が回転しているためで，このような力を見かけの力といいます。観測者が回転するのは，地球が自転しているからです。

(2) 地球の公転

地球は自転しながら，太陽のまわりを北極から見て反時計回りに回っていて，これを地球の公転といいます。公転周期は，365.2564日で，これを1恒星年といいます。地球が公転している証拠としては，次のものが挙げられます。

① 年周視差

地球に近い恒星は，遠い恒星を背景にして1年周期で円運動または楕円運動をします。これは地球に近い恒星の見える角度がわずかに変化するからです。ある時点で恒星が見える方向を基準とすると，それから半年後が角度の変化が最も大きく，これを最大角といい，この最大角の半分が年周視差です。

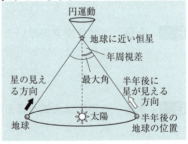

② 年周光行差

地球から恒星を観測すると，恒星からの光は実際の方向よりも前方から来るように見えます。これは地球が公転運動をしているからです。恒星の実際の方向と見かけの方向の角度の差を光行差といい，1年を周期とした光行差を年周光行差といいます。

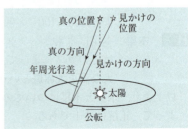

INPUT

2 太陽

太陽は，太陽系の中で唯一，核融合反応により自ら光を放っている恒星であり，太陽系全体の99.9％の質量をもち，太陽系の惑星よりはるかに大きくて重いです。

(1) 太陽の組成とエネルギー源

太陽の組成は水素73％，ヘリウム25％であり，水素からヘリウムを生み出す核融合反応（水素反応ともいう）を行うことによって輝いています。核融合反応とは，軽い原子から重い原子を生み出す核反応です。

(2) 太陽の構造と活動

光球	太陽の円盤状に見える部分で，表面温度は約5,800Kです。
黒点	光球面に現れる黒い斑点で，温度は約4,000Kです。周囲より温度が低いため黒く見えます。約11年周期でその数が増減し，黒点数が多いとき，太陽の活動は活発です。
白斑	黒点のまわりに現れる白い斑点で，温度は約6,600Kです。周囲より温度が高いため白く見えます。
彩層	光球に接し，淡紅色に輝いている部分。温度は約1万Kです。
コロナ	彩層のさらに外側で温度は約100万Kにも達します。コロナは皆既日食のときにしか観察できません。また，以下のようなさまざまな現象がコロナで生じます。
太陽風	太陽風はコロナから放出される荷電粒子で，地球磁場や彗星の尾の形に影響を与えます。
プロミネンス（紅炎）	彩層からコロナ領域に達する，突出した赤い炎状の気体です。
フレア	コロナの一部が爆発を起こし，突発的にエネルギーを放出することです。フレアは地球にデリンジャー現象や，磁気嵐などの影響を及ぼします。

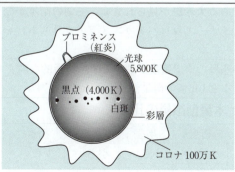

第2章 地学

SECTION ④ 地学 宇宙

第2章

3 惑星

太陽系の惑星は，太陽に近いものから水星・金星・地球・火星・木星・土星・天王星・海王星の順に並んでいて，太陽の赤道面とほぼ同じ面上を太陽の自転方向（天の北極から見て反時計回り）と同じ方向に自転（金星は逆方向，天王星は横だおし）・公転しています。

(1) 地球型惑星

太陽に近い軌道を公転する，水星・金星・地球・火星を**地球型惑星**といいます。金属の核と岩石からできており，二酸化炭素や窒素などの薄い大気層を形成しています。木星型惑星に比べて密度は大きいですが，半径が小さいため質量も小さいです。

	特徴
水星	大気をもたず，昼と夜の温度差が非常に大きい（昼430℃，夜−180℃）です。表面は多数のクレーターで覆われており，衛星はありません。
金星	明けの明星（明け方東の空に明るく輝く星），宵の明星（夕方西の空に明るく輝く星）とよばれます。二酸化炭素の厚い大気（90〜100気圧）で覆われているため，温室効果によって温度は460℃に達します。自転方向は他の惑星の逆であり，衛星はありません。
火星	地球に最も似ている惑星で，二酸化炭素と微量の窒素の薄い大気で覆われています。極地方には二酸化炭素が固体（ドライアイス）となった**極冠**が見られます。2個の衛星（フォボス・ダイモス）をもちます。

(2) 木星型惑星

太陽から遠い軌道を公転する，木星・土星・天王星・海王星を**木星型惑星**といいます。水素分子やヘリウム原子などの気体の厚い大気が存在します。

	特徴
木星	太陽系の惑星の中で**最大の半径・質量**をもちます。大気の表面には巨大な渦である**大赤斑**が見られます。95個の衛星が発見されており，4大衛星（イオ・エウロパ・ガニメデ・カリスト）を**ガリレオ衛星**といいます。
土星	太陽系の惑星の中で**密度が最小**です。特徴的な環をもちます。タイタンなど146個の衛星が見つかっています。

(3) 地球型惑星と木星型惑星の比較

分類型	大気	密度	半径	質量	衛星	環	自転周期
地球型	薄い	大きい	小さい	小さい	少ない	ない	長い
木星型	厚い	小さい	大きい	大きい	多い	ある	短い

4 恒星

(1) 恒星の明るさ

　地球から見たときの見かけの明るさを見かけの等級といい，地球に近い恒星ほど実際の明るさより明るく見えます。一方，恒星を地球から10パーセク（32.6光年）離れた位置にもっていったと仮定したときの明るさを絶対等級といい，恒星の実際の明るさを表しています。

(2) 表面温度（スペクトル型）

① 恒星の色

　恒星の色は表面温度を表していて，表面温度の高いほうから，青白→白→黄→橙→赤の順になります。

② スペクトル型

　恒星の光をプリズムを用いて，スペクトルに分けると，吸収線が見られます（恒星の大気中の元素が光の特定のスペクトルを吸収するため）。この吸収線の現れ方によって恒星を分類する方法をスペクトル型といい，スペクトル型は表面温度の高い順に，O，B，A，F，G，K，Mとなります。太陽はG型です。

(3) HR（ヘルツシュプルング・ラッセル）図

　縦軸に絶対等級，横軸にスペクトル型をとったグラフをHR図といいます。
　このグラフより，恒星は主系列星，赤色巨星，白色わい星の3種類に分類できます。太陽は主系列星です。

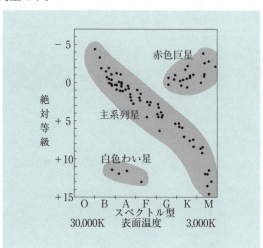

SECTION 4 宇宙

実践 問題 138 基本レベル

頻出度	地上★	国家一般職★	東京都★★	特別区★
	裁判所職員★	国税・財務・労基★	国家総合職★	

問 東京都本庁舎近くの東経139.7°，北緯35.7°，高度 0 m の地点での夏至の日の南中高度として，妥当なのはどれか。ただし，地軸の傾きは23.4°とする。

（東京都2017）

1 ： 12.3°
2 ： 30.9°
3 ： 54.3°
4 ： 59.1°
5 ： 77.7°

実践 問題138 の解説

〈南中高度〉

図を描いて考えるとよい。

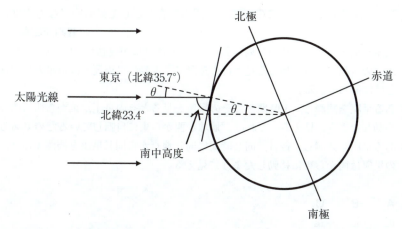

問題文より、地軸の傾きは23.4°であるため、夏至の日には北緯23.4°の地点において太陽が真上（南中高度90°）にくる。

東京は北緯35.7°であるため、図において、$\theta = 35.7° - 23.4° = 12.3°$ となる。

したがって、図に示した東京における南中高度は、

$$90° - \theta = 90° - 12.3° = 77.7°$$

となる。

よって、正解は肢5である。

【コメント】

夏至の南中高度は、「90°－（緯度）＋23.4°」で、春分と秋分の南中高度は、「90°－（緯度）」で、冬至の南中高度は、「90°－（緯度）－23.4°」で計算できる。

正答 5

第2章 SECTION ④ 地学 宇宙

実践 問題 139 基本レベル

頻出度	地上★	国家一般職★	東京都★	特別区★
	裁判所職員★★	国税・財務・労基★		国家総合職★

問 天体に関する次のA～Cの記述の正誤の組合せとして最も適当なものはどれか。
（裁判所職員2017）

A：太陽や恒星などの天体の日周運動は, その天体自体が運動しているのではなく, 地球の自転によって起こる見かけの運動で, 太陽の日周運動は恒星の日周運動とほぼ同じである。

B：ある星座を観測し, 1時間後にその星座を見るとその星座が東から西に約15度移動したように見える。これは, 地球が西から東に自転しているためである。

C：ある星座を観測し, 後日, 同じ時間に同じ地点から同じ星座を観測すると, その星座は西から東に移動したように見える。

	A	B	C
1：	正	正	正
2：	正	正	誤
3：	正	誤	正
4：	誤	正	誤
5：	誤	誤	正

OUTPUT

チェック欄		
1回目	2回目	3回目

実践 問題 **139** の解説

〈天体の運動〉

A ○ 記述のとおりである。地上の観測者には太陽や恒星が地球のまわりを回っているように見えるが，これは見かけの運動である。**地球は西から東に自転**しており，そのため太陽や恒星は天球上を1日に1回転する。なお，実際には地球の公転運動のため，恒星の日周運動の周期は太陽の日周運動の周期より約4分ほど短い。

B ○ 記述のとおりである。地球は西から東に自転しており，24時間で約1回転（360°）するため，1時間あたりでは360°÷24＝約15°回転する。したがって，星座は，地球の自転とは逆に東から西に，1時間あたり約15°移動するように見える。

C × 地球の公転も，自転と同じく西から東の方向である。1年で約1周（360°）するため，1カ月あたりでは360°÷12＝約30°移動する。したがって，後日，同じ時間に同じ地点から同じ星座を観測すると，東から西に移動したように見える（年周運動）。

よって，正解は肢2である。

第2章 地学

正答 **2**

LEC東京リーガルマインド　2024-2025年合格目標 公務員試験 本気で合格！過去問解きまくり！　373
⑧自然科学Ⅱ

SECTION 4 地学 宇宙

実践 問題140 基本レベル

頻出度 地上★★ 国家一般職★ 東京都★★ 特別区★★
　　　 裁判所職員★ 国税・財務・労基★★ 国家総合職★★

問 地球の運動に関する記述として，妥当なのはどれか。　（特別区2004）

1：天球は周期約24時間で日周運動をするが，この周期を1恒星日といい，地球の公転周期である。
2：地球の自転を実験的に証明する方法にフーコーの振り子があるが，フーコーの振り子の振動面は，北半球では時計と反対周りに回転する。
3：太陽が天球上を移動する道を黄道というが，黄道面は赤道面に一致しているため，太陽は天球上の黄道を1年かけて1周する。
4：地球の公転は，恒星を見たときの角度や見える方向の変化である年周視差や年周光行差によって証明することができる。
5：地球は，月や太陽の引力の影響を受け，自転軸の傾きが変化するため，1年間で太陽の南中高度が変化する。

OUTPUT

実践 ▶ 問題 140 の解説

〈地球の自転と公転〉

1 × 1恒星日は地球の自転周期を表している。地球の公転周期を表しているのは1恒星年である。

2 × **フーコーの振り子**の振動面の回転方向は、地球の自転と逆回りになる。地球の自転は西から東であるため、北半球から見ると反時計回りになる。したがって、フーコーの振り子の振動面は、北半球では時計回りである。

3 × 黄道面とは地球の公転面であり、赤道面とは地球の自転軸に垂直な面である。この2つが一致するには、地球の自転軸が公転面に対して垂直である必要があるのだが、実際には**自転軸は23.4°傾いている**。したがって、一致しない。なお、黄道は公転面であるため、太陽は黄道を1恒星年かけて移動する。

4 ○ 記述のとおりである。地球の公転は、18世紀初頭に**年周光行差**の観測によって証明された。地球の公転の証拠としては、他の恒星が地球に近づいてくる速度（視線速度）の年周変化が挙げられる。

5 × 地球は太陽と月の引力の影響を受け、自転軸の方向が変化する。これにより天の北極が移動し、春分点が変化する。この周期は約26,000年である。太陽の南中高度が変化するのは、自転軸が傾いているため天の赤道と黄道が一致しないためである。

正答 4

SECTION 4 宇宙

実践 問題 141 基本レベル

頻出度　地上★★　国家一般職★　東京都★★　特別区★★
　　　　裁判所職員★　国税・財務・労基★★　国家総合職★★

問 地球の自転及び公転に関する次の記述A〜Dのうち，妥当なもののみを挙げているのはどれか。　　　　　　　　　　　　　　　　　　　　　（国Ⅰ 2011）

A：地球の自転によって生じる見かけの力を転向力（コリオリの力）といい，地表面を水平方向に移動する物体に対して，北半球では進行方向右向きに働く。亜熱帯から赤道に向かう風が東寄りの貿易風になり，亜熱帯から極方向に吹き出した風が西寄りの偏西風になるのは，転向力の影響によるものである。転向力の大きさは緯度によって異なり，低緯度ほど小さくなる。

B：潮汐は，地球の公転による遠心力と，月や太陽が地球に及ぼす引力との関係によって引き起こされる。月に面した地表では，月の引力が公転の遠心力よりも大きく，裏側では公転の遠心力が月の引力よりも大きいため，海面が上昇して水位が高くなる。また，太陽と月が地球に対して直角方向にある上弦と下弦のときは，太陽と月の起潮力が強め合って干満の差が最大になり，大潮が起こる。

C：天球上における惑星の見かけの運動は複雑な動き方をするが，これは地球が公転しているために生じる現象である。天球上を西から東へ動くときを順行，東から西へ動くときを逆行といい，外惑星は公転速度が地球よりも遅いため逆行することが多く，内惑星は順行することが多い。

D：地球の公転に伴い，地球から見た恒星の方向が1年周期でわずかに変化するという現象が生じるが，公転軌道の両端から恒星を見た角度の最大値の2分の1を年周視差という。年周視差は距離に反比例することから，その測定が可能な近距離の恒星については，当該恒星までの距離を年周視差によって求めることができる。

1：A，B
2：A，D
3：B，C
4：B，D
5：C，D

OUTPUT

実践 問題 141 の解説

〈地球の自転と公転〉

A ○ 記述のとおりである。地球の自転によって，運動している物体にはたらいているように見える力を**転向力（コリオリの力）**という。**北半球では進行方向に直角右向き**，南半球では進行方向に直角左向きにはたらく。転向力は，大気や海水の運動に大きな影響を与える。転向力の大きさは，両極で最も大きく，赤道では 0 になる。

B × 干満の差（潮差）が最大の**大潮**となるのは，**太陽と地球と月がほぼ一直線になり，月と太陽の起潮力が互いに強め合うとき**，すなわち，**新月と満月のとき**である。上弦と下弦のときは，太陽と地球と，地球と月がほぼ直角になるため，月と太陽の起潮力が打ち消し合って潮差が小さくなり，**小潮**になる。
潮汐は，地球の公転による遠心力と，月や太陽が地球に及ぼす引力との不一致により生じる。この不一致により生じ，潮汐を起こす力を潮汐力という。月に面した地表と，その反対側の地表では，潮汐力が地球の外側に向かってはたらくため，海水面がもち上げられ，**満潮**となる。これに対し，月の方向と 90°離れた地表では，潮汐力が地球の内部に向かってはたらくため，海水面が押し下げられ，**干潮**となる。

C × 惑星と地球の公転面は同一ではないがほぼ等しいため，惑星は天球上で常に黄道付近に見られる。太陽に近い惑星ほど公転の速度は速い。内側の惑星が外側の惑星を追い抜くとき，太陽と内側の惑星と外側の惑星は一直線になる。この位置を内惑星に対しては**内合**，外惑星に対しては**衝**という。惑星は天球上で西から東へ移動するが（**順行**），内合と衝の前後で惑星は天球上で東から西へ移動する（**逆行**）する。これらが起こる周期は会合周期と同じとなる。会合周期は地球とその惑星との公転周期によって決まるため，公転周期の速度は，順行や逆行の起こりやすさには関係がない。

D ○ 記述のとおりである。地球は太陽のまわりを公転しているため，地球から見える天球上の恒星の位置は 1 年周期でわずかに変化する。この角度の最大値の 2 分の 1 を**年周視差**という。年周視差が小さいほどその恒星は遠くにあるとわかる。

以上より，妥当なものは A，D となる。
よって，正解は肢 2 である。

正答 2

第2章 SECTION ④ 地学 宇宙

実践 問題142 基本レベル

問 次の文は，惑星の運動におけるケプラーの法則に関する記述であるが，文中の空所A〜Cに該当する語の組合せとして，妥当なのはどれか。

(特別区2016)

第1法則とは，「惑星は，太陽を1つの焦点とするだ円軌道を描く」という法則のことである。

第2法則とは，「太陽と惑星を結ぶ線分が一定時間に描く　A　は一定である」という法則のことである。

第3法則とは，「惑星と太陽との平均距離の　B　は，惑星の公転周期の　C　に比例する」という法則のことである。

	A	B	C
1	角度	2乗	3乗
2	角度	3乗	2乗
3	面積	2乗	2乗
4	面積	2乗	3乗
5	面積	3乗	2乗

OUTPUT

実践 問題142の解説

〈惑星の運動〉

ケプラーは師であるティコ・ブラーエの観測結果をもとにして，惑星の運動について観測を続け，惑星の運動に関する3つの法則を発見した。

ケプラーの第1法則とは，「惑星は，太陽を1つの焦点とするだ円軌道を描く」という法則のことである。

ケプラーの第2法則とは，「太陽と惑星を結ぶ線分が一定時間に描く A：面積 は一定である」という法則のことである。これは，惑星の公転速度は一定ではなく，太陽から近いときは速く，遠い地点では遅く動くということを示している。

ケプラーの第3法則とは，「惑星と太陽との平均距離の B：3乗 は，惑星の公転周期の C：2乗 に比例する」という法則のことである。これは，太陽のまわりを公転するすべての天体にあてはまる法則である。

以上より，A：面積，B：3乗，C：2乗となる。

よって，正解は肢5である。

正答 5

SECTION 4 宇宙

実践 問題 143 基本レベル

頻出度 地上★★　国家一般職★　東京都★★　特別区★★★
　　　 裁判所職員★　国税・財務・労基★★　国家総合職★★

問 太陽，地球，その他の惑星の位置関係とその場合の日本における惑星の見え方等に関する記述として最も妥当なのはどれか。　（国税・労基2001）

1：地球，太陽，水星の順にほぼ一直線上に並んだ場合には，水星は午前0時には南の空に輝いている。水星の公転周期は地球のそれのほぼ半分であるので，このような見え方は，ほぼ2年に1回の割合で起こる。

2：地球，金星，太陽の順にほぼ一直線上に並んだ場合には，金星は午前0時には南の空に輝いている。また，この場合で，金星がそのだ円軌道上最も太陽に近い位置にあるときには，金星は通常より明るく輝き，その光度はおよそ2等星である。

3：太陽と地球とを結ぶ線と火星と地球とを結ぶ線がほぼ直角となる場合には，火星は日没時には西の空の地平線近くに輝いている。火星は青白く輝く星であるので，明るい夕焼け空でも肉眼で容易に確認できる。

4：木星，地球，太陽の順にほぼ一直線上に並んだ場合には，木星は午前0時には南の空に輝いている。この場合，木星は，日の入りの頃に東の地平線から上がってきて，日の出の頃に西の地平線に沈んでいく。

5：太陽と地球とを結ぶ線と土星と地球とを結ぶ線がほぼ直角となる場合には，土星は午前0時には南の空に輝いている。このとき，土星を望遠鏡で見てみると，太陽光に照らされている部分だけが三日月状に輝いているのが分かる。

OUTPUT

実践 問題 143 の解説

〈惑星の運動〉

1 × 地球, 太陽, 水星の順に一直線上に並んだとき, 水星は太陽と同じ方向に見えるのだから, 午後 0 時, 太陽と同時に南中する。そして, このときは太陽の明るさが強すぎるため, 地球から水星を観測することはできない。したがって, 本肢は水星が南に見える時刻が妥当でない。なお, 内惑星である水星は, 地球の軌道よりも外側には出ないから, 地球から見て太陽と反対の方向（すなわち衝の位置）にくることはなく, 水星が午前 0 時に南中することはない。また, 水星の公転周期は地球の約 $\frac{1}{4}$ である。

2 × 肢 1 の水星の場合同様, 地球, 金星, 太陽の順に一直線に並んだとき, 金星は太陽と同じ方向に見えるのだから, 金星は午後 0 時, 太陽と同時に南中する。したがって, 本肢は金星が南に見える時刻が妥当でない。なお, 金星も内惑星であるから, 肢 1 の水星の場合と同様, 午前 0 時に南中することはない。

3 × 太陽 — 地球 — 火星の角度が直角となるとき, 火星は太陽と 90° 離れた方向に見えるのだから, 日没時に南中して見えるか, 夜明けに南中して見えるかのどちらかである。したがって, 本肢は日没時に火星が見える方向が妥当でない。また, 火星は大気が薄く, かつ, 表面は赤茶けた土や岩石で覆われているため, 赤みがかって見える。

4 ○ 記述のとおりである。木星, 地球, 太陽の順でほぼ一直線上に並んだとき（衝の状態にあるとき）は, 木星は太陽と 180° 反対の方向に見える。したがって, 真夜中の午前 0 時に木星は南中し, 日の入り頃には太陽と正反対の東の空に, 日の出頃にも太陽と正反対の西の空にそれぞれ見える。

5 × 太陽 — 地球 — 土星の角度が直角となるとき, 土星は太陽と 90° 離れた方向に見えるのだから, 午前 0 時には東の空から昇り始めるか, 西の空に沈むかのどちらかとなっている。そしてこのとき, 土星は太陽に照らされている面のほとんどを地球に向けているから, 望遠鏡で見ると土星の大部分が光って見える。

正答 4

SECTION 4 宇宙

実践 問題144 基本レベル

頻出度 地上★★ 国家一般職★ 東京都★★ 特別区★★★
裁判所職員★ 国税・財務・労基★★ 国家総合職★★

問 次の文のア，イに当てはまる現象として，A～Dのうち正しいもののみを組み合わせているのはどれか。 (国Ⅱ2002)

　　ア　は金星には当てはまらないが火星については当てはまり，　イ　は火星には当てはまらないが金星には当てはまる。

A：地球から見ると，天球上を黄道に沿って移動するが，太陽の年周運動と同方向に西から東に移動するときと，東から西に逆行するときがある。
B：地球から惑星軌道に引いた接線上の接点に惑星がきたとき，太陽と地球と惑星がなす角（最大離角）によって，惑星の公転軌道が分かる。
C：太陽からの平均距離の3乗と公転周期の2乗との比は地球のそれとほぼ等しい。
D：地球に対して太陽と反対の方向にきたとき，夕刻には東から昇り，真夜中には南中し，夜明け前に西へ没する。

　　ア　　イ
1：A　　C
2：B　　C
3：C　　D
4：D　　A
5：D　　B

OUTPUT

実践 問題 144 の解説

〈惑星の運動〉

A **金星にも火星にもあてはまる。** 金星，火星の公転軌道面は地球の公転軌道面とほぼ同一平面といえるため，これらの惑星はほぼ黄道に沿って移動する。そして，**内惑星**である金星は基本的に天球上を西から東へと順行しているが，**内合**となる辺りでは東から西へと**逆行**する。また，**外惑星**である火星も基本的に天球上を西から東へと順行しているが，**衝**となる辺りでは東から西へと**逆行**する。このように，**金星，火星とも順行するときと逆行するときがあるから，A**はこの両者にあてはまる。

B **火星にはあてはまらないが金星にはあてはまる（イ）。** 火星は地球よりも外側を公転している**外惑星**であるため，地球は常に火星の公転軌道の内側にあることになる。すると，地球から火星の軌道に接線を引くことは不可能であり，本記述のような最大離角の状態が火星にはないことがわかる。他方，金星は地球の公転軌道の内側を公転している**内惑星**であるから，地球から金星の軌道に接線を引くことが可能であり，この接点に金星がきたときの太陽─地球─金星の角度（最大離角）から，金星の公転軌道がわかる。以上より，Bは火星にはあてはまらないが金星にはあてはまる。

C **金星にも火星にもあてはまる。** 本記述は，ケプラーの第3法則を示しており，太陽の引力によって太陽のまわりを公転している天体であれば，太陽からの平均距離の3乗と公転周期の2乗の比が等しくなる。そして，金星および火星は地球とともに太陽の引力によって太陽のまわりを公転している天体であるから，これらの間で**太陽からの平均距離の3乗と公転周期の2乗の比は等しい**。以上より，Cの記述は金星にも火星にもあてはまる。

D **金星にはあてはまらないが火星にはあてはまる（ア）。** 内惑星である金星は地球の公転軌道の外側にいかないため，地球に対して太陽と反対の方向にいくことはない。他方，外惑星である火星は地球に対して太陽と反対方向にいくとき（衝の状態にあるとき）がある。そして，このときは，太陽と反対方向に火星が見えるのだから，太陽が西へ沈む夕刻に火星は東から昇り，真夜中に南中した後，太陽が東から昇り始める夜明け前に西へ没する。以上より，Dは金星にはあてはまらないが，火星にはあてはまる。

よって，正解は肢5である。

正答 5

頻出度	地上★	国家一般職★	東京都★★★	特別区★★★
	裁判所職員★	国税・財務・労基★		国家総合職★★

問 太陽に関する次の記述のうち，最も妥当なのはどれか。　　（国税・労基2004）

1：太陽の中心部では，4個の水素原子核が1個のヘリウム原子核に変わる熱核融合反応が起こり，このとき失われた質量がエネルギーとなって放射される。この発生したエネルギーは放射・対流などによって太陽表面に運ばれる。

2：太陽の質量は地球の質量の約100倍であり，太陽系全体の質量に占める太陽の割合はほぼ50％である。太陽の構成物質は主に気体であるので，質量の差と比較すると半径の差は大きく，太陽の半径は地球の半径の1万倍を超えている。

3：大気の元素組成は地球も太陽もほとんど差がなく，最も多いのが窒素，次いで酸素である。これは地球などの太陽系の惑星が，太陽と同時期にできたことの証拠の一つであると考えられている。

4：太陽は恒星の一つであるが，他の恒星と比較してみると，表面温度が高く絶対等級が暗い。このため太陽は主系列星ではなく，最後はブラックホールになると考えられている巨星に分類されている。

5：太陽の表面に見られる黒点は約11年の周期で増減するものの，太陽が自転していないため，一般に移動しないが，地球から観測すると地球の公転により，黒点が太陽の表面上を移動しているようにみえる。

OUTPUT

実践 問題 145 の解説

〈太陽〉

1 ○ 記述のとおりである。**陽子1つをもった水素原子4個が核融合反応を起こして陽子2つ，中性子2つのヘリウム原子となる。**

2 × 太陽の質量は地球の33万倍であり，半径は109倍である。**太陽系全体の質量に占める太陽の割合は99.9％以上**である。

3 × 太陽の大気の元素組成は，最も多いのが水素で73％，次いでヘリウムで25％である。地球の大気の元素組成は，最も多いのが窒素で78％，次いで酸素で21％である。

4 × 太陽は主系列星である。巨星は主系列星と比べ，半径が数10倍～数100倍で，明るさも増す。恒星の色は赤くなる。最後は質量に応じてブラックホール，中性子星，白色わい星などになる。

5 × 太陽は自転する。それは太陽黒点が太陽に向かって左側から右側に移動する現象から証明される。また，**黒点は約11年の周期で増減を繰り返している**。

正答 1

第2章 SECTION ④ 地学 宇宙

実践 問題 146 基本レベル

頻出度 地上★　国家一般職★　東京都★★★　特別区★★★
　　　　裁判所職員★　国税・財務・労基★　国家総合職★★

問 太陽の表面に関する記述として、妥当なのはどれか。　（特別区2022）

1：可視光線で見ることができる太陽の表面の層を光球といい、光球面の温度は約5800Kである。
2：光球面に見られる黒いしみのようなものを黒点といい、黒点は、周囲より温度が低く、太陽活動の極大期にはほとんど見られない。
3：光球の全面に見られる、太陽内部からのガスの対流による模様を白斑といい、白斑の大きさは約1000kmである。
4：光球の外側にある希薄な大気の層を彩層といい、彩層の一部が突然明るくなる現象をコロナという。
5：彩層の外側に広がる、非常に希薄で非常に高温の大気をプロミネンスといい、プロミネンスの中に浮かぶガスの雲をフレアという。

直前復習

OUTPUT

チェック欄		
1回目	2回目	3回目

実践 問題 **146** の解説

〈太陽〉

1 ○ 記述のとおりである。光球面の温度は約5,800Kであり，太陽の放射エネルギーのほとんどは，光球からの放射である。なお，光球の厚さは数100kmであり，太陽の半径（約70万km）に比べると非常に薄い層である。また，光球の明るさは見かけ上は一様ではなく，中央部と比べて周縁部がやや暗く見えることを，周辺（周縁）減光という。

2 × 黒点は太陽の磁力線が集まって太陽面をつき抜けた部分であり，磁場が対流を妨げることによりエネルギーが流れ出しにくくなることから，周囲の光球（約5,800K）よりも温度が低い（約4,000K）ため暗く見える。黒点の数は変動し，黒点が多く現れる太陽活動の極大期は太陽の活動が活発であり，黒点が少ない太陽活動の極小期は太陽の活動が穏やかであるとされ，約11年周期で増減を繰り返している。また，太陽が自転しているため，黒点は東から西へと移動する。太陽の自転周期は赤道で最も短く，緯度が高くなるにつれて長くなる。

3 × 光球の全面に見られる，太陽内部からのガスの対流による模様は粒状斑である。太陽内部の熱いガスが浮き上がり，太陽表面を暖める。ガスは太陽表面で熱を放出して冷え，再び沈んでいくという対流の様子が，粒状斑として見えている。粒状斑の大きさは，直径が1,000kmほどで，寿命は6〜10分間である。なお，白斑は，太陽表面の縁近くで見られる明るい斑点であり，白斑の温度は，周囲の光球よりも数100K高い。

4 × 彩層は光球とコロナの間にある薄いガスの層であるため，前半の記述は正しい。皆既日食で月が光球を隠したとき，光球の上層が弧状に赤く見える希薄な大気層が彩層である。彩層やコロナの一部が突然明るくなり，数時間で元に戻る現象はフレアである。フレアが発生すると，X線や紫外線が大量に放出され，地球に到達し，デリンジャー現象とよばれる短波通信障害を起こすことがある。また，フレアによって太陽風が加速され，大量の水素・ヘリウム原子核や電子が地球に到達し，地球の磁場を乱すことで，オーロラの活動が活発になったりする。

5 × 彩層の外側に広がる，非常に希薄で100万Kを超える高温の大気はコロナである。皆既日食のときに，真珠色に輝くガスであるコロナを見ることができる。彩層からコロナの中に吹き上げたように見えるガスは，プロミネンス（紅炎）といい，形はさまざまで，数10万kmの高さになるものもある。

【コメント】
いずれも，太陽に関する基本用語であるため，確実に押さえておきたい。

正答 **1**

第2章 地学

LEC東京リーガルマインド　2024-2025年合格目標 公務員試験 本気で合格！過去問解きまくり！　387
⑧自然科学Ⅱ

第2章 SECTION 4 地学 宇宙

実践 問題147 基本レベル

問 太陽系の天体に関する次の記述のうち，最も妥当なのはどれか。

(国税・労基2005)

1：ボーデの法則に従いながら，惑星のまわりを公転している天体を衛星という。水星以外の惑星は衛星を持っていることが知られている。

2：月は，いつでも同じ面を地球に向けている。月では，夜が約半年間続き，また月には大気がないので，表面温度は昼も夜も常に氷点下である。

3：木星と土星の軌道の間にはおびただしい数の小天体が存在し，太陽のまわりを公転している。これらを総称して小惑星というが，大部分の小惑星は球形をしている。

4：彗星の核は，ちり等を含んだ氷のかたまりであり，太陽に近づくと，核からガスやちりが放出される。その一部が，太陽と反対方向に飛ばされて，長い尾が形成されることがある。

5：流星の多くは大気中で燃え尽きて消滅するが，ケイ酸塩成分が燃え尽きて金属成分だけが残り，地上に落下するものがある。これらは隕石と呼ばれ，主成分は銅や鉛である。

OUTPUT

チェック欄		
1回目	2回目	3回目

実践 問題 **147** の解説 ────────────────────

〈惑星〉

1 × **ボーデの法則**に従っているように見えるのは惑星である。ボーデの法則とは，惑星の太陽からの距離を天文単位で表したときに，それをXとおくと，$X = 0.4 + 0.3 \times 2^n$ が成り立つことであるが，まったくの経験則で，物理的な意味はない。また，海王星はこの法則から大きくずれている。

2 × 月には大気がないため，昼（約半月間続く）の表面温度は最高120℃になり，夜の表面温度は約 −170℃になる。

3 × **小惑星**は，主に**火星軌道と木星軌道の間に存在している小天体**である。形は球形のものは少なく，多くは不定形である。現在までに軌道がわかっているものだけでも50万個以上が発見されている。

4 ○ 記述のとおりである。氷の成分は，メタン，アンモニア，二酸化炭素，鉱物質のちりなどである。有名な彗星としてはハレー彗星やヘール・ボップ彗星などがある。

5 × 隕石はその成分によって3種類に分類される。ケイ酸塩鉱物からなる石質隕石，鉄やニッケルなどの鉄隕石，鉱物と金属が混ざった石鉄隕石である。

第2章 地学

正答 **4**

SECTION 4 宇宙

実践 問題 148 基本レベル

問 太陽系の惑星に関する次の記述A～Eに入るものの組合せとして最も妥当なのはどれか。
(国Ⅰ2006)

「太陽系の惑星は，その特徴によって地球型惑星と木星型惑星の二つに大別することができる。地球型惑星は，木星型惑星に比べて質量は（　A　），平均密度は（　B　）。また，地球型惑星は，木星型惑星に比べて自転周期が（　C　）。地球型惑星と木星型惑星で平均密度が異なるのは，それぞれの化学組成と内部構造の違いによる。地球型惑星は，鉄などの金属や岩石が主成分となっているのに対し，木星型惑星では，大気と惑星本体とのはっきりした境界がないが，その大気には（　D　）などの物質からなる厚い層があり，表面から中に入るにつれて（　E　）へと移り変わっている。」

	A	B	C	D	E
1	大きく	小さい	短い	水素や硫黄	気体から固体
2	大きく	小さい	長い	水素や硫黄	気体から液体そして固体
3	小さく	大きい	長い	水素や硫黄	気体から固体
4	小さく	大きい	長い	水素やヘリウム	気体から液体そして固体
5	小さく	大きい	短い	水素やヘリウム	気体から固体

OUTPUT

実践 問題 **148** の解説 ────────────

チェック欄		
1回目	2回目	3回目

〈惑星〉

太陽系の8個の惑星のデータを表に示すと以下のようになる。

	公転周期［年］	自転周期［日］	赤道半径［km］	質量［kg］	平均密度［g/cm³］
水星	0.24	58.65	2,440	3.30×10^{23}	5.43
金星	0.62	243.02	6,052	4.87×10^{24}	5.24
地球	1.00	0.997	6,378	5.97×10^{24}	5.52
火星	1.88	1.026	3,396	6.42×10^{23}	3.93
木星	11.9	0.41	71,492	1.90×10^{27}	1.33
土星	29.5	0.44	60,268	5.69×10^{26}	0.69
天王星	84.0	0.72	25,559	8.69×10^{25}	1.27
海王星	164.8	0.67	24,764	1.03×10^{26}	1.64

地球型惑星の主成分は**鉄などの金属や岩石**であるため，**体積は小さいが密度は大きい**。それに対して，**木星型惑星**の主成分は**水素やヘリウムなどの気体**であるため，**体積は大きいが密度は小さくなる**。

木星の中心部の核は，岩石や氷でできており，その外側に液体金属水素，液体分子水素の層ができている。一番外側を水素とヘリウムのガスの層が覆っている。大気中には，アンモニアや硫化アンモニウムの雲ができており，この雲の太陽光に対する反射の強弱で帯や縞ができている。

よって，正解は肢4である。

正答 4

SECTION 4 宇宙

実践 問題149 基本レベル

頻出度	地上★★	国家一般職★	東京都★★	特別区★★★
	裁判所職員★	国税・財務・労基★★		国家総合職★★

問 太陽系の惑星に関する記述として，妥当でないのはどれか。　（特別区2023）

1：水星は，太陽系最小の惑星で，表面は多くのクレーターに覆われ，大気の成分であるメタンにより青く見え，自転周期が短い。
2：金星は，地球とほぼ同じ大きさで，二酸化炭素を主成分とする厚い大気に覆われ，表面の大気圧は約90気圧と高く，自転の向きが他の惑星と逆である。
3：火星は，直径が地球の半分くらいで，表面は鉄が酸化して赤く見え，二酸化炭素を主成分とする薄い大気があり，季節変化がある。
4：木星は，太陽系最大の惑星で，表面には大気の縞模様や大赤斑と呼ばれる巨大な渦が見られ，イオやエウロパなどの衛星がある。
5：天王星は，土星に比べて大気が少なく，氷成分が多いため，巨大氷惑星と呼ばれ，自転軸がほぼ横倒しになっている。

OUTPUT

実践 問題 **149** の解説

〈惑星〉

1 ✕ 水星は，太陽に最も近い軌道を公転し，**太陽系の惑星の中で最も半径，質量が小さく，**半径は地球の3分の1強であり，**表面には無数のクレーターが存在**しているから，前半の記述は妥当である。水星の自転周期は約59日と長く，昼と夜の時間がそれぞれ約88日間続くことから，**昼のときは約430℃にも達する。**また，大気がほとんどないことから地表の熱が逃げやすく，**夜のときは約−180℃まで低下**するため，水星には生命は存在しないと考えられている。なお，大気の成分であるメタンによって青く見える惑星は，天王星，海王星である。

2 ◯ 記述のとおりである。**金星は，**地球より少し内側を公転し，**半径，質量，平均密度，鉱物組成などが地球に近い惑星**であるが，磁場はなく，液体としての水は存在しない。**主成分が二酸化炭素である約90気圧の厚い大気に覆われている**ため，温室効果により表面温度は約460℃であるから，金星には生命は存在しないと考えられている。金星の自転周期は約243日と，公転周期の約224日よりも長く，**自転の方向は惑星の中で唯一逆回りである。**また，多数の火山や溶岩が流れた跡が探査機により発見され，大規模な火山活動があったことが推測されている。

3 ◯ 記述のとおりである。**火星は，**地球より少し外側を公転し，自転周期が約24.6時間，自転軸の傾きが約25°であり，**季節の変化があり，砂嵐や雲の発生などの気象現象も見られ，地球と最も似ている惑星**である。直径は地球の約半分で，質量は地球の10分の1である。磁場はもたない。**大気は二酸化炭素が95％を占めているが，半径が小さく重力も小さいため，大気圧が地球の0.6％である。**そのため，熱が逃げやすく，**温室効果は見られず，**表面温度は約20〜−140℃まで変化し，平均で約−50℃である。そのため，表面の水は凍結し，氷になっており，極地方において**極冠**（氷やドライアイス）は季節によって大きさが変化している。**火星が赤く見えるのは，表面の岩石などが酸化鉄を多く含むためである。**表面には，多くの火山やクレーターに加え，溶岩や水が流れた跡と思われる地形が発見されている。

4 ◯ 記述のとおりである。**木星は，太陽系の中で最も大きい惑星である。**半径は地球の約11倍，質量は約320倍である。大気は水素が90％，ヘリウムが10％であり，太陽の組成に近い。大気が激しく動いているため，東西26,000km，南北14,000kmに及ぶ巨大な渦が見られ，**大赤斑**とよばれる。木

星には，現在では**95個**（2023年9月現在）**の衛星**が発見されていて，その中でも大きい4つの**ガリレオ衛星**（イオ，エウロパ，ガニメデ，カリスト）が有名である。イオでは激しい火山活動が見られ，エウロパやカリストは内部に液体の水をもつ可能性が高く，ガニメデは太陽系衛星の中で最も大きく，水星より大きい。

5 ◯ 記述のとおりである。**天王星**は，木星や土星と比べるとガスが少なく，中心の岩石や氷でできた核の割合が高く，表面には目立った模様はない。水素，ヘリウムのほかに，メタンやアンモニアを含む大気をもち，**メタンが赤色光を吸収するため，青く見える**。自転軸の傾きが他の惑星と大きく異なり，ほぼ横だおしになっていることが特徴である。また，半径は地球の約4倍である。

【コメント】
　太陽系の惑星に関する基本的知識は頻出であるため，確実に押さえておきたい。

正答 1

memo

第2章 地学

SECTION 4 宇宙

実践 問題150 基本レベル

頻出度 地上★★ 国家一般職★ 東京都★★ 特別区★★★
裁判所職員★ 国税・財務・労基★★ 国家総合職★★

問 火星に関する記述として、妥当なのはどれか。　（特別区2003）

1：火星の表面は、赤茶色の濃い大気に覆われているので、赤みがかった惑星として観測される。
2：火星には、季節の変化があり、極地方には二酸化炭素などが凍ってできた極冠がある。
3：火星には、ガリレオ・ガリレイによって発見されたイオなど、活火山を有する衛星がある。
4：火星の軌道は、地球より太陽に近いので、地球から見ると太陽からある角度以上離れられず、明け方と夕方しか見ることができない。
5：火星には、巨大な火山や峡谷が存在するが、水が流れていた跡は認められていない。

OUTPUT

実践 問題150 の解説

〈火星〉

1 × 火星を覆う大気は主に二酸化炭素であり、無色である。火星が赤みがかった惑星として観測されるのは、大地が赤茶けているからであり、この色は酸化鉄によると考えられている。

2 ○ 記述のとおりである。火星の自転軸はほぼ地球と同程度傾いているため、地球と同じような**四季がある**と考えられている。実際に極地方に見える極冠は、夏は縮小し、冬は発達する様子が観測できる。

3 × ガリレオ衛星があるのは木星である。火星の衛星はフォボス、ダイモスの2つである。この2つはかなり小さく、また球形ではない。そのため、もともと1つの惑星だったのではないかといわれている。**地殻活動が見られるのはガリレオ衛星のイオ**である。

4 × 内惑星の説明として妥当だが、火星は外惑星である。外惑星は太陽と反対側の位置も取りうるため、夜に見ることができる。

5 × 火星には巨大な山や峡谷があり、水の干上がった川の跡のような地形もある。最大の山はオリンポス山であり、高さ27kmもある。このような特徴のため過去に生物学的調査も行われたが、生物の存在は確認されていない。

正答 2

頻出度	地上★★	国家一般職★	東京都★★	特別区★★
	裁判所職員★	国税・財務・労基★★		国家総合職★★

問 太陽系の天体に関する記述として，妥当なのはどれか。　　（東京都2013）

1：地球の自転は，フーコーの振り子の振動面が回転することから観測でき，振動面が1回転する時間は地球上のいずれの地点においても同一である。

2：地球の赤道面は，公転面に対して23.4°傾いているため，太陽の南中高度は夏至と冬至で23.4°の差を生じる。

3：月は，地球のまわりを公転する衛星で，地球から約38万kmの軌道を約27.3日の周期で回る間に，地球から月のすべての表面を見ることができる。

4：内惑星は，地球の軌道よりも内側を回る惑星で，地球から見て太陽の後方の位置にあるときは，地球から一晩中見える場合がある。

5：小惑星は，軌道がわかっているものだけでも現在10万個以上あり，大部分が火星と木星の軌道の間にあって，太陽のまわりを公転している。

OUTPUT

実践 問題 151 の解説

〈太陽系〉

1 × フランスのフーコーは1851年，振り子の振動面が回転することから地球の自転を証明した。フーコーの振り子の振動面が1回転する時間は，高緯度にいくほど速く，極では1日に1回転する。また，低緯度にいくほど遅くなり，赤道ではまったく回転しない。

2 × 地球の赤道面は，公転面に対して23.4°傾いているため，太陽の南中高度は，夏至においては，

  90°−（観測地点の緯度）＋23.4°

となり，冬至においては，

  90°−（観測地点の緯度）−23.4°

となる。

したがって，太陽の南中高度は夏至と冬至で，

  {90°−（観測地点の緯度）＋23.4°}−{90°−（観測地点の緯度）−23.4°}＝46.8°

の差を生じる。

3 × 月は，地球のまわりを公転する衛星で，地球から約38万kmの軌道を約27.3日の周期で回っている。自転周期と公転周期が同期しているため，月は地球にほぼ同じ面を向けており，地球からはその裏側を見ることはできない。

4 × 内惑星は，地球の公転軌道よりも内側を回る惑星，水星と金星のことである。内惑星が，地球から見て太陽の後方の位置にあるときは，太陽とともに出没するため，地球からは見ることができない。

5 ○ 記述のとおりである。小惑星は，現在50万個以上が発見されており，大部分が火星と木星の軌道の間にあって，太陽のまわりを公転している。

正答 5

頻出度	地上★★	国家一般職★	東京都★★	特別区★★
	裁判所職員★	国税・財務・労基★★		国家総合職★★

問 太陽系に関する記述として妥当なのはどれか。　　　　　　(国Ⅱ2000)

1：惑星は，太陽の光を反射して輝いている。すべての惑星は，太陽の周りを同じ方向にだ円軌道で公転しており，その軌道面は木星を除き，ほぼ同一平面上にある。また，いずれの惑星も自転しており，その方向は内惑星は公転の方向と同じであるが，外惑星は公転の方向と逆である。

2：流星は，惑星間空間に漂う氷塊が地球の引力により地球の大気圏に突入し，大気との摩擦によって発光し，輝きながら長い尾を引いて落下するもので，俗にほうき星とも呼ばれている。大きい氷塊が溶けきらずに地上に落下したものが雹である。

3：小惑星は，その大部分が地球と火星の間にあり，太陽の周りを公転している。小惑星の発見者はこれに命名することができ，現在800個程度の小惑星が発見・命名されているが，命名者に日本人はいない。最も大きい小惑星の直径は月と同じくらいであるが，質量は月より大きい。

4：衛星は，惑星の周りを公転する天体であり，昨年惑星探査機で金星の衛星が発見されたことから，すべての惑星に衛星があることが確認された。水星，金星，地球の衛星は氷や岩石でできているが，これら以外の衛星は水素，ヘリウムなど軽い気体で覆われていて固体の表面をもたない。

5：彗星は，その本体である核のまわりにコマと呼ばれるガスやちりを伴っており，太陽に近づくと太陽光や太陽風のため，ガスや塵が太陽と反対の方向に延びた尾が発達する。ハレー彗星のように太陽の周りを楕円軌道で回っている彗星を周期彗星という。

OUTPUT

実践 問題 152 の解説

〈太陽系〉

1 × すべての惑星の軌道面は，ほぼ同一で同じ方向に公転している。また，すべての惑星は自転していて，その回転方向は金星と天王星を除き，すべて公転と同じ方向に回っている。金星は自転と公転の方向が異なる。また，金星は，自転周期もほかの惑星に比べて長く，自らの公転周期よりも長くなっている。天王星は公転面に対して横だおしで自転している。

2 × 流星は，惑星間に漂う小天体が，地球の引力により地球大気中に突入する際，大気との摩擦により発光するものである。ほとんどの流星は大気中で蒸発してしまうため地表まで届かないが，まれに届くものもあり，隕石とよばれる。また，雹と流星とは関係がない。

3 × 小惑星の大部分は，火星と木星の間にあり，その中には日本人が発見し，命名したものもある。たとえば，1900年に平山信が発見した小惑星は「東京」と名付けられた。

4 × 太陽系の惑星では，水星と金星が衛星をもたない。衛星はどれも表面は固体である。木星型惑星の衛星は，密度が小さいものが多いため，氷を多量に含んでいると考えられる。地球型惑星の衛星では，月は地球型惑星に近く，火星の2個の衛星は小惑星に似ているという特徴をもつ。

5 ○ 記述のとおりである。彗星の大小にかかわらず，コマの部分は常に観測できる。核はおおむね1個であるが，2個以上に分裂しているものもある。コマと核をあわせて彗星の頭部という。彗星の尾はガスと塵の2本があり，ガスは直線状，塵は大きく曲がった尾をつくる。周期彗星には，周期の長い長周期彗星と短い短周期彗星があり，前者の例がハレー彗星，後者の例がエンケ彗星である。

正答 **5**

第2章 SECTION 4 地学
宇宙

実践 問題153 基本レベル

頻出度　地上★★　国家一般職★　東京都★★　特別区★★
　　　　裁判所職員★　国税・財務・労基★★　国家総合職★★

問　太陽系の天体に関する記述として，妥当なのはどれか。　（特別区2020）

1：惑星は，太陽の周りを公転する天体であり，地球型惑星と木星型惑星に分類されるが，火星は地球型惑星である。
2：小惑星は，太陽の周りを公転する天体であり，その多くは，木星と土星の軌道の間の小惑星帯に存在する。
3：衛星は，惑星などの周りを回る天体であり，水星と金星には衛星はあるが，火星には衛星はない。
4：彗星は，太陽の周りをだ円軌道で公転する天体であり，氷と塵からなり，太陽側に尾を形成する。
5：太陽系外縁天体は，冥王星の軌道よりも外側を公転する天体であり，海王星は太陽系外縁天体である。

OUTPUT

実践 ▶ 問題 **153** の解説 ─────────────

チェック欄
1回目	2回目	3回目

〈太陽系〉

1○ 記述のとおりである。惑星は，太陽のまわりを公転する天体であり，水星・金星・地球・火星からなる地球型惑星と，木星・土星・天王星・海王星からなる木星型惑星に分類される。**地球型惑星は，半径や質量が小さく，密度が大きく，岩石の表面をもち，木星型惑星は，半径や質量が大きく，密度が小さく，気体の表面をもつ。**

2× **小惑星**とは，太陽系の小天体のうち，彗星以外のものをいい，その多くは主に**火星軌道と木星軌道の間に存在**している。小惑星探査機はやぶさにより表面微粒子を持ち帰ることに成功したイトカワは，地球に接近する軌道をもつ小惑星である。小惑星は，太陽系の初期の状態を知る手がかりとなる。また，小惑星の破片などが地球に衝突したものが，**隕石**である。

3× **衛星**は，惑星や小惑星のまわりを公転している天体である。水星と金星には衛星がないが，他の惑星は1～多数の衛星をもち，特に，**木星型惑星は多くの衛星をもつ。**月は，地球の衛星である。木星にはガリレオ衛星とよばれる，イオ，エウロパ，ガニメデ，カリストの4つの大きな衛星がある。また，土星には厚い大気をもつタイタンなどがある。

4× **彗星**は，氷や塵などでできていて，太陽のまわりを細長い楕円軌道で公転する天体である。彗星の核が太陽に近づくと，氷やドライアイスなどが気化して核のまわりを取り巻くようになる。その一部が太陽風により吹き流されたりして，太陽と反対方向に延びる彗星の尾ができる。また，彗星から放出された塵が大気圏で発光すると，**流星**になる。

5× **太陽系外縁天体**は，海王星よりも外側を公転する天体であり，1,000個以上発見されている。冥王星は2006年までは惑星と扱われてきたが，惑星の定義が定められ，冥王星は太陽系外縁天体とみなされるようになった。

第2章 地学

正答 1

SECTION 4 宇宙

実践 問題 154 基本レベル

問 太陽系に関する記述として最も妥当なのはどれか。　　　　（国Ⅰ2010）

1：太陽系を構成する惑星は、太陽を中心に楕円軌道を描いて公転するが、すべての惑星の公転速度は一定のため、太陽から遠い距離に存在する惑星ほど、公転周期は長いものとなり、太陽からの平均距離が地球の約30倍である海王星の公転周期は約30年となる。

2：太陽系を構成する惑星のうち、水星、金星、地球、火星を地球型惑星と呼び、それ以外の惑星を木星型惑星と呼ぶ。木星型惑星を構成する物質の成分は主に水素やヘリウムという軽い元素であり、地球型惑星に比べ質量は大きいが、平均密度は小さく自転周期が短いのが特徴である。

3：彗星は、太陽に近づくと、太陽光や太陽風により本体を構成する揮発性の成分が加熱され、蒸発してガスや塵を放出し、彗星の尾が常に彗星の進行方向の真後ろに生じる。彗星からまき散らされた細かい塵が地球の大気に飛び込んで発光する現象を流星と呼ぶ。

4：日食は、太陽が月に隠されることによって起きる現象であり、月食は地球の影に月が隠されることによって起きる現象である。両方とも観測できる場所は限られており、時間とともに地表を西から東へ移動する。

5：太陽系を構成する惑星には、それぞれ衛星が複数存在するものの、いずれも惑星に比べ小さく、木星のガニメデは太陽系で最大の衛星であるが、太陽系で最小の惑星である水星の直径の2分の1程度の大きさである。

OUTPUT

実践 問題 **154** の解説

〈太陽系〉

1 ✕ 惑星の公転速度は一定ではない。公転速度は，太陽に近い惑星ほど速く，太陽から遠い惑星ほど遅い。また，ケプラーの第3法則より海王星の公転周期を求めると，約164.77年となる。

2 ○ 記述のとおりである。地球の質量を1とすると，木星型惑星の質量は14.5～318である。一方，平均密度は地球が約$5.5g/cm^3$に対して，木星型惑星は0.7～$1.6g/cm^3$である。また，自転周期も，地球が約1日に対して木星型惑星は0.41～0.72日しかない。

3 ✕ 彗星の本体は気化しやすい物質と微粒子でできており，太陽風によって吹き飛ばされたガスやちりが彗星の尾である。そのため，太陽とは反対の方向にほうきの尾のように見える。このため，彗星は**ほうき星**ともよばれている。

4 ✕ 日食とは，月が太陽の方向（新月）にきたときに起こる現象で，部分日食，皆既日食，金環食がある。月食とは，月が太陽の反対側（満月）にきたときに起こる現象で，部分月食と皆既月食がある。月の軌道である白道面と太陽の軌道である黄道面は約5°傾斜しているため観測できる場所は限られるが，時間とともに西から東へ移動するわけではない。

5 ✕ 水星，金星には衛星がなく，地球は1個の衛星（月）をもつ。また，太陽系の中で最大の衛星は木星の衛星ガニメデであり，直径は約5,260kmである。水星の直径は約4,880kmであるから，ガニメデは水星より大きい。

正答 **2**

SECTION 4 地学 宇宙

実践 問題 155 基本レベル

頻出度	地上★★	国家一般職★	東京都★★	特別区★★
	裁判所職員★	国税・財務・労基★★		国家総合職★★

問 天体に関する記述として最も妥当なのはどれか。 （国家総合職2020）

1：地球から見ると，惑星は天球上で恒星の間を移動しているように見える。惑星が天球上で星座に対して東から西へ移動することを順行といい，その逆を逆行という。また，地球の公転軌道よりも内側の軌道を公転する火星などの内惑星が，地球から見て太陽の方向にあるときを内合といい，その逆を外合という。外合付近では地球と惑星との距離が遠いため，逆行が起こる。

2：太陽系の惑星は，地球型惑星と木星型惑星に分けられる。地球型惑星は，半径と平均密度が共に小さく，質量も小さい。一方，木星型惑星は，半径と平均密度が共に大きく，質量も大きい。また，木星型惑星には環（リング）を有するものがあるが，木星型惑星で環を有するのは木星と土星のみである。

3：太陽は，太陽系の中心となる恒星であり，太陽系の質量の大半を占める。太陽の表面に現れる暗い部分は黒点と呼ばれ，周囲より温度が低いため暗く見えている。黒点の数は周期的に増減を繰り返しており，黒点の多い時期には太陽活動が活発であり，地球では通信障害や磁気嵐，オーロラといった現象が発生しやすい。

4：太陽などの恒星は，その表面温度によって色が異なる。物体の温度が高いほど物体が最も強く放射する光の波長は長くなるため，恒星は，表面温度が高いほど赤みを帯び，低いほど青みを帯びて見える。また，一般に恒星の寿命は，質量が大きいほど燃料となる水素の量が多いため長く，質量が小さいほど短い。

5：惑星や衛星以外の太陽系の天体として，小惑星や太陽系外縁天体がある。小惑星は，水星軌道と金星軌道の間に多く存在しており，そのほとんどは隕石が惑星に衝突した際の破片であると考えられている。また，太陽系外縁天体は，太陽系で最も外側にある惑星である冥王星の軌道より外側に存在しており，その大きさは，現在発見されている最大のものでも冥王星より小さい。

OUTPUT

実践 問題 **155** の解説 ————————————————————————

チェック欄		
1回目	2回目	3回目

〈天体〉

第2章 地学

1 ✕　惑星の天球上での動きは，地球と惑星がともに公転しているために生じる見かけの運動である。惑星が天球上で星座に対して西から東へ移動することを**順行**といい，その逆に，東から西へ移動することを**逆行**という。なお，順行から逆行，あるいは逆行から順行になるとき，惑星の視運動はほぼ止まって見えるため，**留**という。

また，地球の公転軌道より内側の軌道を公転する内惑星は水星，金星であり，火星は外惑星である。内惑星が地球と太陽の間に来たときを**内合**，地球から見て太陽の後方に来たときを**外合**といい，内合の位置付近にあるとき，逆行が起こる。なお，外惑星では，地球から見て太陽の方向にあるときを**合**といい，その逆に，太陽と反対方向にあるときを**衝**といい，衝の位置付近にあるとき，逆行が起こる。

2 ✕　太陽系の惑星は，水星・金星・地球・火星からなる地球型惑星，木星・土星・天王星・海王星からなる木星型惑星に分けられる。**地球型惑星は，岩石の表面をもち，半径と質量がともに小さく，平均密度が大きい。一方，木星型惑星は，気体の表面をもち，半径と質量がともに大きく，平均密度が小さい。また，木星型惑星は，すべて環（リング）を有し，多数の衛星をもつ。**

3 ○　記述のとおりである。太陽は，自ら光を放射する恒星であり，水素を主成分とする巨大なガス球であり，半径は地球の約109倍，質量は地球の約33万倍もあり，太陽系の質量の約99.9％を占めている。黒点の温度は約4,000 Kであり，周囲の光球の温度の約5,800 Kよりも低いため，暗く見えている。黒点は強い磁場をもち，その磁場のはたらきで内部からのエネルギー放出がさえぎられるため，周囲よりも温度が低いと考えられている。

黒点の数は，約11年周期で増減を繰り返しており，黒点の数が極大になる時期を太陽活動極大期といい，太陽活動が活発である。彩層が突然明るく輝く爆発現象を**フレア**といい，黒点付近でよく発生し，黒点が多い時期によく発生する。フレアからはＸ線や紫外線が放射され，これらが地球の電離層に到達することで生じる通信障害を**デリンジャー現象**という。また，地球の磁気圏に影響を与え，地磁気の変化が起こることを磁気嵐といい，このようなときに高緯度で**オーロラ**を観測しやすい。オーロラは，太陽からの荷電粒子が地球の大気圏に突入し，大気中の窒素や酸素に衝突して発光する現象である。

LEC東京リーガルマインド　2024-2025年合格目標 公務員試験 本気で合格！過去問解きまくり！　407
⑧自然科学Ⅱ

SECTION ④ 地学 宇宙

第2章

4 ✕ 物体の温度が高いほど物体が最も強く放射する光の波長は短くなる。たとえば，オリオン座のリゲルは表面温度が高いため青白く（短波長の光が強い）輝き，ベテルギウスは表面温度が低いため赤み（長波長の光が強い）を帯びて見える。

また，質量が大きい恒星ほど燃料となる水素の量を多くもっているが，中心部が高温・高圧であることから水素の核融合反応が激しく進行するため，水素の消費量が多くなり，すばやく燃えつきる結果，寿命は短くなる。一方，質量が小さい恒星ほど核融合反応の速度が遅くなるため，寿命は長くなる。

5 ✕ **小惑星**は，**火星軌道と木星軌道の間に多く存在**しており，毎年次々と発見され，現在50万個以上が発見されている。日本の小惑星探査機はやぶさが，小惑星イトカワから表面の物質を持ち帰ることに成功した。隕石は小惑星が起源のものが多く，太陽系の成因を調査したり，地球内部の物質を推測したりする重要な資料となっている。

また，**太陽系外縁天体**は，太陽系で最も外側にある惑星である海王星の軌道より外側に存在しており，1,000個以上も見つかっている。かつて惑星とされていた冥王星は，現在では太陽系外縁天体の1つとみなされており，冥王星より大きなエリスも発見されている。太陽系外縁天体は今後の発見も予想され，太陽系の概念がさらに広がっていくと考えられている。

正答 3

memo

第2章　地学

頻出度	地上★	国家一般職★	東京都★★	特別区★★
	裁判所職員★	国税・財務・労基★★		国家総合職★★

問 宇宙に関する記述として，妥当なのはどれか。　　　（特別区2010）

1：宇宙は約140億年前に超高温・超高密度の火の玉から出発したとされ，この始まりをハッブルの宇宙と呼ぶ。
2：横軸にスペクトル型，縦軸に絶対等級をとったＨＲ図では，恒星は，主系列星，赤色巨星，白色わい星などに分類され，太陽は主系列星に属する。
3：主系列星としての寿命は，質量が小さい恒星ほど短く，質量が大きい恒星は核融合反応の進行速度が遅いため寿命が長くなる。
4：主系列星の中で質量の小さい恒星は，中心部からのエネルギーの放出が止まると収縮してブラックホールとなる。
5：主系列星の中で質量の大きい恒星は，全体として膨張し，表面温度が上がり，表面積が大きくなるので光度が増し，表面温度の高い赤色巨星となる。

OUTPUT

実践 問題 156 の解説

〈宇宙〉

1 × 現在では，宇宙の始まりは約138億年前に**ビッグバン**という高温・高圧の火の玉から始まったとされている。「ハッブルの宇宙」という言葉はなく，**ハッブルの法則**（すべての恒星が遠ざかっているという法則）から導き出せる宇宙のことを膨張宇宙論という。

2 ○ 記述のとおりである。太陽は，絶対等級が+4.8等級で，スペクトル型がG型の**主系列星**である。赤色巨星の例としては，おうし座のアルデバラン，ぎょしゃ座のカペラなどがある。白色わい星には，シリウスの伴星，ファンマーネン星などがある。

3 × 主系列星の寿命は，質量が大きいほど短い。これは，質量の大きい恒星ほど，恒星内部の核融合反応の速度が速くなるためである。

4 × 恒星の末期はその質量で決まる。質量が太陽の半分程度の恒星は，ヘリウムの反応が起こらないため，水素を使い切るとヘリウムが収縮して**白色わい星**に移行する。質量が非常に大きい恒星が**ブラックホール**となる。

5 × 主系列星は，中心部のヘリウム核が増大する過程で，核に急激な収縮が起こるため，星内部の構造が急激に変化して，外層部が膨張して表面温度が下がる。これが**赤色巨星**であり，大きいため，表面温度が低くても明るい。

正答 2

問 宇宙に関する記述として、最も妥当なのはどれか。　（東京都Ⅰ類A 2022）

1：宇宙は約318億年前に誕生し、誕生したばかりの宇宙は、極めて低温・低密度の状態であった。
2：宇宙の誕生から約10万分の1秒後には陽子と中性子ができ、約3秒後には、陽子と中性子から水素の原子核がつくられた。
3：宇宙の誕生から約38万年後には、水素の原子核やヘリウムの原子核が電子と結合し、それぞれ水素原子やヘリウム原子となった。
4：電子が原子に取り込まれたことで、光をさえぎる電子が急激になくなって宇宙が見通せるようになった現象をビッグバンという。
5：宇宙は膨張と収縮を繰り返し、宇宙の誕生から約45億年後に最初の恒星が誕生し、その後、恒星が集まって銀河が誕生した。

OUTPUT

実践 問題 157 の解説

〈宇宙の誕生〉

1 × 1948年にガモフは，宇宙はきわめて高温・高密度の状態から爆発的に膨張すること（**ビッグバン**）によって誕生したと考えた。現在では，宇宙は約138億年前に誕生し，さらに膨張を続け，現在の低温・低密度の宇宙の姿になったと考えられている。

2 × 宇宙の誕生から約10万分の1秒後には，素粒子が結合して，水素の原子核である陽子と中性子ができ，約3分後には，陽子と中性子からヘリウムの原子核がつくられたと考えられている。

3 ◯ 記述のとおりである。宇宙の誕生から約38万年後には，空間の膨張と温度の下降が進み，水素の原子核やヘリウムの原子核が電子と結合し，それぞれ水素原子やヘリウム原子となった。

4 × 宇宙の誕生から約38万年後，電子が原子に取り込まれたことで，光の進路を妨害する電子が急激になくなることで，光がまっすぐに進むことができるようになり，宇宙が見通せるようになった現象を**宇宙の晴れ上がり**という。

5 × 宇宙の晴れ上がりの後，宇宙はさらに膨張し，密度も温度もさらに低下していくと，ガスの分布に濃淡ができるようになり，**星間雲**を形成した。星間雲が収縮することにより，宇宙の誕生から約4億年後に最初の恒星が誕生し，その後，恒星が重力によって多数集まって**銀河**が誕生した。

正答 3

第2章 SECTION ④ 地学 宇宙

実践 問題 158 基本レベル

頻出度　地上★　国家一般職★　東京都★★　特別区★★
　　　　裁判所職員★　国税・財務・労基★★　国家総合職★

問 恒星の進化に関する次の図の空欄A〜Dに当てはまる語句の組合せとして，妥当なのはどれか。
（東京都2014）

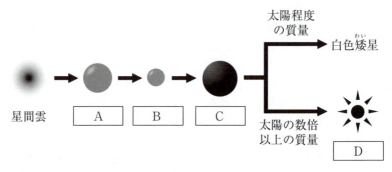

	A	B	C	D
1	原始星	主系列星	巨星	超新星
2	原始星	超新星	主系列星	巨星
3	主系列星	巨星	原始星	超新星
4	超新星	巨星	原始星	主系列星
5	超新星	原始星	巨星	主系列星

実践 問題 158 の解説

〈恒星の進化〉

恒星の進化は次のような過程を経る。
① 星間雲から原始星の誕生
　宇宙空間には，水素などの星間ガスや宇宙塵からなる星間物質があり，これらが周囲よりも密に分布するところを星間雲という。星間雲の中で密度の濃い部分では自らの重力で収縮を始め，まわりのガスや塵を中心部へと集めていって**原始星**が生まれる。
② 原始星から主系列星へ
　原始星は収縮をするにつれ，中心部の温度が上昇していく。この温度が10^7Kを超えると，水素がヘリウムに変わる核融合反応が始まり，安定して輝く**主系列星**となる。
③ 主系列星から恒星の終末へ
　恒星の終末は，質量によって異なる。
　(1) 太陽の半分以下の質量の星
　　核融合反応が止まり，収縮して**白色わい星**となる。
　(2) 太陽の8倍程度までの質量の星
　　中心にたまったヘリウムが核融合反応を起こし，星は膨張して**赤色巨星**となる。しかし，赤色巨星の表層を重力でとどめておくことができず，外層のガスを放出してしまって，白色わい星となる。
　(3) 太陽の8倍以上の質量の星
　　赤色巨星となるのは同じであるが，**超新星爆発**という大きな爆発を起こして，**中性子星やブラックホール**となる。

以上より，Ａ：原始星，Ｂ：主系列星，Ｃ：巨星，Ｄ：超新星となる。
よって，正解は肢1である。

正答 **1**

第2章 SECTION 4 地学 宇宙

実践　問題 159　応用レベル

頻出度　地上★　国家一般職★　東京都★　特別区★
　　　　裁判所職員★　国税・財務・労基★　国家総合職★

問　地球において太陽が南中してから次の南中までの時間である１日の長さ（１太陽日，平均24時間）は，地球の自転周期（１恒星日，約23時間56分）よりもわずかに長い。これは地球が１年をかけて太陽の周りを公転しているからである。同様に，水星及び金星における１日の長さもそれぞれの惑星の自転周期と異なっている。

水星及び金星の自転周期，公転周期，自転と公転の向きの関係が表のとおりであるとき，水星及び金星における１日の長さはそれぞれ地球のそれの約何倍か。

ただし，水星及び金星の公転軌道は円とし，自転軸は公転軌道面に対して垂直とする。

（国税・労基2003）

惑星名	自転周期	公転周期	自転と公転の向き
水　星	59日	88日	同じ向き
金　星	243日	225日	逆向き

注）表の「日」は地球における１日

```
　　　水星　　　金星
1：　 3倍　　　13倍
2：29倍　　　　18倍
3：35倍　　　3,038倍
4：90倍　　　234倍
5：179倍　　　117倍
```

実践 問題159 の解説

〈地球の自転と公転〉

水星の自転角速度は，

$\dfrac{360}{59} = 6.1 \ [°/日]$

公転角速度は，

$\dfrac{360}{88} = 4.09 \ [°/日]$

自転と公転が同じ方向であるため，再び南中するまでに回転すべき角度は，

$360 + 4.09\,x$

これより，地球の1日の長さに対して水星の1日の長さは，

$360 + 4.09\,x = 6.1\,x$
$x = 179.1\ [倍]$

となる。

同様に，金星の自転角速度は，

$\dfrac{360}{243} = 1.48 \ [°/日]$

公転角速度は，

$\dfrac{360}{225} = 1.6 \ [°/日]$

自転と公転が逆方向であるため，再び南中するまでに回転する角度は，

$360 - 1.6\,x$

これより，地球の1日の長さに対して金星の1日の長さは，

$360 - 1.6\,x = 1.48\,x$
$x = 116.9\ [倍]$

よって，正解は肢5である。

正答 5

SECTION ④ 地学 宇宙

実践 問題 160 応用レベル

頻出度	地上★ 国家一般職★ 東京都★ 特別区★
	裁判所職員★ 国税・財務・労基★ 国家総合職★

問 地表における昼間の長さ，太陽の南中高度，受熱量の季節変化について述べた下文のア，イの｛ ｝内から，それぞれ正しいものを選んであるのはどれか。
(地上2003)

「地球の自転軸が公転面に対して傾いているため，一般に昼間の長さと太陽の南中高度は季節変化をする。受熱量は昼間の長さが長いほど，また太陽の南中高度が90度に近いほど多くなり，やはり季節変化をする（図Ⅰ参照）。

図ⅡのA～Cは，赤道におけるこれらの変化を示したものである。このうち昼間の長さを示しているのは

ア ｛ 6月が最も長いA / 3月と9月が最も長いB / 常に一定であるC ｝である。

また，受熱量の季節変化を示しているのは，南中高度の影響を考えて

イ ｛ A / B / C ｝であることがわかる。」

図Ⅰ

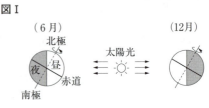

図Ⅱ

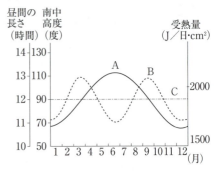

	ア	イ
1：	6月が最も長いA	B
2：	6月が最も長いA	C
3：	3月と9月が最も長いB	A
4：	常に一定であるC	A
5：	常に一定であるC	B

OUTPUT

実践 問題 **160** の解説 ——————————

〈地球の自転と公転〉

赤道では昼間の長さは季節によらず一定である。したがって，アは常に一定である**C**となる。なお，北半球では6月に昼間が一番長く，そして12月には一番短くなり，**A**のように表される（南半球では逆である）。

受熱量は，問題文にもあるように南中高度の影響を考えなくてはならない。南中高度 h は北緯 ϕ の地点で太陽の赤緯 σ のとき，

$$h = 90° - \phi + \sigma$$

と表せる。

赤道では $\phi = 0°$ であるため，σ の絶対値が小さければ南中高度は90°に近づき，受熱量が多くなる。赤緯 σ は春分・秋分では $\sigma = 0°$，夏至では $\sigma = 23.4°$，冬至では $\sigma = -23.4°$ であるから，赤道での受熱量は春分・秋分で最大，夏至・冬至で最小になる。

したがって，受熱量の季節変化を示すイは**B**となる。

よって，正解は肢5である。

正答 5

問 天文学に関連する人物とその業績に関する記述として最も妥当なのはどれか。
（国税・労基2011）

1：ガリレオは、従来の天動説に代わって、初めて地動説を唱えた。これは、地球は自転しながら太陽のまわりを公転し、太陽も銀河系の天体の一つに過ぎないというものである。さらに、天動説では説明が難しかった日食や月食の起こる仕組みも、地動説で簡単に説明できるとした。

2：フーコーは、地球の公転により、地表面を水平に移動する物体には慣性の力が働くことを発見し、これをコリオリの力（転向力）と名付けた。台風が北半球では時計周りに渦を巻くのはこの力による。木星の大赤斑と呼ばれる大気の渦でもコリオリの力はみられる。

3：ケプラーは、天体の観測資料をもとに、「惑星は太陽を一つの焦点とする楕円軌道を描く」など太陽系のすべての惑星に当てはまる三つの法則を発見した。この法則は、惑星だけでなく、太陽のまわりを公転するすべての天体について成り立つ。

4：ニュートンは、月や惑星の動きから万有引力の法則を発見し、宇宙のすべての物体に働く引力は、2物体の距離に比例し、2物体の質量の積に反比例することを示した。しかし、地球上では、物体にかかる地球の遠心力が大きいので、二つの物体間の引力の影響は打ち消されている。

5：アインシュタインは、一般相対性理論を用いて、恒星の一生に関し、ビッグバンで誕生し、ブラックホールで最期を迎えるというモデルを作成した。また、ブラックホールは光を吸い込むがX線は反射するので、X線を使って観測ができると説明した。

OUTPUT

実践　問題 161 の解説

〈天文学史〉

1 × 従来の天動説に代わって，初めて地動説を唱えたのは，ガリレオではなく，コペルニクスである。

2 × 一般に，力がつりあって運動する物体は等速直線運動をするはずであるが，地球が自転しているため，地球上でその運動を観測すると，物体に力がはたらいて運動の向きが変わるように観察される。この見かけの力を**コリオリの力**（**転向力**）といい，慣性力の一種である。このように，コリオリの力は，地球の自転によるものであり，地球の公転によるものではない。このコリオリの力により，台風は，北半球では反時計回りに渦を巻く。本肢のように，台風が時計回りに渦を巻くのは，南半球である。また，木星の**大赤斑**とよばれる大気の渦も，木星の自転によるコリオリの力が関係している。本肢にあるフーコーは，**フーコーの振り子**の実験によって，地球が自転していることを証明したが，この振り子にはコリオリの力が関係している。

3 ○ 記述のとおりである。ケプラーは，すべての惑星の空間運動にあてはまる3つの法則，すなわちケプラーの法則をまとめた。ケプラーの法則とは，「すべての惑星は，太陽を焦点の1つとする楕円軌道を描く」（ケプラーの第1法則），「太陽と惑星を結ぶ直線が一定時間に描く扇形の面積は，惑星によって一定している」（ケプラーの第2法則），「惑星と太陽の平均距離の3乗と，惑星の公転周期の2乗との比は，すべての惑星で一定である」（ケプラーの第3法則），というものである。

4 × ニュートンは，万有引力の法則を発見したが，その内容は，宇宙のすべての物体にはたらく引力は，2物体の質量の積に比例し，距離の2乗に反比例する，というものである。

5 × ビッグバン理論を提唱したのはアインシュタインではない。なお，一般相対性理論は，アインシュタインが発表した理論である。

正答 **3**

第2章 SECTION 4 地学 宇宙

実践 問題 162 応用レベル

頻出度 地上★ 国家一般職★ 東京都★ 特別区★
裁判所職員★ 国税・財務・労基★ 国家総合職★

問 表は，平成19年における，青森，千葉，金沢，津の4都市の日出・日入の時刻を各月ごとに示したものである。A～Dに該当する都市名の組合せとして最も妥当なのはどれか。 (国Ⅱ2008)

(時：分)

都市 月／日	A 日出	A 日入	B 日出	B 日入	C 日出	C 日入	D 日出	D 日入
1／21	6：59	17：11	7：03	17：07	6：47	16：55	6：57	16：40
2／20	6：35	17：41	6：37	17：38	6：22	17：26	6：26	17：17
3／22	5：56	18：07	5：55	18：06	5：42	17：52	5：39	17：50
4／21	5：16	18：30	5：13	18：32	5：00	18：17	4：50	18：22
5／21	4：47	18：54	4：42	18：58	4：31	18：42	4：15	18：53
6／20	4：41	19：10	4：35	19：15	4：24	18：58	4：05	19：12
7／20	4：55	19：06	4：50	19：10	4：38	18：53	4：22	19：05
8／19	5：17	18：38	5：13	18：40	5：01	18：25	4：50	18：31
9／18	5：38	17：58	5：37	17：58	5：24	17：44	5：20	17：43
10／18	6：01	17：17	6：02	17：14	5：48	17：01	5：51	16：54
11／17	6：29	16：48	6：32	16：44	6：16	16：32	6：25	16：18
12／17	6：54	16：45	6：59	16：39	6：42	16：28	6：55	16：11

出典：『2007年理科年表』より引用・加工

	A	B	C	D
1：	千葉	金沢	青森	津
2：	金沢	津	千葉	青森
3：	金沢	津	青森	千葉
4：	津	青森	金沢	千葉
5：	津	金沢	千葉	青森

OUTPUT

実践 問題162 の解説

〈日本の日出・日入時刻〉

　太陽は東から昇るため，**東に行けばいくほど日が昇るのは早くなる**のが原則である。しかし，地球は太陽のまわりを約23°傾いて自転しているため，**夏至の頃では同じ経度でも緯度の高い地域ではすでに日が昇っているが，緯度の低い地域ではまだ日は昇らない**。このように夏至付近では北極側が太陽に近づくため緯度が高ければ高いほど，日出は早くなり，日没は遅くなる。特に，北極付近では日が沈まないこともある（白夜）。逆に冬至付近では，北極側は太陽から遠ざかるため緯度が高いほど日出は遅くなり，日没は早くなる。

　青森，千葉，金沢，津の緯度と経度は以下のとおりである。

　　津：北緯34°44′，東経136°31′
　　千葉：北緯35°36′，東経140°07′
　　金沢：北緯36°34′，東経136°39′
　　青森：北緯40°49′，東経140°44′

　千葉と青森が経度が東にあるため日出時間が他の2都市より早いが，青森は千葉より北にあるため，冬の日出は遅く，夏の日出は早くなる。したがって，青森がD，千葉がCとなる。同じ理由で，津がA，金沢がBとなる。

　よって，正解は肢5である。

正答 5

第2章 SECTION ④ 地学
宇宙

実践　問題163　応用レベル

問　宇宙に関する記述として最も妥当なのはどれか。　　（国税・労基2006）

1：銀河のスペクトルを観測すると，ごく近くの銀河を除いて，すべての銀河のスペクトル線は波長の短いほうにずれている。これを赤方偏移という。
2：地球から銀河までの距離と，その銀河の移動する速さを測定すると，遠い銀河ほど速い速度で地球に近づいている。これをハッブルの法則という。
3：宇宙のある決まったいくつかの方向から，絶対温度が約30度の物質からの放射に一致する電磁波が観測される。これを宇宙背景放射という。
4：宇宙の年齢は有限であり，人類が観測できる宇宙の領域は，ほぼ光速度と宇宙の年齢の積を半径とする範囲内である。この領域の境界を宇宙の地平線という。
5：初期の宇宙は極低温で非常に小さく，約1000～2000億年前に大爆発（ビックバン）を起こし膨張を始め，現在の姿にまでひろがったと考えられている。この説をビックバンモデルという。

OUTPUT

実践 問題 163 の解説

〈恒星〉

1 × 銀河のスペクトル線を観測すると，波長の長いほうへずれていることがわかる。これを**赤方偏移**という。赤方偏移が起こる理由は，銀河が遠ざかっているからである。

2 × 肢1で説明したとおり，銀河は遠ざかっている。**ハッブルの法則**によれば，$v=Hr$（v：銀河の後退速度，H：ハッブル定数，r：銀河の距離）が成り立つ。

3 × 宇宙のあらゆる方向から，ほぼ同じ強さの電波が来ており，絶対温度が約3Kの物質から放射される電波の強度分布と一致するため，3K宇宙背景放射といわれている。

4 ○ 記述のとおりである。光の速さは有限であるため，現在我々が観測している宇宙は過去の宇宙の姿である。現在観測できる最も遠い宇宙は138億光年離れた宇宙である。

5 × ハッブルが発見した膨張宇宙を逆にたどると，宇宙はある時点で，1点に凝縮されることになる。このとき，宇宙は超高温，超高密度の状態であり，これが大爆発を起こして，138億年かけて現在の宇宙ができたと考えられている。これを**ビッグバンモデル**という。

正答 **4**

SECTION 4 地学 宇宙

実践 問題164 応用レベル

問 恒星に関する記述として正しいのは，次のうちどれか。　（地上2001）

1：恒星は見かけの等級が増すほど明るくなり，肉眼で見ることができるのは１等級よりも明るい星である。また色の違いにより，赤みを帯びた星は表面温度が高く，青白く見える星は表面温度が低いことがわかる。

2：ＨＲ図によると，恒星は主系列星，巨星，白色わい星，の３つのグループに分類される。白色わい星は太陽を含む多くの恒星が属し，それらの半径は太陽の半径とほぼ同じである。

3：種族Ⅰに属する球状星団はその大部分が主系列星であり，種族Ⅱに属する散開星団では低温の赤色巨星や超新星が目立つ。したがって，球状星団は若い星団であり，散開星団は古い星団といえる。

4：主系列星の寿命は質量の２〜３乗に比例し，質量の大きい主系列星ほど明るく寿命が長い。これは大きな星ほど内部の温度，圧力が高いために核反応が活発に起こるからである。

5：赤色巨星以後の進化は誕生時の星の質量によって異なり，太陽などの軽い星は白色わい星になり，重い星は超新星爆発を起こした後，中性子星やブラックホールへと進化する。

OUTPUT

実践 問題 **164** の解説

〈恒星の進化〉

1 ✕ 肉眼でやっと見ることのできる星の等級は6等級である。**1等星は6等星の100倍の明るさで，1等級ごとに明るさは約2.5倍異なる**。また，赤みを帯びた星ほど表面温度が低く，青い星ほど高い。最も高温の恒星は，表面温度約25,000Kであり，低温のものは約3,600Kである。

2 ✕ ＨＲ図は，右上に分布する**赤色巨星**，左上から右下にかけて連なる**主系列星**，左下に分布する**白色わい星**の3つに分類できる。主系列星は，太陽を含む多くの星が属し，直径，質量が大きくなると，光度（明るさ）が大きくなる。赤色巨星は，主系列星と比べて，光度は大きいものの温度の低い星である。つまり，これは星自体が大きいことを表している。そして，白色わい星は，主系列星と比べて光度は小さいが高温の星であり，これは星自体が小さいことを表している。当初は白色の星しか発見されなかったため，こう命名されたといわれている。

3 ✕ **散開星団**は主系列星を多く含むが，その星団ごとに高温の星に上限がある。**球状星団**は低温の主系列星と赤色巨星からなり，高温の星ほど寿命が短い。これは，すぐに主系列星から離れてしまうためであると考えられている。以上のことから，散開星団は若い星団，球状星団は古い星団である。また，若い星を第Ⅰ種族の星，古い星を第Ⅱ種族の星とよんでいる。

4 ✕ 主系列星の寿命はだいたい，質量の2～3乗に反比例し，質量の大きい主系列星ほど明るく寿命が短い。質量が太陽の10倍程度の星で寿命が4,000万年，$\frac{1}{5}$ 程度の星で約1兆年になる。質量が小さすぎると中心温度が上がらないため核融合が起きず，主系列星にならない。

5 ○ 記述のとおりである。質量が，およそ1Ｍ（太陽質量）以下の星は，大きな変化を見せることなく暗黒化してしまう（黒色恒星）。1～8Ｍの星は，膨張するが爆発はせず，徐々に外側が剥ぎ取られて白色わい星になる。8～10Ｍの星になると，**超新星爆発**を起こして**白色わい星**に，それ以上の星になると超新星爆発のあと，**中性子星**や**ブラックホール**になる。

正答 **5**

SECTION 4 地学 宇宙

実践 問題 165 応用レベル

[問] 恒星に関する記述として最も妥当なのはどれか。　　　　（国家総合職2013）

1：恒星は地球からはるか遠方にあり，地球で得られる情報は，恒星が発する可視光領域の電磁波に限られている。恒星の明るさを表す単位には等級が用いられており，これは，肉眼で判別できる限界の明るさのものを6等級とし，明るさが10倍になるごとに1等級下げるものである。

2：恒星の色の違いは，表面温度が異なることによって生じる。恒星が発する光は様々な波長のものが混ざったものであるが，表面温度が高い恒星ほど波長の短い光を強く出している。波長が短い光は紫から青，長い光は赤であるため，表面温度が高い恒星は青白く輝いて見える。

3：地球が公転運動をしているため，恒星は天球上を公転の半分の周期で楕円運動しているように見える。その長軸の角距離を年周視差といい，地球から恒星までの距離はこれに比例するため，年周視差で恒星までの距離を表すことができる。年周視差［秒］を3.26で割った値を光年としている。

4：全ての恒星は地球から遠ざかっている。遠ざかる物体が発する波は，ドップラー効果によって波長が短くなることから，恒星の観測光は本来のものより青色側にシフトしている。青色側への偏移の比率による計算から，恒星は一律に約100km/sの後退速度をもっていることが分かっている。

5：光の明るさは距離に反比例するので，本来は同じ明るさの恒星でも，恒星までの距離が2倍になると，半分の明るさに見えてしまう。それを補正するため，見かけの等級から距離の対数の値を引いたものを絶対等級という。太陽の絶対等級は4.9等で，他の恒星と比べ非常に明るい。

OUTPUT

実践 問題 **165** の解説

〈恒星〉

1 × 恒星の観測には，赤外線や紫外線，電波，X線，γ線といったさまざまな領域の電磁波が利用されている。赤外線や紫外線，電波は地上でも観測されているが，大気に多く吸収されるため，人工衛星による大気圏外からの観測もされている。また，X線，γ線はほとんど大気に吸収されてしまうため，人工衛星によって大気圏外から観測をしている。恒星の明るさは等級で表し，こと座のα星であるベガを0等星として，明るさが$\frac{1}{100}$となる星を5等星としている。したがって，**1等級あたりの明るさの差は，100の5乗根である約2.5倍**となる。

2 ○ 記述のとおりである。恒星の色の違いは，表面温度が異なることによって生じる。これはウィーンの変位法則によって考えることができ，恒星の出す光の波長λ［μm］と表面温度T［K］との関係は，

$\lambda T = 2900$

という式によって表すことができる。この式によると，表面温度が高い恒星ほど出す光の波長が短くなることがわかる。波長の短い光は紫から青，長い光は赤であるため，**表面温度が高い恒星は青白く輝いて見える**ことになる。

3 × 地球が公転運動をしているため，黄道面に対して斜め方向の恒星は天球上を公転周期である1年で楕円運動しているように見える。その長軸の角距離の$\frac{1}{2}$を**年周視差**といい，地球から恒星までの距離はこれに反比例するため，年周視差で恒星までの距離を表すことができる。3.26を年周視差［秒］で割った値を光年としている。

4 × 現在，宇宙は膨張していると考えられており，そのため太陽以外のほとんどすべての恒星は地球から遠ざかっている。遠ざかる物体が発する波は，ドップラー効果によって波長が長くなる。したがって，恒星の観測光は，本来のものよりも長波長側，すなわち赤色側にシフトしている。これを赤方偏移とよぶ。恒星間の空間が膨張することで遠ざかるのであるから，地球から遠い恒星ほど大きな後退速度をもっている。それは現在のところ，1メガパーセクあたり70km/s程度と計算されている。

5 × 光の明るさは距離の2乗に反比例する。そのため，本来は同じ明るさの恒星でも，恒星までの距離が2倍になると，$\frac{1}{4}$の明るさに見えてしまう。それを補正するため，それぞれの恒星を10パーセク（32.6光年）の距離に置いたとしたときの恒星の明るさが**絶対等級**である。太陽は地球に近いため，見かけの等級が−26.7等級であるが，その絶対等級は4.9等級で，恒星としては普通の明るさである。

正答 2

第2章 地学

章末 CHECK ? Question

Q1 P波は，波の進行方向と振動方向が同じである横波であり，S波は，波の進行方向と振動方向が垂直である縦波である。

Q2 P波が到達してからS波が到達するまでにかかる時間を，地震波相違時間という。

Q3 地震で放出されたエネルギーによって地震の規模を表すものがマグニチュードであり，各観測点での揺れの大きさを表すものが震度である。

Q4 地球の内部構造は，外側から地殻，マントル，外核，内核となっている。

Q5 地殻とマントルの境を，グーテンベルク面という。

Q6 マントルのP波伝達速度は地殻のそれよりも速く，外核のP波伝達速度はマントル下部のそれよりも遅い。

Q7 マントルの上に地殻が浮いており，地殻にかかる重力と地殻がマントルから受ける浮力がつりあっているという考えを，アイソスタシーという。

Q8 平均海水面とその延長の面をブーゲーといい，これは地球の形を表す立体ということができる。

Q9 地球表面が10枚ほどの硬いプレートで覆われており，これらの運動によってさまざまな地学現象を説明する考え方を，プレートテクトニクスという。

Q10 プレートの下の部分をリソスフェアという。これと区別して，プレートのことをアセノスフェアということがある。

Q11 海洋プレートは海嶺で生成されて，海溝で消失する。

Q12 プレートがすれ違う境界を，トランスフォーム断層という。

Q13 ハワイ諸島から死火山の列が連なっていることは，ハワイ島の下にマグマスポットとよばれるマントル対流のわき出し口があり，その位置が固定されていると考えることで，説明できる。

Q14 流紋岩質マグマを噴出する火山では，マグマの粘性が高く，温度が低い。

Q15 粘性の高いマグマを噴出する火山では，火砕物が高温の火山ガスとともに山腹を流れ下る土石流が生じることがある。

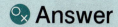

A1	×	P波は，波の進行方向と振動方向が同じである縦波であり，S波は，波の進行方向と振動方向が垂直である横波である。
A2	×	P波が到達してからS波が到達するまでにかかる時間を，初期微動継続時間という。この時間を計ることで，震源からの距離を求めることができる。
A3	○	地震で放出されたエネルギーによって地震の規模を表すものがマグニチュードであり，各観測点での揺れの大きさを表すものが震度である。マグニチュードが1大きくなると，地震のエネルギーは約32倍になる。
A4	○	地球の内部構造は，外側から地殻，マントル，外核，内核となっている。現在では，マントルを，上部マントルと下部マントルに分けることが多い。
A5	×	地殻とマントルの境を，モホロビチッチ不連続面という。
A6	○	マントルのP波伝達速度は地殻のそれよりも速く，外核のP波伝達速度はマントル下部のそれよりも遅い。マントルは地殻よりも密度が大きい岩石でできており，外核は鉄とニッケルを主成分とする液体である。
A7	○	マントルの上に地殻が浮いており，地殻にかかる重力と地殻がマントルから受ける浮力がつりあっているという考えを，アイソスタシーという。スカンジナビア半島の近くの隆起は，これが原因である。
A8	×	平均海水面とその延長の面をジオイドという。
A9	○	地球表面が10枚ほどの硬いプレートで覆われており，これらの運動によってさまざまな地学現象を説明する考え方を，プレートテクトニクスという。1960年代から提唱されている地球表層の運動論である。
A10	×	プレートの下の部分をアセノスフェアという。これと区別して，プレートのことをリソスフェアということがある。
A11	○	海洋プレートは海嶺で生成されて，海溝で消失する。大陸プレートと衝突すると，造山活動が起こる。
A12	○	プレートがすれ違う境界を，トランスフォーム断層という。アメリカのサンアンドレアス断層は有名である。
A13	×	ハワイ諸島から死火山の列が連なっていることは，ハワイ島の下にホットスポットとよばれるマントル対流のわき出し口があり，その位置が固定されていると考えることで，説明できる。
A14	○	流紋岩質マグマを噴出する火山では，マグマの粘性が高く，大爆発をすることが多い。桜島，浅間山，普賢岳などがそれにあたる。
A15	×	粘性の高いマグマを噴出する火山では，火砕物が高温の火山ガスとともに山腹を流れ下る火砕流が生じることがある。火砕流は，非常に高速で火山を下るため，大きな被害をもたらすことがある。

第2章 地学
章末 CHECK

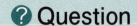

- **Q16** 火成岩は，マグマが急激に冷えてできた火山岩と，マグマがゆっくりと冷えてできた深成岩に分類されている。
- **Q17** 斑状組織のうち，結晶が成長している部分を石基といい，非晶質の部分を斑晶という。
- **Q18** 火成岩は，二酸化ケイ素含有量が多いほうから苦鉄質岩（塩基性岩），中間質岩（中性岩），珪長質岩（酸性岩）に分類されている。
- **Q19** 二酸化ケイ素含有量が52％以下の深成岩は玄武岩，火山岩は斑れい岩である。
- **Q20** 火成岩の二酸化ケイ素含有量が増えると，その密度は小さくなり，色は白くなる。
- **Q21** 堆積岩は，風化作用，侵食・運搬・堆積作用，続成作用によって生成する。
- **Q22** 礫岩，砂岩，泥岩のうち，最も粒子が細かいのは泥岩であり，最も粒子が粗いのは礫岩である。
- **Q23** 放散虫の遺骸が堆積してできた岩石は，石灰岩である。
- **Q24** 高温・高圧により鉱物が再結晶し，新しい岩石になる作用を変成作用という。
- **Q25** 接触変成岩（熱変成岩）として，堆積岩が接触変成作用を受けたものはチャートである。
- **Q26** 結晶片岩，ホルンフェルス，千枚岩は，広域変成岩である。
- **Q27** 地層の堆積がいったん中断した後，再び堆積をした場合のように，不連続な地層の重なり方を級化層理という。
- **Q28** 地層が力を受けて波状に折れ曲がったものを褶曲といい，岩盤の裂け目にマグマが入り込むことを断層という。
- **Q29** 特定の地質時代の地層中に限って産出される化石を示相化石といい，地層が堆積した環境がわかる化石を示準化石という。
- **Q30** 三葉虫は，先カンブリア時代の代表的な示準化石である。中生代の代表的な示準化石としては，貨幣石やマンモスが挙げられる。
- **Q31** 大気の主成分は，二酸化炭素が78％，酸素が21％となっており，そのほかにはアルゴン，水蒸気などが微量含まれている。
- **Q32** 大気圏は，低いほうから対流圏，中間圏，成層圏，熱圏，外気圏（外圏）に分けられる。

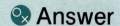

A16 ○	火成岩は，地表付近でマグマが急激に冷えてできた火山岩と，マグマが地下深くでゆっくりと冷えてできた深成岩に分類されている。
A17 ×	斑状組織のうち，結晶が成長している部分を斑晶といい，非晶質の部分を石基という。
A18 ×	火成岩は，二酸化ケイ素含有量が多いほうから珪長質岩（酸性岩），中間質岩（中性岩），苦鉄質岩（塩基性岩）に分類されている。化学でいう酸性，塩基性とは関係がない。
A19 ×	二酸化ケイ素含有量が52%以下の深成岩は斑れい岩，火山岩は玄武岩である。
A20 ○	火成岩の二酸化ケイ素含有量が増えると，その密度は小さくなり，色は白くなる。
A21 ○	堆積岩は，風化作用，侵食・運搬・堆積作用，続成作用によって生成する。堆積岩の分類は，粒子の大きさや物質の種類に基づいている。
A22 ○	礫岩，砂岩，泥岩のうち，最も粒子が細かいのは泥岩であり，最も粒子が粗いのは礫岩である。礫岩は粒子の大きさが直径2mm以上で，泥岩は直径$\frac{1}{16}$mm以下のものである。砂岩はその間である。
A23 ×	放散虫の遺骸が堆積してできた岩石は，チャートである。
A24 ○	高温・高圧により鉱物が再結晶し，新しい岩石になる作用を変成作用という。
A25 ×	接触変成岩（熱変成岩）として，堆積岩が接触変成作用を受けたものはホルンフェルスである。
A26 ×	結晶片岩，片麻岩，千枚岩は，広域変成岩である。
A27 ×	地層の堆積がいったん中断した後，再び堆積をした場合のように，不連続な地層の重なり方を不整合という。
A28 ×	地層が力を受けて波状に折れ曲がったものを褶曲といい，岩盤の裂け目にマグマが入り込むことを貫入という。
A29 ×	特定の地質時代の地層中に限って産出される化石を示準化石といい，地層が堆積した環境がわかる化石を示相化石という。
A30 ×	三葉虫は，古生代の代表的な示準化石である。中生代の代表的な示準化石としてはアンモナイトや恐竜が挙げられる。
A31 ○	大気の主成分は，窒素が78%，酸素が21%となっており，そのほかにはアルゴン，水蒸気，二酸化炭素などが微量含まれている。
A32 ×	大気圏は，低いほうから対流圏，成層圏，中間圏，熱圏，外気圏（外圏）に分けられる。

第2章 地学
章末 CHECK ❓Question

Q33 成層圏にはオゾン層があり，この中のオゾンが太陽からの赤外線を吸収している。

Q34 高緯度地方の熱圏では，大気圏外からやってきた帯電粒子が大気中の粒子に衝突して発光する現象であるフレアが観測される。

Q35 大気の大循環として，赤道〜緯度30°付近では貿易風が吹いており，その風向きは，北半球では北東の風，南半球では南東の風である。

Q36 緯度30°〜60°付近では偏西風が吹いており，特に強い気流をジェット気流という。

Q37 二酸化炭素は，地球から放射される紫外線を吸収して，地球の温度を高温に保つはたらきをもっている。このような二酸化炭素のはたらきを温室効果という。

Q38 気温の上昇とともに飽和水蒸気量の値は小さくなる。

Q39 湿潤断熱減率は1.0℃/100m，乾燥断熱減率は0.5℃/100mである。

Q40 暖かい気団が冷たい気団を押しているとき，2つの気団の間にできる前線を寒冷前線といい，冷たい気団が暖かい気団を押しているときにその間にできる前線を温暖前線という。

Q41 寒冷前線では，強い上昇気流が生じ，積乱雲などの雲ができる。

Q42 北半球の高気圧の中心部では，上下方向に上昇気流が生じており，その周辺では，反時計回りに風が吹き出している。

Q43 熱帯地方で発生した低気圧を熱帯低気圧といい，これは前線を伴わない低気圧である。熱帯低気圧のうち，最大風速が17.2m/秒以上になったものを台風という。

Q44 シベリア気団は，気温が高く湿度が低いという性質をもっており，小笠原気団は，気温が低く湿度が高いという性質をもっている。

Q45 冬は，シベリア高気圧が発達し，東高西低の気圧配置となる。そのため，日本付近では南東の季節風が吹く。

Q46 夏，日本付近は広く北太平洋高気圧に覆われ，蒸し暑い日が続く。

Q47 海洋底で大規模な地殻変動が起きたときに生じる波を高潮という。

Q48 地球の自転の証拠として「転向力が発生すること」や「プトレマイオスの振り子」，「星や太陽の日周運動」が挙げられる。

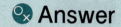

A33 ×　成層圏にはオゾン層があり，この中のオゾンが太陽からの紫外線を吸収している。オゾンは酸素の同素体である。

A34 ×　高緯度地方の熱圏では，大気圏外からやってきた帯電粒子が大気中の粒子に衝突して発光する現象であるオーロラが観測される。

A35 ○　大気の大循環として，赤道〜緯度30°付近では貿易風が吹いており，その風向きは，北半球では北東の風，南半球では南東の風である。これはコリオリの力による。

A36 ○　緯度30°〜60°付近では偏西風が吹いており，特に強い気流をジェット気流という。ジェット気流の速さは秒速100mにも達することがある。

A37 ×　二酸化炭素は，地球から放射される赤外線を吸収して，地球の温度を高温に保つはたらきをもっている。このような二酸化炭素のはたらきを温室効果という。

A38 ×　気温の上昇とともに飽和水蒸気量の値は大きくなる。

A39 ×　湿潤断熱減率は0.5℃/100m，乾燥断熱減率は1.0℃/100mである。

A40 ×　暖かい気団が冷たい気団を押しているとき，2つの気団の間にできる前線を温暖前線といい，冷たい気団が暖かい気団を押しているときにその間にできる前線を寒冷前線という。

A41 ○　寒冷前線では，寒気が暖気の下に潜り込むため，暖気が強制的に押し上げられることにより，強い上昇気流が生じ，積乱雲などの雲ができる。

A42 ×　北半球の高気圧の中心部では，上下方向に下降気流が生じており，その周辺では，時計回りに風が吹き出している。

A43 ○　熱帯地方で発生した低気圧を熱帯低気圧といい，これは前線を伴わない低気圧である。熱帯低気圧のうち，最大風速が17.2m/秒以上になったものを台風という。台風のよび名と定義は地域によって異なる。

A44 ×　シベリア気団は，気温が低く湿度が低いという性質をもっており，小笠原気団は，気温が高く湿度が高いという性質をもっている。

A45 ×　冬は，シベリア高気圧が発達し，西高東低の気圧配置となる。そのため，日本付近では北西の季節風が吹く。

A46 ○　夏，日本付近は広く北太平洋高気圧に覆われ，蒸し暑い日が続く。

A47 ×　海洋底で大規模な地殻変動が起きたときに生じる波を津波という。特に，地震が起こったときに生じる。

A48 ×　地球の自転の証拠として「転向力が発生すること」や「フーコーの振り子」が挙げられる。

第2章 地学 章末 CHECK

❓ Question

Q49 地球の公転の証拠として、1年周期で星の見える方向が変化する年周光行差が挙げられる。

Q50 地球から星を観測すると、地球が公転しているために星の位置が実際の星の方向からずれて見える。このずれのことを年周視差という。

Q51 地球のように、太陽のまわりを回っている天体を惑星といい、惑星のまわりを回っている天体を準惑星という。

Q52 日食が生じたとき、太陽、地球、月は、地球、太陽、月という順番で一直線上に並んでいる。

Q53 ケプラーの第1法則は、「惑星は太陽を1つの軸とする放物線軌道上を公転する」というものである。

Q54 ケプラーの第2法則は、「惑星と太陽を結ぶ線分が一定時間に通過する面積（面積速度）は一定である」というものである。

Q55 太陽系の惑星は、太陽に近いほうから、水星、金星、地球、火星、土星、木星、天王星、海王星となっている。

Q56 太陽系の惑星は、水星から木星までの地球型惑星と、それ以外の土星型惑星に分類できる。

Q57 金星には二酸化炭素の厚い大気があり、その温室効果のために金星の表面温度は高くなっている。

Q58 木星には水素・ヘリウムからなる大気があり、それが大赤斑とよばれる巨大な渦をつくっている。

Q59 太陽の光球を包んでいるガス層を彩層といい、彩層を取り巻く大気層をプロミネンスという。

Q60 フレアによるX線によって地球の電離層が乱され、通信障害が生じることを磁気嵐という。

Q61 恒星の明るさは、恒星までの距離の3乗に反比例する。

Q62 赤い恒星と青白い恒星では、赤い恒星のほうが表面温度が高い。

Q63 HR図では、横軸にスペクトル型、縦軸に絶対等級がとられている。そのため、横軸は恒星の大きさを表し、縦軸は恒星の明るさを表しているといえる。

Q64 赤色巨星以降の進化の過程は、恒星の質量によって異なる。太陽程度の質量をもつ恒星は、最終的に中性子星となってその一生を終える。

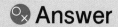

A49 ×	地球の公転の証拠として，1年周期で星の見える方向が変化する年周視差が挙げられる。
A50 ×	地球から星を観測すると，地球が公転しているために星の位置が実際の星の方向からずれて見える。このずれのことを年周光行差という。
A51 ×	地球のように，太陽のまわりを回っている天体を惑星といい，惑星のまわりを回っている天体を衛星という。
A52 ×	日食は，太陽，地球，月が，地球，月，太陽という順番で一直線上に並んでいるときに起こる。
A53 ×	ケプラーの第1法則は，「惑星は太陽を焦点の1つとする楕円軌道上を公転する」というものである。
A54 ○	ケプラーの第2法則は，「惑星と太陽を結ぶ線分が一定時間に通過する面積（面積速度）は一定である」というものである。
A55 ×	太陽系の惑星は，太陽に近いほうから，水星，金星，地球，火星，木星，土星，天王星，海王星となっている。
A56 ×	太陽系の惑星は，水星から火星までの地球型惑星と，それ以外の木星型惑星に分類できる。
A57 ○	金星には二酸化炭素の厚い大気があり，その温室効果のために金星の表面温度は約460℃となっている。
A58 ○	木星には水素・ヘリウムからなる大気があり，それが大赤斑とよばれる巨大な渦をつくっている。大赤斑は回転している。
A59 ×	太陽の光球を包んでいるガス層を彩層といい，彩層を取り巻く大気層をコロナという。
A60 ×	フレアによるX線によって地球の電離層が乱され，通信障害が生じることをデリンジャー現象という。
A61 ×	恒星の明るさは，恒星までの距離の2乗に反比例する。
A62 ×	赤い恒星と青白い恒星では，赤い恒星のほうが表面温度が低い。
A63 ×	HR図では，横軸にスペクトル型，縦軸に絶対等級がとられている。そのため，横軸は恒星の表面温度を表し，縦軸は恒星の明るさを表しているといえる。
A64 ×	赤色巨星以降の進化の過程は，恒星の質量によって異なる。太陽程度の質量をもつ恒星は，最終的に白色わい星となってその一生を終える。質量が大きいと中性子星やブラックホールになる。

INDEX

数字

1 恒星日	375
1 恒星年	375

アルファベット

ATP	21, 79
A細胞	21, 107
B細胞	
21, 105, 107, 119, 121, 133, 214	
DNA	6, 53, 55, 61, 63, 137, 214
HR（ヘルツシュプルング・ラッセル）図	
	369
P波	226, 229
RNA	6, 53, 55, 63, 137
S波	226, 229
T細胞	119, 121, 133

あ

アインシュタイン	421
赤潮	187
秋雨前線	309, 319
アセチルコリン	101, 103
アセノスフェア	225, 227, 243
アデニン	39, 55, 63, 214
アドレナリン	
87, 105, 107, 109, 111, 214	
アナフィラキシー	121, 124
亜熱帯高圧帯	335
アブシシン酸	155, 157
アミノ酸	43, 63, 71, 137
アミラーゼ	71, 135, 167
アルプス―ヒマラヤ山系	225
アレルギー反応	119, 121
アレルゲン	123
安山岩	255, 295
アンモナイト	249, 283, 285, 293

い

イオ	368, 397
異化	81
閾値	91
一次応答	121
一般相対性理論	421
遺伝子座	33
糸魚川―静岡構造線	225
移動性高気圧	309, 321
陰樹	197
インスリン	
21, 87, 107, 109, 111, 214	
隕石	389, 401, 403
陰葉	77

う

宇宙の晴れ上がり	413
宇宙背景放射	425
ウラシル	39, 55, 63
雨緑樹林	179

え

衛星	394, 399, 403
栄養生殖	26, 33, 35
エウロパ	368
液状化現象	239
液胞	6, 13, 21
エチレン	155, 157, 161, 167, 214
エルニーニョ現象	
303, 325, 331, 339, 343, 345	
塩基	137
塩基性岩	250, 255
エンケ彗星	401
遠心力	247
延髄	86, 99, 101, 103, 131
延髄反射	89

お

横紋筋	97
オーキシン	155, 156, 159, 161, 167
大潮	310, 363, 377
大森公式	231
オーロラ	387, 407
小笠原高気圧	333
オゾン層	347, 349, 359
オホーツク海高気圧	333
オリンポス山	397
オルニチン回路	
	88, 127, 129, 131, 133
温室効果	313
温室効果ガス	359
温帯低気圧	308, 319, 321
温暖前線	308, 325

か

海王星	368, 391
外核	225, 226, 347
皆既月食	405
外合	407
会合周期	377
回転楕円体	247
解糖	79
解糖系	9, 21
外胚葉	27, 29
海風	333
海洋対流圏	347
海陸風	307
海嶺	265
外惑星	377, 383, 397
化学岩	251, 297
化学走性	143
鍵層	298

核（細胞）	6, 21
核（地球の内部構造）	243
核酸	39, 55
角閃石	250
獲得免疫	119, 123
核融合反応	367, 385
花こう岩	227, 255, 257, 261, 295
火砕流	271, 277
火山岩	257, 259, 275, 295
火山砕屑岩	251, 297
火山前線	265
火山フロント	265
火星	365, 368, 383, 391, 393, 397
火成岩	255, 275
カタラーゼ	71
活断層	225
ガニメデ	368, 405
からっ風	304
カリスト	368
夏緑樹林	179, 181
ガリレオ	421
ガリレオ衛星	368, 394, 397
カルデラ	269, 271
カルビン・ベンソン回路	10, 21, 81
間期	7
肝臓	88, 109, 127, 129, 133
乾燥断熱減率	
	311, 317, 351, 353, 355
桿体細胞	149, 151
環太平洋地震帯	225
干潮	310, 377
貫入	257
間脳	86, 99, 101, 103
間氷期	249, 289

INDEX

かんらん岩	227, 261
かんらん石	250
寒冷前線	308, 325

き

キーストーン種	209
気孔	169
基質特異性	139
基質濃度	73
輝石	250, 255
季節風	304, 309
起潮力	363
逆断層	225, 279, 281, 297
逆行	377, 383, 407
級化層理	297
球状星団	427
凝灰岩	257, 295, 297
凝結熱	355
競争の回避	175
極相	181, 197
棘皮動物	205
巨星	385
極冠	365, 368, 393, 397
銀河	413
金星	365, 368, 383, 391, 393

く

グアニン	39, 55, 63, 214
グーテンベルク（不連続）面	
	226, 241
クエン酸回路	9, 13, 21
屈筋反射	89
屈性	167
組換え	25
グリコーゲン	109, 111
クリステ	9, 21, 79

クリック	63
グルカゴン	21, 87, 107
グルコース	133
黒雲母	250
クローン	33
クロロフィル	77

け

夏至	419, 423
血液凝固	115
血しょう	87, 113, 115
血小板	87, 113, 115
血清療法	121, 123
血ぺい	115
ケプラーの第 1 法則	379, 421
ケプラーの第 2 法則	379, 421
ケプラーの第 3 法則	
	379, 383, 405, 421
限界暗期	167
原核細胞	5, 9, 21, 141
原核生物	5, 9
原形質	137
原始星	415
原始地球	249
減数分裂	19, 63
原生動物	205
検定交雑	37
限定要因	67, 68, 77, 83
玄武岩	227, 255, 261, 295

こ

合	407
広域変成岩	257
広域変成作用	259, 281
甲殻類	205
交感神経	87, 101, 103, 107

後期	7	サイトカイニン	155, 156, 161
高気圧	319	細尿管	129, 133
光球	387	細胞質基質	21
抗原	119	細胞性免疫	85, 119, 121, 123
光合成	10, 21, 75, 77, 81, 214	細胞壁	5, 6, 15
黄砂	321	細胞膜	5, 6, 9, 15, 22
虹彩	95	砂岩	297
鉱質コルチコイド	111, 133	さく状組織	77
向斜	279, 297	里山	187, 210
光周性	163, 165	散開星団	427
甲状腺	87, 107, 109	サンゴ	283, 285
酵素	71, 73	三畳紀	287
光走性	89, 143	酸性雨	187, 360
抗体	85, 119	酸性岩	250, 255
後天性免疫	88, 119	三葉虫	249, 283, 285, 293
鉱物	250	**し**	
硬葉樹林	179	シアノバクテリア	289, 349
呼吸	9, 21, 79, 214	ジェット気流	325, 333
呼吸量	67	ジオイド	247
黒点	367, 385, 387, 407	自家受精	41
小潮	310, 363, 377	師管	169
古生代	249, 285	糸球体	129
個体群密度	195	軸索	86, 91
五炭糖	137	試行錯誤学習	89, 143
古典的条件づけ	89, 147	シジミ	283, 285
コペルニクス	421	示準化石	283, 285, 298
コリオリの力	341, 377, 421	視床	99
ゴルジ体	5, 6, 10, 13, 21	視床下部	87, 99, 103, 105, 109
コロナ	367, 387	地震波伝達速度	235
さ		自然選択説	207
再吸収	129	自然免疫	123
砕屑岩	251, 297	示相化石	283, 285, 298
彩層	367, 387	始祖鳥	283, 293
最大離角	383	シダ植物	249

INDEX

膝蓋腱反射	89, 147
失活	81
湿潤断熱減率	
	311, 317, 351, 353, 355
湿度	310
シトシン	39, 55, 63, 214
シナプス	91, 93
シベリア高気圧	304, 321
ジベレリン	155, 156, 161, 167, 214
縞状鉄鉱層	289
斜交葉理	297
斜長石	250
終期	7
褶曲	279
集合管	133
従属栄養生物	173
秋分	419
重力走性	143
主系列星	369, 385, 411, 415, 427
主根	169
樹状突起	86
受精	26, 35
出芽	26, 33, 35
受動輸送	9
種分化	207
主要動	231
ジュラ紀	249, 287
シュワン	86
春化処理	165
順行	377, 407
純生産量	201, 203
春分	419
衝	377, 381, 383, 407
上昇気流	363

小脳	86, 99, 101, 131
消費者	171, 173, 174
静脈	115
静脈血	115
照葉樹林	179, 181
小惑星	389, 399, 401, 403, 408
初期微動	231, 245
初期微動継続時間	231, 237, 241
食作用	87, 119
触媒	71, 73, 139
自律神経系	103, 107
震央	231
真核細胞	5, 9, 21, 141
真核生物	9
神経細胞	86
神経鞘細胞	86
震源	231
腎細管	129, 133
腎小体	129
深成岩	257, 259, 275
新生代	285
腎臓	129, 133
新第三紀	293
震度階級	225, 229
真の光合成量	67, 83
針葉樹林	179
森林限界	181, 184
す	
随意運動	86
水温躍層	339
水晶体	95
水星	365, 368, 391, 393
彗星	401, 403
すい臓	21, 107, 109, 111, 131

水素結合	61	赤血球	87, 113, 115
錐体細胞	149, 151	接合	26, 35
ステロイド系ホルモン	137	接触変成岩	257
ストロマ	10, 21, 81	接触変成作用	259, 281
スペクトル型	369	節足動物	205
刷込み	89, 147	絶対等級	369, 411, 429

せ

星間雲	413	全か無かの法則	91
整合	251, 279	先カンブリア時代	249, 293
西高東低	304, 309, 321, 327	前期	7
生痕化石	283	全球凍結	249
生産者	171, 173, 174	線状降水帯	303, 321, 357
生産量	201	染色体	9
性染色体	51	選択的透過性	5, 9, 15, 17
成層火山	250, 269, 271	前庭	95
成層圏	313, 333, 349, 359	先天性免疫	88
生存曲線	189	全透性	15
生態系	173	セントラルドグマ	63
生体防御	88, 119	潜熱	319, 321, 325, 355
正断層	225, 279, 281, 297	浅発地震	225
成長量	201, 203	千枚岩	257
生物岩	251, 257, 297	閃緑岩	257, 295

そ

生物濃縮	187, 209	双子葉類	169
石英	250, 255	走性	147
赤外線	315	総生産量	201, 203
石質隕石	389	相補的関係	61
赤色巨星	369, 411, 415, 427	相利共生	175, 191
脊髄反射	89	続成作用	281, 297
石炭紀	249	側根	169

た

脊椎動物	86	ダーウィン	207
石鉄隕石	389	第Ⅰ種族の星	427
赤方偏移	425	第Ⅱ種族の星	427
石灰岩	257, 297	体液性免疫	85, 119, 121, 123
石基	295		

INDEX

体細胞分裂	7, 19, 63
代謝	81
体循環	115
体性神経系	103
堆積岩	257, 295, 297
大赤斑	365, 368, 393, 421
タイタン	368
大脳	86, 99, 101, 131
台風	303, 309, 319, 321, 329, 331
太平洋プレート	225, 265
太陽	385
太陽系外縁天体	403, 408
太陽風	347, 367
太陽放射	315
第四紀	287, 293
大理石	261
対流圏	313, 327, 333
大量絶滅	289
高潮	327
多形	295
多細胞生物	205
立ち直り反射	89
盾状火山	250, 263, 269, 271, 275
縦波	226, 229
単為結実	155
単為生殖	26, 35
単細胞生物	205
炭酸同化	13
短日植物	157, 163, 165, 167
胆汁	71, 135
単子葉類	169
断層	251, 279
タンパク質	43, 63, 71, 115
タンパク質系ホルモン	137

ち

地殻	225, 226, 235, 243
地球	391
地球温暖化	359
地球型惑星	368, 391, 401, 403, 407
地球放射	315
地衡風	307, 319
致死遺伝子	38, 43
地層累重の法則	251, 279, 281
窒素同化	13, 171
地動説	421
チミン	39, 55, 63, 214
チャート	295, 297
中央構造線	225
中間圏	313, 333, 349
中期	7
中心体	5, 10
中枢神経系	103
中性岩	250, 255
中性子星	385, 415, 427
中性植物	157, 163, 165
中生代	249, 285, 293
柱頭	169
中脳	86, 99, 101, 131
中脳反射	89
中胚葉	27, 29
超塩基性岩	255
頂芽優勢	155, 156
長日植物	157, 163, 165, 167
超新星爆発	415, 427
潮汐力	377
跳躍伝導	93
チラコイド	10, 21, 81
チロキシン	87, 105, 107, 109, 111

て

泥岩	297
低気圧	319
停滞前線	308, 319, 321
デオキシリボース	39, 55, 214
デオキシリボ核酸	61
デキストリン	135
鉄隕石	389
デボン紀	249, 287
デリンジャー現象	387, 407
電気走性	89
転向力	319, 341, 345, 366, 377
電子伝達系	9, 10, 21
転写	53, 63
天動説	421
天王星	365, 368, 391, 394
デンプン	71, 135

と

同化	81
同化量	201
道管	169
瞳孔反射	89
冬至	419, 423
同質異像	295
糖質コルチコイド	87, 105, 109, 111
動脈	115
動脈血	115
等粒状組織	259, 275, 295
独立栄養生物	173
独立の法則	37, 38
土星	368, 391
トランスフォーム断層	243
トリプシン	135
トリプレット	61

な

内核	225, 226, 347
内合	377, 383, 407
内胚葉	27, 29
内分泌系	86, 99
内惑星	377, 383, 399
流れ走性	89, 143
縄張り	175
南高北低	309, 321, 327
南中高度	399, 419

に

二次応答	121
二重らせん構造	61, 63, 137
ニュートン	421
ニューロン	86, 93
尿素	133

ぬ

ヌクレオチド	55, 63, 137
ヌクレオチド鎖	61

ね

熱圏	313, 349
熱帯収束帯	335
熱帯低気圧	303, 309, 319, 321, 329
ネフロン	129
年周光行差	366, 375
年周視差	366, 377, 429
年齢ピラミッド	191

の

脳下垂体前葉	109
脳幹	99, 101
能動輸送	9, 17
ノルアドレナリン	101, 103

は

梅雨前線	303, 309, 319, 321, 333

INDEX

バイオーム	183
背斜	279, 297
肺循環	115, 131
ばか苗病	155
白亜紀	249, 287
白色わい星	369, 385, 411, 415, 427
白斑	367, 387
バソプレシン	105, 107, 133
は虫類	293
白血球	87, 113, 115
ハッブルの法則	411, 425
ハドレー循環	335
パラトルモン	107, 109
春一番	321
ハレー彗星	389, 401
バンアレン帯	347
半規管	95
パンゲア	289
半減期	285, 295, 298
反射	89, 147
反射弓	89
斑晶	295
斑状組織	259, 275, 295
伴性遺伝	43, 51
万有引力	247
万有引力の法則	421
斑れい岩	255, 257, 295

ひ

ヒートアイランド現象	360
干潟	209
光飽和点	67, 75, 77, 83
光補償点	75, 77, 83
ひげ根	169
被子植物	169, 293

ヒストン	153
ビッグバン	411, 413, 425
ビッグバン理論	421
必須アミノ酸	63, 139, 153
氷期	249, 289
ピルビン酸	137

ふ

フィブリン	115
フィリピン海プレート	225, 265
ブーゲー異常	247
フーコーの振り子	366, 375, 399, 421
富栄養化	209
フェーン現象	304, 311
フェロモン	143
フォークト	27
不完全優性	37, 38, 47
副交感神経	87, 101, 103, 107, 214
副甲状腺	133
副腎髄質	87, 107
副腎皮質	87, 109
複対立遺伝子	37, 39, 43
フズリナ	283, 285
不整合	251, 279, 281
物質循環	174
筆石	283, 293
部分月食	405
ブラックホール	385, 411, 415, 427
フレア	367, 387, 407
プレート	225, 227
プレートテクトニクス	227
プロミネンス	367, 387
フロリゲン	161, 209
分解者	173, 174

分泌反射	89
分離の法則	37, 38
分裂	26, 33, 35
分裂期	7

へ

閉塞前線	308, 325
ヘール・ボップ彗星	389
ヘテロ接合体	33
ペプシン	71, 135
ペプチド結合	137
ヘモグロビン	113, 115
ペルー海流	345
弁	115
変性	81
変成岩	257
変成作用	281
偏西風	263, 329, 331, 335
片麻岩	257, 261
片利共生	175, 192

ほ

貿易風	329, 331, 335, 345
ほうき星	405
胞子生殖	26, 35
放射性元素	285
放射性同位体	295, 298
紡錘体	19
紡錘虫	283, 285
膨張宇宙論	411
ボーデの法則	389
ボーマンのう	129
北米プレート	225
補足遺伝子	37, 38
ホットスポット	
	231, 265, 271, 275, 277

ホットプルーム	231
ホモ接合体	33
ホルモン	105
本能行動	143
翻訳	53, 63

ま

マグニチュード	225, 227, 229, 237
マクロファージ	85, 87, 119, 133
末梢神経系	103
マトリックス	9, 21, 79
マルターゼ	135
マルトース	71
満潮	310, 377
マントル	
	225, 226, 235, 243, 245, 263
マンモス	283, 285, 293

み

見かけの光合成量	67
見かけの等級	369
密度効果	195
ミトコンドリア	
	5, 6, 9, 13, 21, 79, 214

む

無色鉱物	255, 257, 261, 263, 295
無髄神経	86, 93
無性生殖	25, 26, 33, 35
無脊椎動物	86

め

メタセコイア	283
免疫記憶	123
免疫グロブリン	85, 119
メンデル	43

も

毛細血管	129

INDEX

木星	365, 368, 391, 393
木星型惑星	368, 391, 401, 403, 405, 407
モノグリセリド	131, 135
モホロビチッチ不連続面	226, 235, 243

や
山中伸弥	214

ゆ
有孔虫	283
有色鉱物	255, 257, 261, 263, 295
有髄神経	86, 93
有性生殖	25, 26, 33, 35
優性の法則	38, 41
ユーラシアプレート	225

よ
溶岩円頂丘	263, 269, 275
溶岩台地	250, 269, 271
溶岩ドーム	250, 269, 275
溶岩流	277
陽樹	197
用不用説	207
陽葉	77
葉理	297
葉緑体	6, 10, 13, 21, 169, 214
抑制遺伝子	37, 38, 43
横ずれ断層	225, 279, 281, 297
横波	226, 229
予防接種	121

ら
ラクターゼ	71
裸子植物	293
ラニーニャ現象	303, 331, 339, 343, 345
ランゲルハンス島	21, 87, 105, 107, 109, 111
ラン藻類	141
ランビエ絞輪	93

り
リーダー制	175
陸風	333
リソスフェア	225, 227, 243
リソソーム	22
リパーゼ	71, 135
リボース	39, 55
リボソーム	6, 43
留	407
流星	401, 403
流動モザイクモデル	22
流紋岩	255, 295
両生類	293
リン酸	137
リンパ液	131, 151
リンパ球	85, 87, 119, 133
リンボク	283

れ
レーマン面	226
礫岩	297
連鎖	25, 51

ろ
ろ過	129
露点	311

わ
ワクチン	119, 123
ワトソン	63

2024-2025年合格目標
公務員試験 本気で合格！ 過去問解きまくり！
⑧自然科学Ⅱ

2019年12月5日　第1版　第1刷発行
2023年12月5日　第5版　第1刷発行

　　　編著者●株式会社　東京リーガルマインド
　　　　　　　LEC総合研究所　公務員試験部

　　　発行所●株式会社　東京リーガルマインド
　　　　　　　〒164-0001　東京都中野区中野4-11-10
　　　　　　　アーバンネット中野ビル
　　　　　　　LECコールセンター　　📞0570-064-464
　　　　　　　　受付時間　平日9：30～20：00/土・祝10：00～19：00/日10：00～18：00
　　　　　　　　※このナビダイヤルは通話料お客様ご負担となります。
　　　　　　　書店様専用受注センター　TEL 048-999-7581 / FAX 048-999-7591
　　　　　　　　受付時間　平日9：00～17：00/土・日・祝休み
　　　　　　　www.lec-jp.com/

　　　カバーイラスト●ざしきわらし
　　　印刷・製本●情報印刷株式会社

©2023 TOKYO LEGAL MIND K.K., Printed in Japan　　　ISBN978-4-8449-0772-5
複製・頒布を禁じます。
本書の全部または一部を無断で複製・転載等することは，法律で認められた場合を除き，著作者及び出版者の権利侵害になりますので，その場合はあらかじめ弊社あてに許諾をお求めください。
なお，本書は個人の方々の学習目的で使用していただくために販売するものです。弊社と競合する営利目的での使用等は固くお断りいたしております。
落丁・乱丁本は，送料弊社負担にてお取替えいたします。出版部（TEL03-5913-6336）までご連絡ください。

公務員試験攻略はLECにおまかせ！
LEC大卒程度公務員試験 書籍のご紹介

過去問対策

公務員試験 本気で合格！過去問解きまくり！

最新過去問を収録し、最新の試験傾向がわかる過去問題集。入手困難な地方上級の再現問題も収録し、充実した問題数が特長。類似の問題を繰り返し解くことで、知識の定着と解法パターンの習得が図れます。講師が選ぶ「直前復習」で直前期の補強にも使えます。

教養科目

① 数的推理・資料解釈　定価 1,980円
② 判断推理・図形　定価 1,980円
③ 文章理解　定価 1,980円
④ 社会科学　定価 2,090円
⑤ 人文科学Ⅰ　定価 1,980円
⑥ 人文科学Ⅱ　定価 1,980円
⑦ 自然科学Ⅰ　定価 1,980円
⑧ 自然科学Ⅱ　定価 1,980円

専門科目

⑨ 憲法　定価 2,090円
⑩ 民法Ⅰ　定価 2,090円
⑪ 民法Ⅱ　定価 2,090円
⑫ 行政法　定価 2,090円
⑬ ミクロ経済学　定価 1,980円
⑭ マクロ経済学　定価 1,980円
⑮ 政治学　定価 1,980円
⑯ 行政学　定価 1,980円
⑰ 社会学　定価 1,980円
⑱ 財政学　定価 1,980円

（定価は2024-25年版です）

数的処理対策

畑中敦子 数的処理シリーズ
畑中敦子 著

大卒程度
数的推理の大革命！第3版　定価 1,980円
判断推理の新兵器！第3版　定価 1,980円
資料解釈の最前線！第3版　定価 1,540円

高卒程度
天下無敵の数的処理！第3版　定価 各1,650円
① 判断推理・空間把握編　② 数的推理・資料解釈編

「ワニ」の表紙でおなじみ、テクニック満載の初学者向けのシリーズです。LEC秘蔵の地方上級再現問題も多数掲載！ワニの「小太郎」が、楽しく解き進められるよう、皆さんをアシストします。「天下無敵」は数的処理の問題に慣れるための入門にオススメです！

岡野朋一の算数・数学のマスト

LEC専任講師 **岡野朋一** 著
定価 1,320円

「小学生のころから算数がキライ」「数的処理って苦手。解ける気がしない」を解決！LEC人気講師が数的推理の苦手意識を払拭！「数学ギライ」から脱出させます！

公務員ガイドブック

1000人の合格者が教える公務員試験合格法

合格者の生の声をもとに、「公務員とは何か」から「公務員試験合格に必要なこと」まで、すべての疑問を解決！データや図表で分かりやすく、本書を読むだけで公務員の全貌を理解できる！

LEC専任講師 **岡田淳一郎** 監修
定価 1,870円

※価格は、税込(10%)です。

LEC公務員サイト

LEC独自の情報満載の公務員試験サイト！

www.lec-jp.com/koumuin/

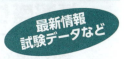
最新情報試験データなど

ここに来れば「公務員試験の知りたい」のすべてがわかる!!

LINE公式アカウント [LEC公務員]

公務員試験に関する全般的な情報をお届けします！
さらに学習コンテンツを活用して公務員試験対策もできます。

友だち追加はこちらから！

@leckoumuin

❶ 公務員を動画で紹介！「公務員とは？」
　公務員についてよりわかりやすく動画で解説！
❷ LINE でかんたん公務員受験相談
　公務員試験に関する疑問・不明点をトーク画面に送信するだけ！
❸ 復習に活用！「一問一答」
　公務員試験で出題される科目を○×解答！
❹ LINE 限定配信！学習動画
　公務員試験対策に役立つ動画を LINE 限定配信!!
❺ LINE 登録者限定！オープンチャット
　同じ公務員を目指す仲間が集う場所

公務員試験 応援サイト 直前対策＆成績診断

www.lec-jp.com/koumuin/juken/

LEC Webサイト ▷▷ www.lec-jp.com/

情報盛りだくさん！

資格を選ぶときも，
講座を選ぶときも，
最新情報でサポートします！

最新情報
各試験の試験日程や法改正情報，対策講座，模擬試験の最新情報を日々更新しています。

資料請求
講座案内など無料でお届けいたします。

受講・受験相談
メールでのご質問を随時受付けております。

よくある質問
LECのシステムから，資格試験についてまで，よくある質問をまとめました。疑問を今すぐ解決したいなら，まずチェック！

書籍・問題集（LEC書籍部）
LECが出版している書籍・問題集・レジュメをこちらで紹介しています。

充実の動画コンテンツ！

ガイダンスや講演会動画，
講義の無料試聴まで
Webで今すぐCheck！

動画視聴OK
パンフレットやWebサイトを見てもわかりづらいところを動画で説明。いつでもすぐに問題解決！

Web無料試聴
講座の第1回目を動画で無料試聴！気になる講義内容をすぐに確認できます。

スマートフォン・タブレットから簡単アクセス！ ▶▶

自慢のメールマガジン配信中！（登録無料）

LEC講師陣が毎週配信！ 最新情報やワンポイントアドバイス，改正ポイントなど合格に必要な知識をメールにて毎週配信。

www.lec-jp.com/mailmaga/

LEC E学習センター

新しい学習メディアの導入や，Web学習の新機軸を発信し続けています。また，LECで販売している講座・書籍などのご注文も，いつでも可能です。

online.lec-jp.com/

LEC電子書籍シリーズ

LECの書籍が電子書籍に！ お使いのスマートフォンやタブレットで，いつでもどこでも学習できます。

※動作環境・機能につきましては，各電子書籍ストアにてご確認ください。

www.lec-jp.com/ebook/

LEC書籍・問題集・レジュメの紹介サイト **LEC書籍部** www.lec-jp.com/system/book/

LECが出版している書籍・問題集・レジュメをご紹介	当サイトから書籍などの直接購入が可能（＊）
書籍の内容を確認できる「チラ読み」サービス	発行後に判明した誤字等の訂正情報を公開

＊商品をご購入いただく際は，事前に会員登録（無料）が必要です。
＊購入金額の合計・発送する地域によって，別途送料がかかる場合がございます。

※資格試験によっては実施していないサービスがありますので，ご了承ください。

LEC 全国学校案内

＊講座のお問合せ，受講相談は最寄りのLEC各校へ

LEC本校

■ 北海道・東北

札　幌本校　☎011(210)5002
〒060-0004 北海道札幌市中央区北4条西5-1　アスティ45ビル

仙　台本校　☎022(380)7001
〒980-0022 宮城県仙台市青葉区五橋1-1-10　第二河北ビル

■ 関東

渋谷駅前本校　☎03(3464)5001
〒150-0043 東京都渋谷区道玄坂2-6-17　渋東シネタワー

池　袋本校　☎03(3984)5001
〒171-0022 東京都豊島区南池袋1-25-11　第15野萩ビル

水道橋本校　☎03(3265)5001
〒101-0061 東京都千代田区神田三崎町2-2-15　Daiwa三崎町ビル

新宿エルタワー本校　☎03(5325)6001
〒163-1518 東京都新宿区西新宿1-6-1　新宿エルタワー

早稲田本校　☎03(5155)5501
〒162-0045 東京都新宿区馬場下町62　三朝庵ビル

中　野本校　☎03(5913)6005
〒164-0001 東京都中野区中野4-11-10　アーバンネット中野ビル

立　川本校　☎042(524)5001
〒190-0012 東京都立川市曙町1-14-13　立川MKビル

町　田本校　☎042(709)0581
〒194-0013 東京都町田市原町田4-5-8　MIキューブ町田イースト

横　浜本校　☎045(311)5001
〒220-0004 神奈川県横浜市西区北幸2-4-3　北幸GM21ビル

千　葉本校　☎043(222)5009
〒260-0015 千葉県千葉市中央区富士見2-3-1　塚本大千葉ビル

大　宮本校　☎048(740)5501
〒330-0802 埼玉県さいたま市大宮区宮町1-24　大宮GSビル

■ 東海

名古屋駅前本校　☎052(586)5001
〒450-0002 愛知県名古屋市中村区名駅4-6-23　第三堀内ビル

静　岡本校　☎054(255)5001
〒420-0857 静岡県静岡市葵区御幸町3-21　ペガサート

■ 北陸

富　山本校　☎076(443)5810
〒930-0002 富山県富山市新富町2-4-25　カーニープレイス富山

■ 関西

梅田駅前本校　☎06(6374)5001
〒530-0013 大阪府大阪市北区茶屋町1-27　ABC-MART梅田ビル

難波駅前本校　☎06(6646)6911
〒556-0017 大阪府大阪市浪速区湊町1-4-1
大阪シティエアターミナルビル

京都駅前本校　☎075(353)9531
〒600-8216 京都府京都市下京区東洞院通七条下ル2丁目
東塩小路町680-2　木村食品ビル

四条烏丸本校　☎075(353)2531
〒600-8413　京都府京都市下京区烏丸通仏光寺下ル
大政所町680-1　第八長谷ビル

神　戸本校　☎078(325)0511
〒650-0021 兵庫県神戸市中央区三宮町1-1-2　三宮セントラルビル

■ 中国・四国

岡　山本校　☎086(227)5001
〒700-0901 岡山県岡山市北区本町10-22　本町ビル

広　島本校　☎082(511)7001
〒730-0011 広島県広島市中区基町11-13　合人社広島紙屋町アネクス

山　口本校　☎083(921)8911
〒753-0814 山口県山口市吉敷下東 3-4-7　リアライズⅢ

高　松本校　☎087(851)3411
〒760-0023 香川県高松市寿町2-4-20　高松センタービル

松　山本校　☎089(961)1333
〒790-0003 愛媛県松山市三番町7-13-13　ミツネビルディング

■ 九州・沖縄

福　岡本校　☎092(715)5001
〒810-0001 福岡県福岡市中央区天神4-4-11　天神ショッパーズ
福岡

那　覇本校　☎098(867)5001
〒902-0067 沖縄県那覇市安里2-9-10　丸姫産業第2ビル

■ ＥＹＥ関西

ＥＹＥ 大阪本校　☎06(7222)3655
〒530-0013　大阪府大阪市北区茶屋町1-27　ABC-MART梅田ビル

ＥＹＥ 京都本校　☎075(353)2531
〒600-8413　京都府京都市下京区烏丸通仏光寺下ル
大政所町680-1　第八長谷ビル

【LEC公式サイト】www.lec-jp.com/

＊提携校はLECとは別の経営母体が運営をしております。
＊提携校は実施講座およびサービスにおいてLECと異なる部分がございます。

LEC提携校

■ 北海道・東北

八戸中央校【提携校】 ☎0178(47)5011
〒031-0035 青森県八戸市寺横町13 第1朋友ビル 新教育センター内

弘前校【提携校】 ☎0172(55)8831
〒036-8093 青森県弘前市城東中央1-5-2 まなびの森 弘前城東予備校内

秋田校【提携校】 ☎018(863)9341
〒010-0964 秋田県秋田市八橋鯲沼町1-60 株式会社アキタシステムマネジメント内

■ 関東

水戸校【提携校】 ☎029(297)6611
〒310-0912 茨城県水戸市見川2-3092-3

所沢校【提携校】 ☎050(6865)6996
〒359-0037 埼玉県所沢市くすのき台3-18-4 所沢K・Sビル 合同会社LPエデュケーション内

東京駅八重洲口校【提携校】 ☎03(3527)9304
〒103-0027 東京都中央区日本橋3-7-7 日本橋アーバンビル グランデスク内

日本橋校【提携校】 ☎03(6661)1188
〒103-0025 東京都中央区日本橋茅場町2-5-6 日本橋大江戸ビル 株式会社大江戸コンサルタント内

■ 東海

沼津校【提携校】 ☎055(928)4621
〒410-0048 静岡県沼津市新宿町3-15 萩原ビル M-netパソコンスクール沼津校内

■ 北陸

新潟校【提携校】 ☎025(240)7781
〒950-0901 新潟県新潟市中央区弁天3-2-20 弁天501ビル 株式会社大江戸コンサルタント内

金沢校【提携校】 ☎076(237)3925
〒920-8217 石川県金沢市近岡町845-1 株式会社アイ・アイ・ピー金沢内

福井南校【提携校】 ☎0776(35)8230
〒918-8114 福井県福井市羽水2-701 株式会社ヒューマン・デザイン内

■ 関西

和歌山駅前校【提携校】 ☎073(402)2888
〒640-8322 和歌山県和歌山市友田町2-145 KEG教育センタービル 株式会社KEGキャリア・アカデミー内

■ 中国・四国

松江殿町校【提携校】 ☎0852(31)1661
〒690-0887 島根県松江市殿町517 アルファステイツ殿町 山路イングリッシュスクール内

岩国駅前校【提携校】 ☎0827(23)7424
〒740-0018 山口県岩国市麻里布町1-3-3 岡村ビル 英光学院内

新居浜駅前校【提携校】 ☎0897(32)5356
〒792-0812 愛媛県新居浜市坂井町2-3-8 パルティフジ新居浜駅前店内

■ 九州・沖縄

佐世保駅前校【提携校】 ☎0956(22)8623
〒857-0862 長崎県佐世保市白南風町5-15 智翔館内

日野校【提携校】 ☎0956(48)2239
〒858-0925 長崎県佐世保市椎木町336-1 智翔館日野校内

長崎駅前校【提携校】 ☎095(895)5917
〒850-0057 長崎県長崎市大黒町10-10 KoKoRoビル minatoコワーキングスペース内

沖縄プラザハウス校【提携校】 ☎098(989)5909
〒904-0023 沖縄県沖縄市久保田3-1-11 プラザハウス フェアモール 有限会社スキップヒューマンワーク内

※上記は2023年10月1日現在のものです。

書籍の訂正情報について

このたびは、弊社発行書籍をご購入いただき、誠にありがとうございます。
万が一誤りの箇所がございましたら、以下の方法にてご確認ください。

1 訂正情報の確認方法

書籍発行後に判明した訂正情報を順次掲載しております。
下記Webサイトよりご確認ください。

www.lec-jp.com/system/correct/

2 ご連絡方法

上記Webサイトに訂正情報の掲載がない場合は、下記Webサイトの
入力フォームよりご連絡ください。

lec.jp/system/soudan/web.html

フォームのご入力にあたりましては、「Web教材・サービスのご利用について」の
最下部の「ご質問内容」に下記事項をご記載ください。

- ・対象書籍名(○○年版、第○版の記載がある書籍は併せてご記載ください)
- ・ご指摘箇所(具体的にページ数と内容の記載をお願いいたします)

ご連絡期限は、次の改訂版の発行日までとさせていただきます。
また、改訂版を発行しない書籍は、販売終了日までとさせていただきます。

※上記「2 ご連絡方法」のフォームをご利用になれない場合は、①書籍名、②発行年月日、③ご指摘箇所、を記載の上、郵送にて下記送付先にご送付ください。確認した上で、内容理解の妨げとなる誤りについては、訂正情報として掲載させていただきます。なお、郵送でご連絡いただいた場合は個別に返信しておりません。

送付先：〒164-0001 東京都中野区中野4-11-10 アーバンネット中野ビル
　　　　株式会社東京リーガルマインド 出版部 訂正情報係

- ・誤りの箇所のご連絡以外の書籍の内容に関する質問は受け付けておりません。
  また、書籍の内容に関する解説、受験指導等は一切行っておりませんので、あらかじめ
  ご了承ください。
- ・お電話でのお問合せは受け付けておりません。

講座・資料のお問合せ・お申込み

LECコールセンター　☎ 0570-064-464

受付時間：平日9:30〜20:00／土・祝10:00〜19:00／日10:00〜18:00

※このナビダイヤルの通話料はお客様のご負担となります。
※このナビダイヤルは講座のお申込みや資料のご請求に関するお問合せ専用ですので、書籍の正誤に関するご質問をいただいた場合、上記「2 ご連絡方法」のフォームをご案内させていただきます。